基于绳丝间摩擦模型的合成纤维单丝切割断裂行为及机制

丁慧玲　著

中国原子能出版社

图书在版编目（CIP）数据

基于绳丝间摩擦模型的合成纤维单丝切割断裂行为及机制 / 丁慧玲著．— 北京：中国原子能出版社，2022.8

ISBN 978-7-5221-2071-3

Ⅰ．①基… Ⅱ．①丁… Ⅲ．①合成纤维 – 单丝 – 断裂 – 研究 Ⅳ．① TQ342

中国版本图书馆 CIP 数据核字 (2022) 第 156098 号

内容简介

本书针对绳丝的断裂问题，选取合成纤维单丝为研究对象，模拟绳索编织状态下绳丝间摩擦力作用条件，开展了不同切割参数下合成纤维单丝断裂行为及机制的试验研究。本书提出了模拟合成纤维单丝编织状态下绳丝间切向摩擦力的试验方法，建立了合成纤维单丝与割刀接触应力数学模型，基于断裂平衡理论推导出合成纤维切割断裂能量平衡方程。将合成纤维单丝的宏观断裂行为与微观断口形貌特征相结合，印证了断裂机制的合理性和正确性。同时也为合成纤维单丝的断裂形变机制理论研究提供了一定的借鉴和参考。

基于绳丝间摩擦模型的合成纤维单丝切割断裂行为及机制

出版发行	中国原子能出版社（北京市海淀区阜成路 43 号　100048）
责任编辑	刘　佳
装帧设计	河北优盛文化传播有限公司
责任印制	赵　明
印　　刷	北京天恒嘉业印刷有限公司
开　　本	710 mm×1000 mm　1/16
印　　张	12.25
字　　数	220 千字
版　　次	2022 年 8 月第 1 版　　2022 年 8 月第 1 次印刷
书　　号	ISBN 978-7-5221-2071-3　　定　价　78.00 元

版权所有　侵权必究

摘 要

绳索作为使用最早的纺织类产品，在承载、传递等方面有着无可替代的作用。近年来，高性能绳索逐渐成为绳索行业的发展趋势。合成纤维具有高强度、高模量、耐高温、耐化学品、耐气候等特点，广泛应用到绳索、电缆、耐切割产品、降落伞绳、防护服等各种领域。绳索一旦在工作中突然断裂，将会造成极其严重的后果。因此，合成纤维绳索的断裂力学性能研究正逐渐被国内外学者重视。

合成纤维绳索断裂失效试验研究从绳丝的断裂开始。本书针对绳丝的断裂问题，选取合成纤维单丝为研究对象，模拟绳索编织状态下绳丝间摩擦力作用条件，开展了不同切割参数下合成纤维单丝断裂行为及机制的试验研究。本书具体研究内容如下。

（1）提出了一种模拟绳丝间切向摩擦力的试验方法，并自主研制了BTF-300落体切割试验机。试验机能够实时检测切割过程中切割阻力及切割速度等参数的变化，割刀初始速率、加载质量等参数在一定范围内可调。试验机可以完成合成纤维单丝无编织和模拟编织两种不同状态的切割断裂性能试验。

（2）基于合成纤维与割刀的接触状态分析，建立了赫兹接触物理模型，推导出切割接触应力公式，计算出合成纤维单丝在两种编织状态下，不同初始速率和加载质量时合成纤维单丝的切割应力，得到不同切割参数对合成纤维单丝断裂强度的影响规律。

（3）建立了合成纤维单丝在无编织和模拟编织两种状态下切割断裂过程的能量平衡方程。提出将断裂总能量分为有效切割断裂能量和切割断裂损耗能量两部分，根据两部分能量在总能量中的比例，探讨了不同切割参数对合成纤维切割断裂韧性的影响。

（4）基于合成纤维单丝切割断口的微观形貌特征，开展了合成纤维单丝在切割断裂过程中的应变行为与机制研究。将合成纤维单丝的切割断裂过程分为切割形变、切割和脆断三个阶段，根据不同阶段断口的微观形貌特征，研究切割断裂形变机制，并探讨不同切割参数对各阶段形变机制的影响。

（5）根据不同参数下合成纤维单丝切割过程的宏观断裂力学行为，结合不同阶段断口的微观形貌特征，研究了合成纤维单丝切割过程中的不同编织状态、初始速率、加载质量，以及弹性模量对断裂行为及机制的影响，将宏观断裂力学规律与微观断口形貌形变特征有机结合，揭示不同切割参数对合成纤维单丝切割断裂形变的作用机制。

（6）根据不同参数下合成纤维单丝切割断裂行为及机制的规律，找出影响合成纤维单丝断裂形变机制的本质因素，建立了不同断裂机制下分子链段运动物理模型。

研究结果表明，合成纤维单丝的断裂形变机制为粘弹性形变和强迫高弹形变的耦合作用，编织状态、初始速率、加载质量和弹性模量对合成纤维单丝的切割断裂行为及机制均有显著影响，但不同参数对两种形变机制影响的显著性不同。

影响合成纤维单丝切割断裂行为及机制的本质因素为加载速率和加载应力。改变割刀初始速率对加载速率影响显著，切割形变以粘弹性形变为主。当合成纤维分子链段的形变速率能够跟得上加载速率时，切割形变阶段粘弹性形变充分，纤维断口表面光滑。当分子链段的形变速率滞后于加载速率时，切割形变区断口表面有明显的撕裂痕迹。改变加载质量对加载应力影响显著，切割形变以强迫高弹形变为主，增大加载应力，纤维断口的塑性形变量增大。

合成纤维单丝为编织状态时，由于绳丝间切向摩擦力作用，割刀与纤维单丝作用时间长，切割断裂过程中消耗能量大，有效缓冲了加载冲击力，提高了合成纤维单丝的切割断裂韧性和耐切割能力。

本书提出了模拟合成纤维单丝编织状态下绳丝间切向摩擦力的试验方法，建立了合成纤维单丝与割刀接触应力数学模型，基于断裂平衡理论推导出合成纤维切割断裂能量平衡方程。将合成纤维单丝的宏观断裂行为与微观断口形貌特征相结合，印证了断裂机制的合理性和正确性。

本书的研究工作在一定程度上完善了合成纤维的切割断裂理论基础，有助于提升合成纤维单丝不同编织状态的工程设计和应用，同时也为合成纤维单丝的断裂形变机制理论研究提供了一定的借鉴和参考。

关键词：合成纤维，单丝，切割，断裂机制，绳丝间摩擦力

本书得到国家自然科学基金（编号:51775173）、河南省自然科学基金（编号:132300410152）资助。

目　录

1　绪 论……1

1.1　研究背景及意义……1
1.2　国内外研究现状……4
1.3　合成纤维单丝切割过程中的断裂力学……14
1.4　本书研究内容……19

2　试验方法及试验机的设计……21

2.1　试验方法与试验材料……21
2.2　试验机的设计……33
2.3　试验方案及内容……40
2.4　切割断裂性能参数……47

3　无编织状态下合成纤维单丝的切割断裂行为……56

3.1　合成纤维单丝的切割断裂过程……56
3.2　不同切割参数对合成纤维单丝断裂行为的影响……63
3.3　本章小结……89

4　绳丝间摩擦力作用下合成纤维单丝的切割断裂行为……91

4.1　合成纤维单丝的切割断裂过程……91
4.2　不同切割参数对合成纤维单丝断裂行为的影响……98
4.3　本章小结……128

5　切割参数对合成纤维单丝断裂形变的作用机制……130

5.1　合成纤维单丝切割断口微观形貌……130
5.2　初始速率对合成纤维单丝断裂形变的作用机制……135

5.3 加载质量对合成纤维单丝断裂形变的作用机制……145
5.4 弹性模量对合成纤维单丝断裂形变的作用机制……151
5.5 合成纤维单丝切割断裂形变机制的分子链段运动物理模型.171
5.6 本章小结……177

6 结论与展望……178

6.1 本书研究工作总结……178
6.2 本书的创新点……180

参考文献……181

1 绪论

1.1 研究背景及意义

绳索作为使用最早的纺织类产品，在人类的发展历史长河中始终发挥着不可替代的作用[1]。绳索的出现至少可以追溯到数万年前。人类开始使用最简单工具的时候，便已经会用草或者细小的树枝绞合、搓捻成绳子，用来捆绑野兽、缚牢草屋等。当今绳索几乎涉及生产生活的各方面，广泛应用在日常生活、建筑、农业种植、海洋捕捞、工业生产、军用、航空航天等领域。

随着绳索应用领域的扩大和适用场合的多样化，对绳索的性能和环境适应性提出了更为具体和苛刻的要求，需要采用新的原料和生产工艺加工具有高强度、高模量的绳索。起重机一直是靠钢丝绳来完成起重作业的，而新型合成材料正在逐渐扮演钢丝绳的角色[2]。相同绳径条件下，纤维绳能够获得和 2 000MPa 级钢丝绳相同的破断力，但纤维绳的质量只有钢丝绳质量的 17%[3]。合成纤维具有高强度、高模量、耐高温、耐化学品、耐气候等高性能、高可靠性的特点，其广泛使用成为现代绳索新的发展趋势。

合成纤维（synthetics）是化学纤维的一种，是用合成高分子化合物做原料而制得的化学纤维的统称，是小分子有机化合物经加聚反应或缩聚反应合成的线型有机高分子化合物。根据化学组成，合成纤维可分为聚酰胺纤维、聚酯纤维、聚丙烯腈纤维、聚丙烯纤维等[4]。

合成纤维工业是 20 世纪 40 年代初开始发展起来的，最早实现工业化生产的是锦纶（聚酰胺纤维），随后腈纶、涤纶等陆续投入工业生产。合成纤维性能优异，原料来源丰富，随着工业技术的不断发展，短短几十年间，合成纤维的使用就超出了纺织工业的范围，逐渐深入到国防工业、航空航天、交通运输、医疗卫生、海洋水产、通信联络等重要领域。世界合成纤维的产量已接近天然纤维，查阅中商情报网[5]可知：2017 年，世界合成纤维产量为 6 693.6 万 t，我国合成纤维产量为 4 480.7 万 t。

聚酰胺纤维是世界上最早实现工业化生产的合成纤维，也是合成纤维的主要品种之一。聚酰胺（polyamide，俗称尼龙、锦纶）是指分子主链上含有聚酰胺键（-NHCO-）的高分子化合物，是 20 世纪 30 年代美国杜邦（DuPont）公司最先开发的产品。聚酰胺最初主要作为合成纤维材料，1960 年前后聚酰胺开始被用作工程塑料[6]。

聚酰胺作为工程塑料中最大最重要的品种，具有最优越的综合性能，其特性包括机械强度高、刚度良好、韧度优异、机械减震性和耐磨性优秀等特点，这些特性使其成为一种“工程级”材料。据日本化纤协会统计，2017 年全球聚酰胺纤维产量为 493 万 t，中国聚酰胺纤维产量达 333 万 t，在全球占比中超过 60%，已经是世界上最大的聚酰胺纤维生产国，图 1-1 所示为中国聚酰胺纤维从 2009—2018 年年产量变化的柱状图[7-10]。

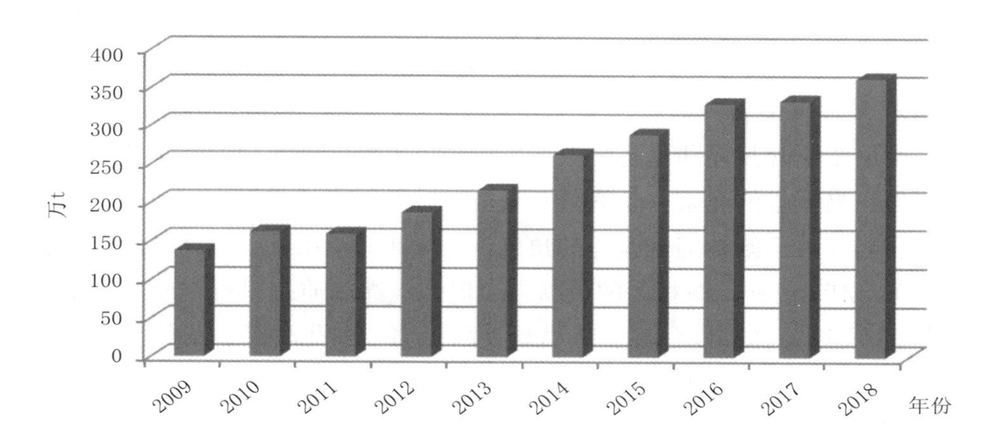

图 1-1　中国聚酰胺纤维近 10 年年产量

聚酰胺既可纯纺，也可与天然纤维或人造纤维混纺、交织制成民用服装、防护服、防弹衣、宇航员外衣的外层和内里等。聚酰胺纤维通过编织又可制成各种绳索、防护手套等防护用品、渔网、工业用织物等；聚酰胺纤维作为骨架材料，可用于轮胎帘子线、运输带等，在国防建设上，可用于降落伞、军服、软质防弹衣[11-13]、军被，还可用于原子能工业的特殊防护材料、飞机、火箭等结构材料中。高分子尼龙作为最早在航空航天领域获得应用的热塑性材料，现已成为航空航天材料中不可缺少的一部分。

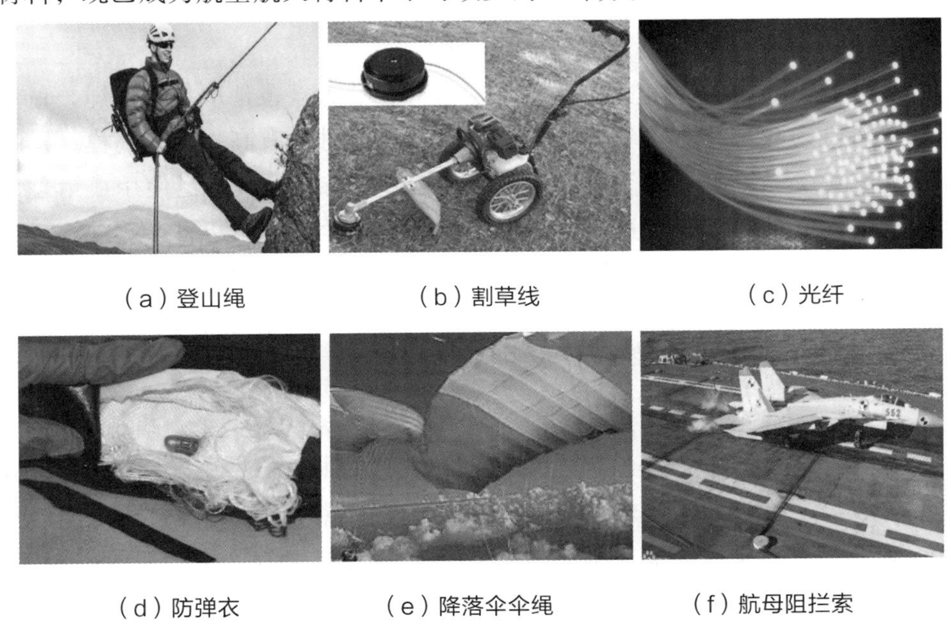

（a）登山绳　（b）割草线　（c）光纤

（d）防弹衣　（e）降落伞伞绳　（f）航母阻拦索

图 1-2　聚酰胺纤维在各领域的应用

绳索作为承载和运输的重要部分，承受着拉压、弯曲、扭转、接触交变、冲击等多种应力作用，一旦在工作中突然断裂，将会造成极其严重的后果，不仅造成重大的经济损失，还会造成重大人员伤亡。绳索断裂不仅取决于材料本身的性能，与绳丝捻制的几何参数及使用工况密切相关，绳索断裂失效可分为断丝、断股和断绳，而断股与断绳一般都是断丝发展到一定程度导致的。

针对绳索最危险的剪切工况和最根本的断丝问题，本书选取聚酰胺纤维单丝为主要研究对象，对绳索基本单元——绳丝的断裂展开深入的理论研究。考虑合成纤维绳索编织状态对绳丝断裂性能的影响，提出一种模拟绳丝编织状态的试验模型，基于绳丝间摩擦模型开展合成纤维绳丝的切割断裂行为与机制的试验研究，揭示合成纤维绳丝断裂机制，探索编织状态下绳丝间摩擦接触力对断裂机制的影响。本书研究结果为合成纤维单丝的切割断裂机制奠定一定的理论基础，为编织绳的工程设计和应用提供一定的理论支撑。

1.2 国内外研究现状

高性能化纤绳缆开发使用30多年了，并没有大规模地取代钢丝绳，目前全球绳缆市场90%由各类钢丝绳占据[14]。合成纤维具有高强度、高模量、耐高温、耐化学品、耐气候等高性能、高可靠性的特点，其广泛使用成为现代绳索新的发展趋势。已有众多学者对钢丝绳的力学性能和断裂失效进行了大量的理论研究，合成纤维绳索断裂力学性能的研究正逐渐被国内外学者重视。

1.2.1 绳索断裂失效研究现状

由于钢丝绳被广泛应用于冶金、矿山、石油天然气钻采、机械、化工、航空航天等领域，并成为必不可少的部件或材料，其断裂对生命和材料造成极大的威胁。因此，近年来，文献主要集中在钢丝绳的断裂失效研究。钢丝绳断裂失效主要研究断裂失效的方式、引起断裂的原因分析、失效机理等，并通过有限元等方法对断裂过程中的应力—应变进行模拟和仿真，探究断裂机制。

1. 钢丝绳失效行为与断裂机理的研究

根据钢丝绳失效后的外部形态和断口形貌，研究不同断裂形式以及引起断裂的原因。尹涛等[15]对钢丝绳钢芯早期断裂失效分析认为，钢芯的断裂为疲劳断裂，是由于钢丝绳生产工艺控制不严及服役过程中受到弯曲振动载荷造成的。Torkar等[16]对起重机上的多股钢丝绳的失效分析，发现失效原因是疲劳导致断丝。张德坤等[17-19]认为钢丝绳绳丝间的微动磨损以及由微动摩擦磨损引起的钢丝疲劳断裂，是矿井提升钢丝绳失效的主要原因。胡志辉等[20]研究结果表明，双折线式多层卷绕过程中钢丝绳间相互挤压与摩擦滑动引起的外层钢丝磨损与塑性形变是导致钢丝绳外层丝断裂失效的主要原因。KimSH等[21]证明弯曲疲劳为降低钢丝绳寿命的一个关键因素。Piskoty等[22]发现当冲击侧压力作用于钢丝绳时，单根钢丝断口截面显示了锥形和剪切断裂的混合物，未显示微动疲劳失效。陈厚桂等[23]基于对钢丝绳结构和承载特性的分析，提出一个描述钢丝绳结构的矢量，矢量由股层号、股号、股的旋转角等 6 个结构参数组成。

2. 力学模型和数值模拟研究

随着计算机技术和有限元理论的发展，诸多学者对不同因素影响下的钢丝绳断裂失效时应力—应变进行了模拟仿真分析。陈原培 [24] 计入摩擦力和接触形变等因素影响，对弯曲圆型钢丝绳股进行力学建模。Zhang 等 [25] 发现微动钢丝的磨损机理与接触载荷有关。王桂兰等 [26] 建立了大转动几何非线性和材料非线性共转坐标系弹塑性有限元基本方程，结果表明反扭转系数对捻制成形过程中应力应变、残余应力及形状冻结性有显著影响。孙建芳等 [27] 采用 Augmented Lagmnge 方法计算钢丝绳捻制过程中法向接触力和摩擦接触力，应用切向回映法（radial-retum）修正摩擦接触力计算值。Wang 等 [28] 对提升绳三层结构进行了有限元分析，用于探索钢绞线的微动疲劳参数和应力分布。Chen 等 [29] 利用微分几何理论得到螺旋钢丝绳，建立了钢丝绳等效弹性模量的数学模型。Jiang 等 [30] 建立了切向载荷作用下三层直螺旋钢丝绳股线的有限元模型，考虑接触、摩擦和塑性屈服，利用钢绞线螺旋对称性建立了精确的边界条件。

1.2.2 纤维材料切割性能试验研究现状

合成纤维切割性能的主要研究目的可分为两大类，一是通过降低切割阻力的方式降低切割能耗达到节能目的 [31-38]；二是研究纤维的耐切割性以提高其防护和保护功能 [39-45]。切割断裂试验方法主要通过改变各种切割参数，寻求切割力和切割能耗最优方案 [46-50]。不同的切割性能试验装置和切割参数如下所述。

1. 切割试验装置

① 试样两端约束切割试验装置

图 1-3 为 Shin 等 [51] 测试纱线张紧切割性能的试验装置。在固定安装环上，设计一对夹紧装置，夹紧装置一端可以移动。割刀相对于切割试样的倾角可以调整。测试时将纱线一端安装在固定夹紧装置上，另一端固定在可移动夹紧装置上，通过拧紧螺丝调节可移动夹紧装置对纱线试样进行张紧，并测得试样的张紧力大小。割刀切割纱线试样的过程中，切割速度和切割方向

不变。安装在割刀上的传感器测得切割过程中的切割阻力，摄像机记录试样的位移和形变。该试验装置适用不同直径的合成纤维单丝或编织绳在不同切割倾角下的切割性能研究。

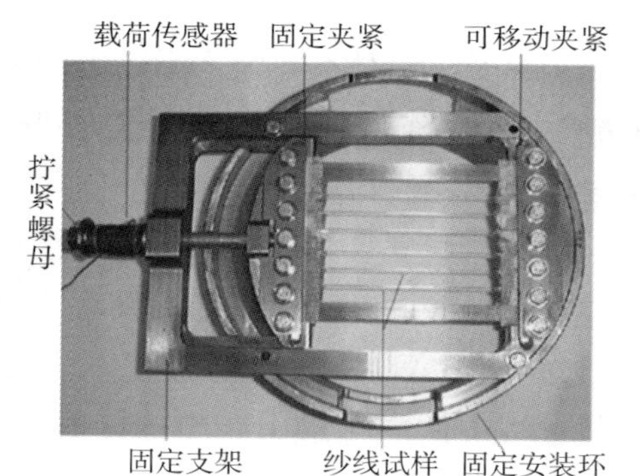

（a）试验装置实物图

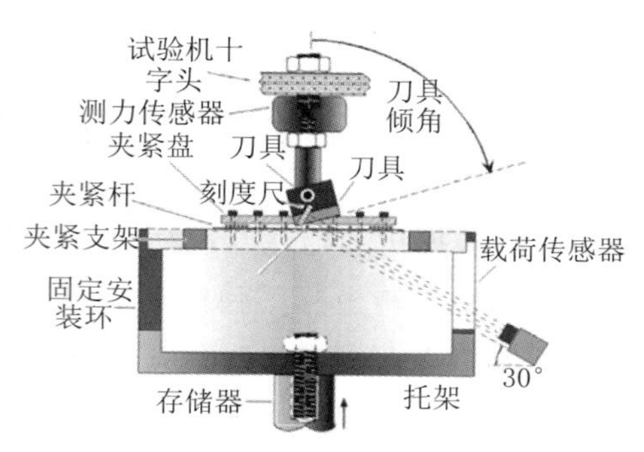

（b）纱线切割试验原理图

图 1-3 纱线张紧切割试验装置 [51]

图 1-4 为 Mayo J 等 [52] 研究高性能纤维单丝切割性能的切割装置。纤维单丝两端张紧在橡胶张紧机构上，旋转平台可调节纤维相对于割刀的纵向角度，割刀横向角度亦可调，在切割纤维的过程中，切割速度和方向不变。该试验装置适用于合成纤维长丝在不同倾角、割刀在不同角度下的切割性能试验研究。

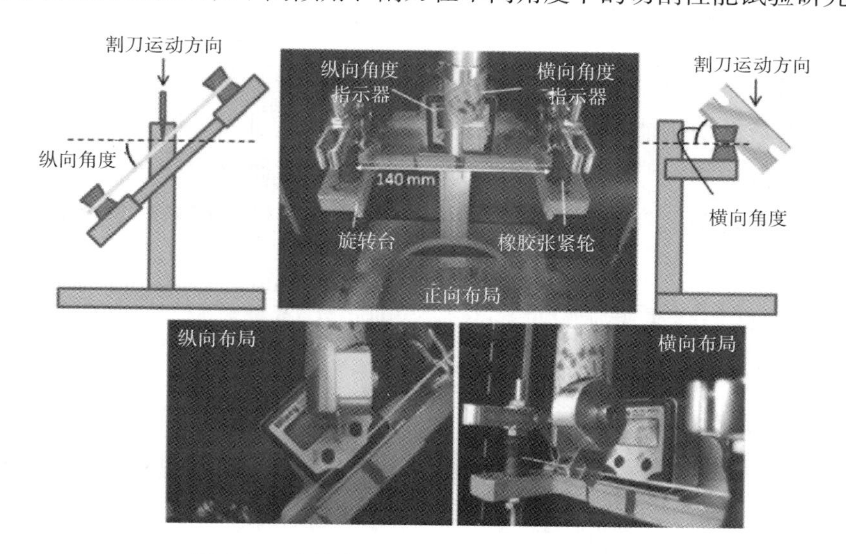

图 1-4 高性能纤维单丝张紧切割装置 [52]

图 1-5 为 Kane B 等 [53] 研究手工锯切割登山绳时采用的试验装置。登山绳上端固定在横梁上，下端坠有不同重量的配重使绳子处于一定的张紧状态以满足试验条件。该试验装置适用于不同合成纤维制作的登山绳的切割性能研究。

（a）试验装置现场图

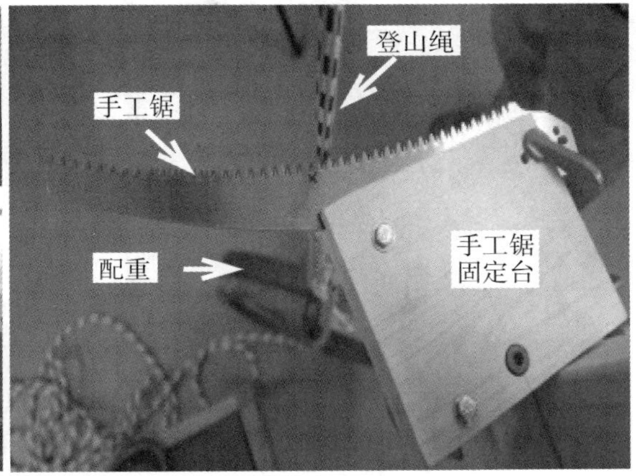

（b）登山绳与割刀位置关系

图 1-5 登山绳切割试验装置 [53]

② 试样支撑切割试验装置

图 1-6 为 Ghahraei O 等 [54] 测试整株洋麻茎秆切割性能的旋转刀盘试验装置。割刀固定在旋转刀盘上，随刀盘一起高速旋转对洋麻茎秆进行切割，洋麻茎秆根部生长在土壤中，上部被两个活动夹板夹紧。图 1-6（b），切割动刀片 1 用螺栓固定在旋转刀盘 2 上，动刀 1 与定刀 3 配合对茎秆进行切割。该试验装置适用于不同种类作物茎秆的切割性能研究。

（a）试验现场图

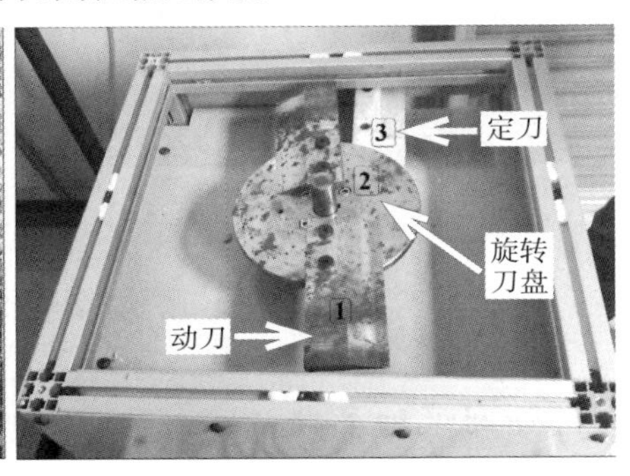

（b）割刀布置图

图 1-6 洋麻茎秆旋转切割试验装置 [54]

图 1-7 为 Kakitis A 等 [55] 研究大麻纤维切割性能的试验装置，圆盘状割刀 1 安装在旋转轴上，轴上安装旋转角度传感器 4，大麻纤维试样自由放置在支撑台上。该试验装置适用于各种纤维材料支撑放置时的切割性能研究。

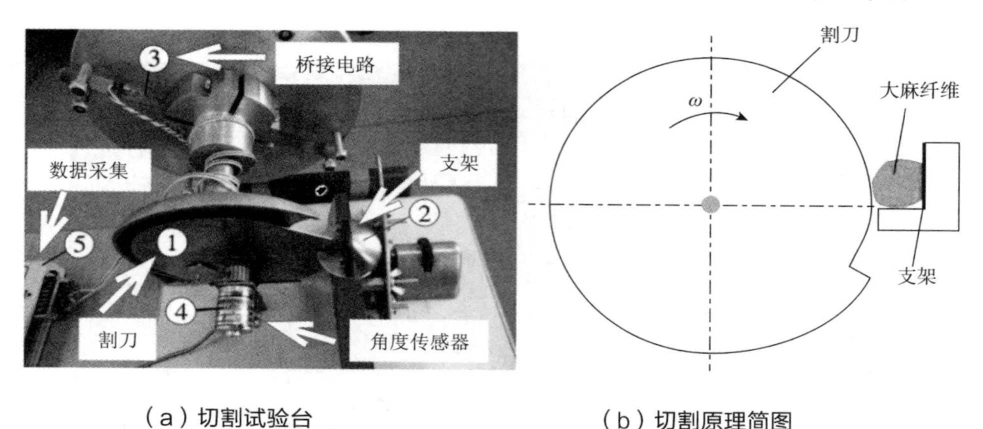

（a）切割试验台　　（b）切割原理简图

图 1-7　大麻纤维旋转切割试验装置 [55]

图 1-8 为 VuThiBN 等 [56] 研究保护性材料的切割阻力特性试验台。切割刀片以恒定的速率在防护材料表面滑动，试样厚度不同，刀片滑动的位移不同。该试验装置适用于各种防护材料的耐切割性能的试验研究。

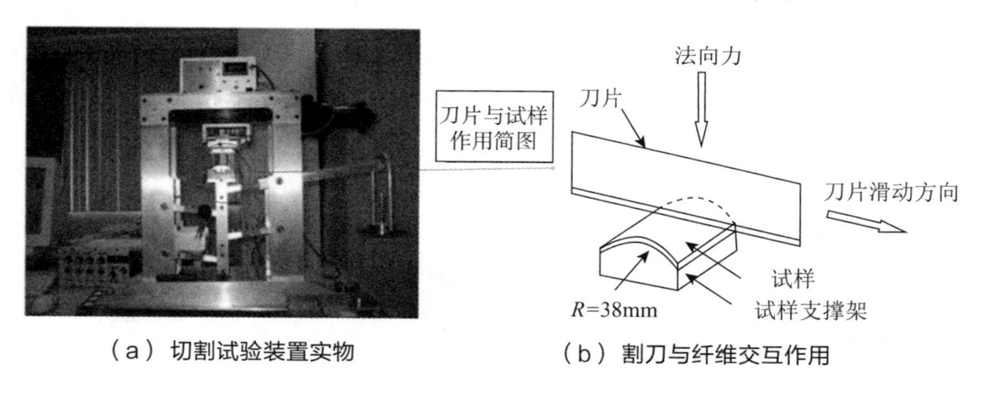

（a）切割试验装置实物　　（b）割刀与纤维交互作用

图 1-8　保护性材料切割试验装置 [56]

2. 切割试验参数

纤维材料或纤维单丝的切割性能研究中，检测切割阻力、切割能量消耗、试样的形变等 [57-61]。试验参数为割刀速度、割刀锋利度（割刀刃口角度）、试样品种、试样密度、试样张紧度等，通过试验结果分析，构建相应的物理与数学模型。

ShinHS 等 [61] 学者进行了纱线张紧条件下的切割性能试验。试验材料选取尼龙纱线，试验参数为切割刀片的锋利度、切割角度、纱线预紧力。图 1-9（a）为试验检测刀片横向载荷与刀片在纱线试样上划切距离的关系曲线，图 1-9（b）为不同切割角度下的切割能量消耗曲线。

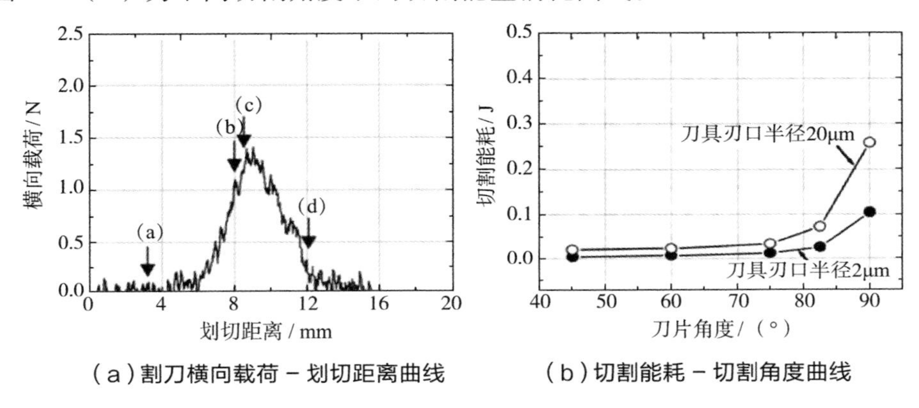

（a）割刀横向载荷 - 划切距离曲线　　（b）切割能耗 - 切割角度曲线

图 1-9　尼龙纱线张紧切割性能曲线 [61]

ShinHS 等 [62] 在另一篇文献中对纤维材料的切割性能做了更深入的研究，试验材料选取 Zylon（PBO 纤维），Kevlar（凯夫拉纤维）、Spectra 纤维，检测了纤维单丝的切割断裂力学性能。图 1-10（a）为试验检测的三种纤维在割刀不同倾角下消耗的切割能量，图 1-10（b）为割刀不同角度下的 Zylon 纤维断口微观形貌。

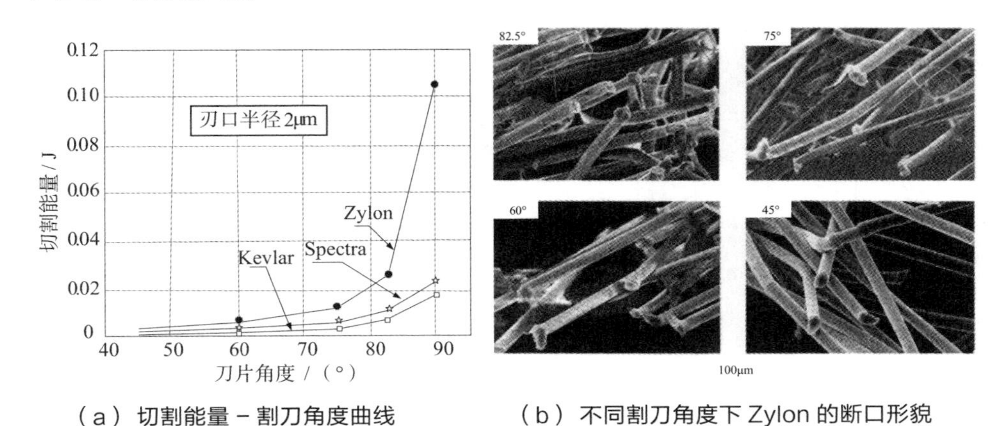

（a）切割能量 - 割刀角度曲线　　（b）不同割刀角度下 Zylon 的断口形貌

图 1-10　三种纤维的切割能量 - 割刀角度曲线及断口形貌 [62]

DowgialloA[63] 等学者研究了胡萝卜、甜菜、鳟鱼、土豆四种不同纤维材料切割力学性能。割刀以恒定的速率对纤维材料进行切割，试验主要变量为切割速率。图 1-11（a）为切割阻力曲线的不同阶段，图 1-11（b）为四种纤维试样切割阻力与切割速度的变化曲线。作者推导出切割阻力 P_j 与切割速度 v 之间呈反比例关系，数学模型为 $P_j=kv^{-1}$，并计算了纤维试样的单位切割能量。

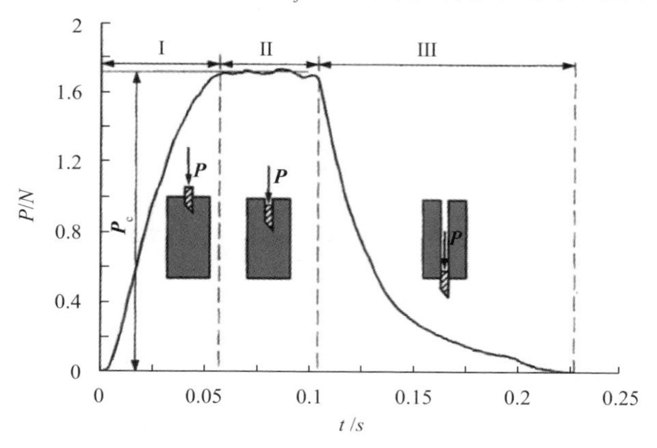

注：切割过程中，作用在割刀上的切割力 P 值在不同切割时间的变化

Ⅰ区—割刀切入试样；Ⅱ区—切割稳定；Ⅲ区—割刀切出试样

（a）切割阻力曲线

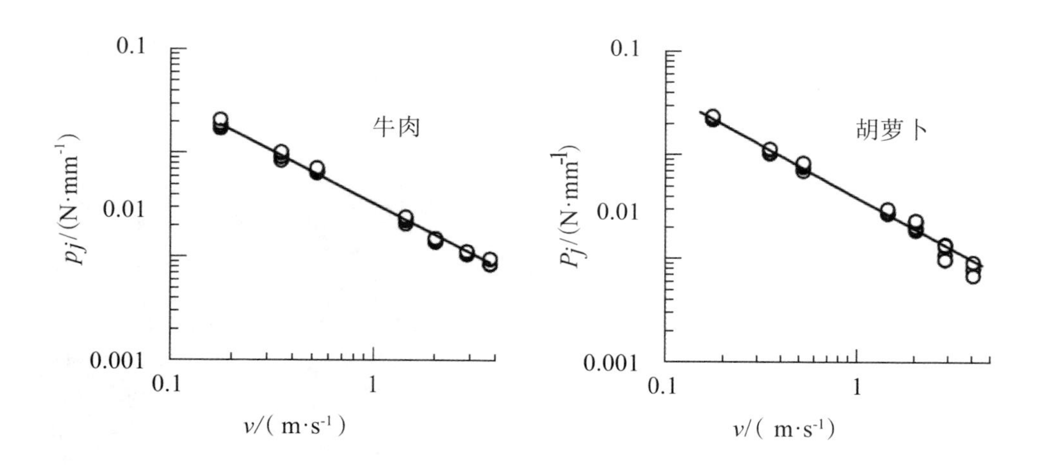

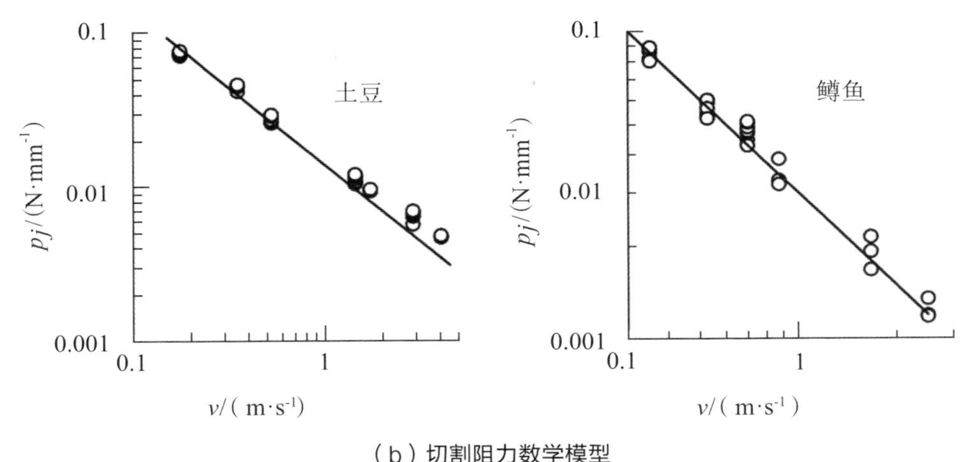

（b）切割阻力数学模型

图 1-11 四种纤维材料切割阻力－速度曲线及数学模型 [63]

Kakitis A 等 [55] 采用旋转割刀对 6 种大麻纤维进行切割性能研究，以麻绳拧紧密度为切割参数变量。图 1-12（a），建立了麻绳纤维与割刀的交互物理模型。图 1-12（b），将切割麻绳消耗的能量分为切割能量和摩擦能量，单位切割能量与麻绳纤维密度呈线性关系，麻绳的拧紧度对单位切割能量影响显著，建立了不同拧紧度与单位切割能耗的数学模型。

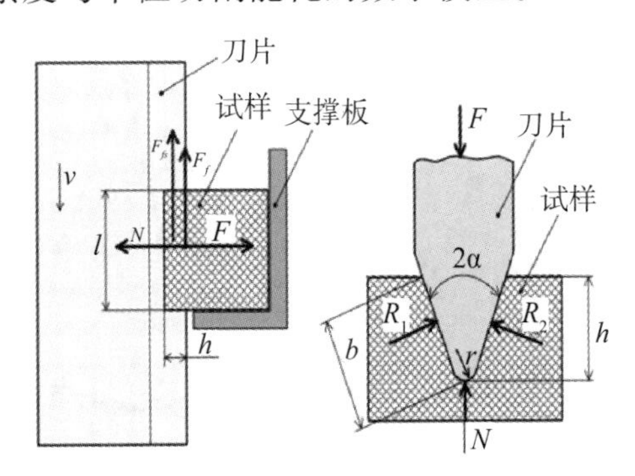

（a）麻绳—割刀交互物理模型

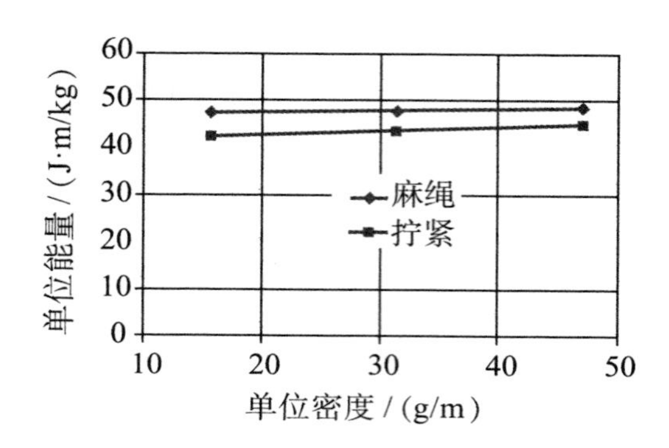

（b）单位切割能量数学模型

图 1-12　麻绳 —割刀交互物理模型和单位切割能量数学模型 [55]

Mayo J[52] 等以直径 8~23.5μm 的 Kevlar、Twaron、Zylon 等 6 种无机高性能合成纤维单丝及 2 种有机合成纤维单丝 Carbonfiber 和 S-glass 作为研究对象，在切割速率不变的情况下，改变张紧纤维单丝的安装倾角和割刀的切割角度，研究 8 种高性能纤维在不同切割参数下切割应力变化。图 1-13（a）和图 1-13（b）分别为 8 种高性能纤维在不同割刀角度和纤维倾角下的割刀应力变化曲线。

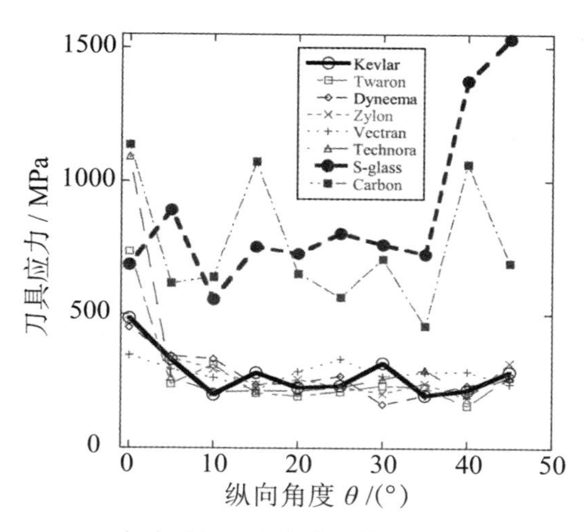

（a）割刀不同角度下的应力曲线

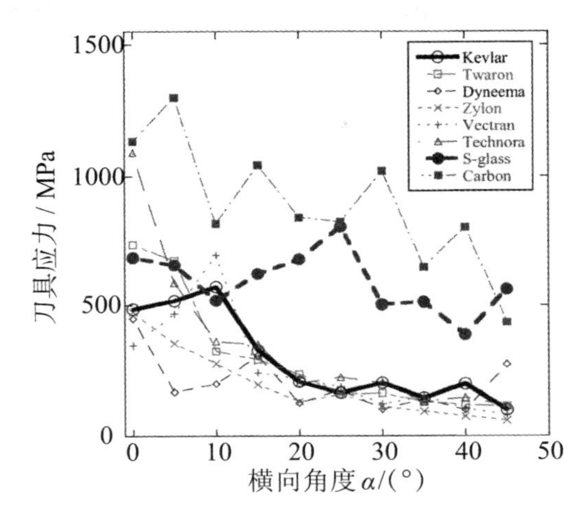

（b）纤维不同倾角下的应力曲线

图 1-13 不同切割参数下 8 种高性能纤维应力—倾角曲线[52]

此外，Kane B[53] 等在手工锯切割登山绳性能试验中，选取合成纤维材料编织的登山绳为研究对象，切割参数为登山绳的张紧度、检测冲击力及绳子的张紧力。VuThiBN 等[56] 在保护性材料的切割性能试验中，选取棉纤维、Kevlar 纤维等为研究对象，改变纤维试样的厚度以及切割刀片施加载荷，检测割刀在不同材质，不同厚度的试样上划过的位移。KothariVK 等[57] 在纺织物纤维的试验方法和切割阻力理论研究中，选取不同型式的尼龙（尼龙复丝、尼龙单丝、尼龙仿布等）为研究对象，研究不同编织方式下的切割阻力变化。

3. 存在问题

综合以上文献可知，绳索断裂失效可分为断丝、断股和断绳，断股与断绳一般是断丝发展到一定程度所导致。因此，断丝机理是研究绳索断裂的关键，绳索服役条件不同，断裂机理一般也不相同。绳索服役过程中，绳丝间相互接触，接触形变引起绳丝相对距离及间隙等参数的变化，进而导致绳索性能的变化。因此，研究绳丝断裂行为及机制，必须考虑绳丝间接触状态对断裂性能的影响。

合成纤维单丝的放置方式、切割参数均对切割断裂及断裂能量消耗有显著影响。尽管诸多学者对纤维材料的切割性能进行了研究，但多数研究仅通过改变切割参数建立简单的数学模型，缺少对纤维材料的切割断裂机制等较为深入的研究。

纤维材料断口真实地记录了断裂全过程与断裂有关的各种信息，对断口进行定性和定量分析可为断裂失效机理的确定提供有力依据，但合成纤维断裂机理相关文献鲜见涉及断口形貌的定性和定量分析。

针对以上存在的问题，本书以聚酰胺（PA6）纤维单丝为主要试验对象[64-68]，研究基于绳丝间摩擦模型的合成纤维单丝切割断裂行为与机制。通过断裂应力应变理论和能量平衡理论计算切割断裂力学性能，探索不同切割参数对断裂力学行为的影响规律，进一步对纤维单丝断口微观形貌进行定性分析。将不同切割参数下合成纤维单丝断口的微观形貌与宏观力学行为相结合，最终揭示不同切割参数对合成纤维单丝切割断裂形变的作用机制，并探索绳丝间摩擦作用对断裂机制的影响。

1.3 合成纤维单丝切割过程中的断裂力学

断裂（Fracture）是指材料在外力作用下发生完整性的破坏，对于材料的工程应用至关重要[69]。断裂在我们生产和生活中普遍存在，有些断裂结构或材料的断裂会造成大量的人员伤亡，经济损失高达各国国内生产总值的6%~8%[70]。自 20 世纪以来，断裂力学得到了快速发展，已成为许多科研项目不可缺少的一种分析工具。

材料断裂的研究，需要固体力学和材料物理两方面相互配合，是近 30 年中极为活跃的边缘学科领域[71-81]。高分子合成纤维的断裂行为的研究也是如此，既包括宏观断裂力学的应用研究，也涉及断裂源点的形成和发展，以及各不同层次的微观力学理论。

切割（Cut）是一种物理动作，在人们生产、生活中起着重要的作用。割刀施加于合成纤维单丝作用力，纤维单丝在应力作用下发生各种形变直至断裂，属于直接加载下的断裂行为，可以应用断裂力学来研究合成纤维单丝的切割断裂问题[82-97]。

1.3.1 断裂力学概述

断裂力学（Fracture mechanics）是为解决机械结构断裂问题而发展起来

的力学分支，将力学、物理学、材料学及数学、工程科学紧密结合在一起，是一门涉及多学科专业的学科 [98-100]。断裂力学起源于20世纪初期，作为一门新兴学科，由于生产实践、工程设计等方面需要，已成为固体力学一个重要组成部分。现代断裂理论大约是在1948—1957年间形成，在经典Griffith理论基础上发展起来的，20世纪60年代是大发展时期。我国断裂力学起步较晚，20世纪70年代，断裂力学才广泛引入我国，科技工作者逐步开展了断裂力学的研究和应用工作。目前断裂力学已广泛应用于航空航天工程、机械工程、核能工程、化学工程等诸多领域 [101-108]。

材料的断裂与形变和破坏失效关系密切，近几十年中正迅速兴起一门新的横跨材料学和力学的边缘学科分支——材料强度学。其中心内容是研究材料在各种受力条件下的形变和断裂失效的行为规律，为工程技术中正确选用材料提供关于材料性能的理论依据 [69]。高分子聚合物也不例外，尽管它的发展现状落后于金属，但过去的三十多年中，作为高聚物物理中的一个分支方向，经历着日新月异的变化，成为独立的“高分子材料（聚合物）强度学”的学科分支。

高聚物断裂行为的研究需要固体力学和材料物理两方面相互配合，既包括宏观断裂力学的应用研究，也涉及断裂源点的形成和发展记忆各不同层次的微观力学理论。高分子材料的断裂主要有直接加载下的断裂、疲劳断裂、蠕变断裂、环境应力断裂和磨损磨耗断裂。

合成纤维切割过程包括纤维单丝最初的组织形变（新断面形成）和随后的切割（新断面的扩展）。由于合成纤维结构的复杂性，研究其切割裂纹的生长及断裂机制非常困难。合成纤维力学性能通常表现为非均质、粘弹性和非线性特性，建立精确的力学模型是非常关键的，也是非常困难的 [109-112]。

因此，采用断裂力学研究断裂问题，基本前提是满足两个基本假设 [69]：

① 材料中总包含各种各类的不均质性、缺陷或裂纹，它们的扩展导致了材料破坏。

② 材料的断裂强度总可以用裂纹前缘应力场的表征量达到某一临界值，或形成新断裂面的能量来作平衡。

合成纤维单丝切割断裂过程能够满足两个基本假设，可以利用断裂力学研究其切割断裂问题。根据断裂力学原理，从切割阻力—割刀位移的角度对其进行检测，建立切割新断面扩展过程中纤维单丝对刀刃阻抗的关系模型，通过能量平衡理论分析其断裂过程。

1.3.2 合成纤维断裂力学

1. 能量平衡理论

能量平衡理论是基于热力学第一定律——能量守恒定律，建立断裂过程内、外部能量交换的能量平衡方程，合成纤维切割断裂的通用能量平衡方程为：

输入总能量 = 储存能量 + 耗散能量 + 动能

图 1-14 为高聚物断裂过程一般能量平衡原理示意图。取一个由封闭曲线 S 包封的材料系统，包括势能变化在内的输入能量记为 U_t，消耗的能量可分为三部分 [69]：

① 不可逆过程中耗散的能量 U_d，如塑性形变、粘弹性形变、形成银纹、形成新断裂面等。这部分能量将转化为热能或表面能等。

② 储存的能量 U_s，如弹性形变。这部分能量可以重新释放出。

③ 系统的动能 U_k。

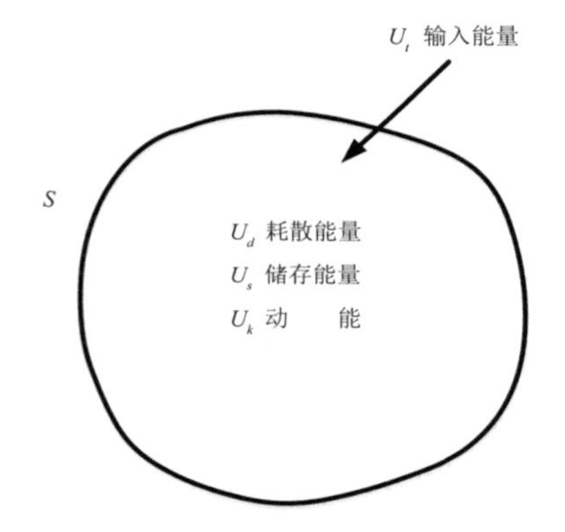

图 1-14　由封闭曲面 s 包封的能量平衡系统示意图 [69]

相应的通用能量平衡方程用公式表示为：

$$U_t = U_d + U_s + U_k \tag{1-1}$$

RivlinRS[113] 等将 Griffith 的能量平衡概念拓展到橡胶材料的撕裂测试中，MaiYW 等 [114]、FasceL 等 [115] 将断裂功应用到延性材料塑性破坏研究中，胡中伟等 [116] 将能量平衡原理应用在生物软组织切割过程建模中。MarialluisaM[117] 等较多学者 [118-120] 将能量平衡应用到高聚物的断裂性能研究中。

2. 线弹性断裂力学

材料线弹性断裂应力—应变遵循胡克定律。图 1-15，在弹性断裂情况下，循环 $OLMN$ 显示了一个简单的加载—裂纹—卸载循环过程，裂纹发生在 LM 段。$OLMN$ 区域面积为该循环过程所消耗的功。

$$S_{OLMN}=\frac{1}{2}X_L\mu_P+\frac{X_L+X_M}{2}\left(\mu_Q-\mu_P\right)-\frac{1}{2}X_M\left(\mu_Q-\mu_r\right) \tag{1-2}$$

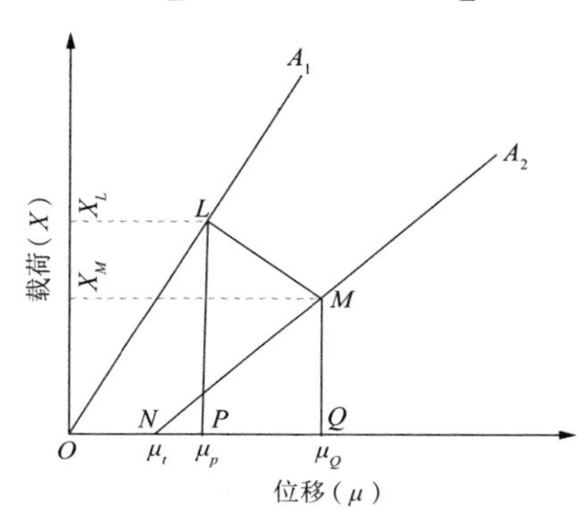

图 1-15 一般弹性断裂情况下载荷—位移关系[121]

假设直线 A_1 的斜率倒数为 C_1，直线 A_2 的斜率倒数为 C_2，则：

$$C_1=\left(\frac{\mu}{X}\right)_{A_1} \tag{1-3}$$

$$C_2=\left(\frac{\mu}{X}\right)_{A_2} \tag{1-4}$$

假设 L 点的载荷值为 X_1，M 点的载荷值为 X_2，则式（1-2）可改写为：

$$S_{OLMN}=\frac{1}{2}X_1X_2\left(C_1-C_2\right)+\frac{X_2}{2}\mu_r \tag{1-5}$$

假设在 $OLMN$ 面积内的功在断裂过程中被消耗：

$$\mathrm{d}(OLMN)=\frac{1}{2}X^2\mathrm{d}C+X\mathrm{d}\mu_r \tag{1-6}$$

弹性应变能释放率与裂纹面积有关，产生单位面积裂纹所需要的能量 R 为：

$$R=\frac{\mathrm{d}(OLMN)}{\mathrm{d}A}=\frac{1}{2}X^2\frac{\mathrm{d}C}{\mathrm{d}A}+X\frac{\mathrm{d}\mu_r}{\mathrm{d}A} \tag{1-7}$$

准静态断裂裂纹，裂纹增长单位面积所需能量等于材料的断裂韧性 J_C，即 $R=J_C$。ChanthasopeephaT 等[122]采用类似的方法，利用切割试验测试了肝脏组织的断裂韧性。

3. 应力场强度法

另一种研究合成纤维断裂机制的方法是把裂纹末端附近点的应力描述为应力场强度因子 K_1。当应力场强度因子 K_1 达到一个临界值时，裂纹开始生长，临界值被称为材料的裂纹韧性 J_C[123]，较高的应力会导致裂纹末端材料屈服并发生塑性形变。

应力场强度因子 K_1 的表达式为：

$$\sigma = \frac{K_1}{\sqrt{2\pi a}} \tag{1-8}$$

式中：

σ ——外加应力（MPa）；

a ——裂纹半径长度（mm）。

4. 断口形貌

断口是试样断裂失效中两断裂分离面的简称。由于断口真实地记录了裂纹由萌生、扩展直至失稳断裂全过程的各种与断裂有关的信息[124]。根据断裂力学应力应变原理，合成纤维切割断裂过程实质上是直接加载条件下的新断面形成、扩展直至断裂的过程，纤维单丝切割断口真实地记录了新断面由产生、扩展直至失稳断裂全过程的各种与断裂相关的信息。合成纤维属于高分子聚合物，具有粘弹性和高弹性的特点，在大气环境和室温下合成纤维的断裂一般为延性断裂，断口表面有不同断裂机制留下的不可回复的形变痕迹，根据不同的塑性形变特征可以推断出合成纤维的切割断裂机制。

因此，对断口进行定性和定量分析可为断裂失效机理的确定提供有力依据，再结合合成纤维的宏观断裂力学性能的分析，使得合成纤维的切割断裂机制分析更透彻。本书将合成纤维单丝在不同切割参数下断裂过程的宏观试验力学行为和断口的微观形貌相结合，对合成纤维单丝切割过程的断裂机制进行分析研究，找出影响断裂机制的本质因素，构建合成纤维分子链段运动的物理模型。

1.4 本书研究内容

本书以合成纤维绳丝为研究对象，考虑编织状态下绳丝间接触引起的摩擦力对纤维单丝断裂的影响，设计冲击切割试验台，模拟编织状态下绳丝间摩擦接触条件，探索不同切割参数和绳丝间摩擦接触力对绳丝断裂行为及机制的影响。

本书共由六章组成，分别如下：

第 1 章：绪论。结合课题背景，对国内外关于钢丝绳静力学性能、丝间接触性能和摩擦磨损性能、合成纤维材料的切割性能试验等问题的研究现状进行阐述与分析。结合研究现状，提出本书拟解决的问题。

第 2 章：提出试验方法，设计试验台，确定试验方案。根据编织绳绳丝在冲击载荷作用下的受力分析，采用切向约束的方式模拟绳丝间接触摩擦状态。为探索绳丝间摩擦力对绳丝断裂性能的作用机制，提出了合成纤维单丝在无编织状态下和模拟编织状态下的两种试验方法，并建立了试验模型，设计了试验台。

第 3 章：无编织状态下合成纤维单丝切割断裂行为。基于第 2 章建立的模拟试验模型，以 PA6 纤维单丝为主要研究对象，借助赫兹接触理论和断裂能量平衡方程，求解出合成纤维单丝断裂过程中，切割断裂强度及切割断裂各部分能量的消耗，得到合成纤维单丝无编织状态下的力学性能，不同切割参数对合成纤维单丝断裂性能的影响规律。

第 4 章：模拟绳丝编织状态下合成纤维单丝的切割断裂行为。通过切向约束的方式模拟绳丝间切向摩擦力，研究不同切割参数下，合成纤维单丝的切割断裂行为，探讨绳丝间切向摩擦力作用下，各切割参数对断裂行为的影响规律。

第 5 章：研究不同切割参数对合成纤维单丝断裂形变的作用机制。将合成纤维单丝断口的微观形貌和宏观力学行为相结合，揭示切割参数对合成纤维单丝断裂的作用机制，从分子链段运动角度建立了合成纤维单丝形变阶段的物理模型，揭示绳丝间切向摩擦力对合成纤维单丝断裂形变的作用机制。

第 6 章：结论与展望。对研究内容进行总结，概括本书的主要创新点，针对本书的不足之处，展望下一步研究工作。

本书研究技术路线见图 1-16。

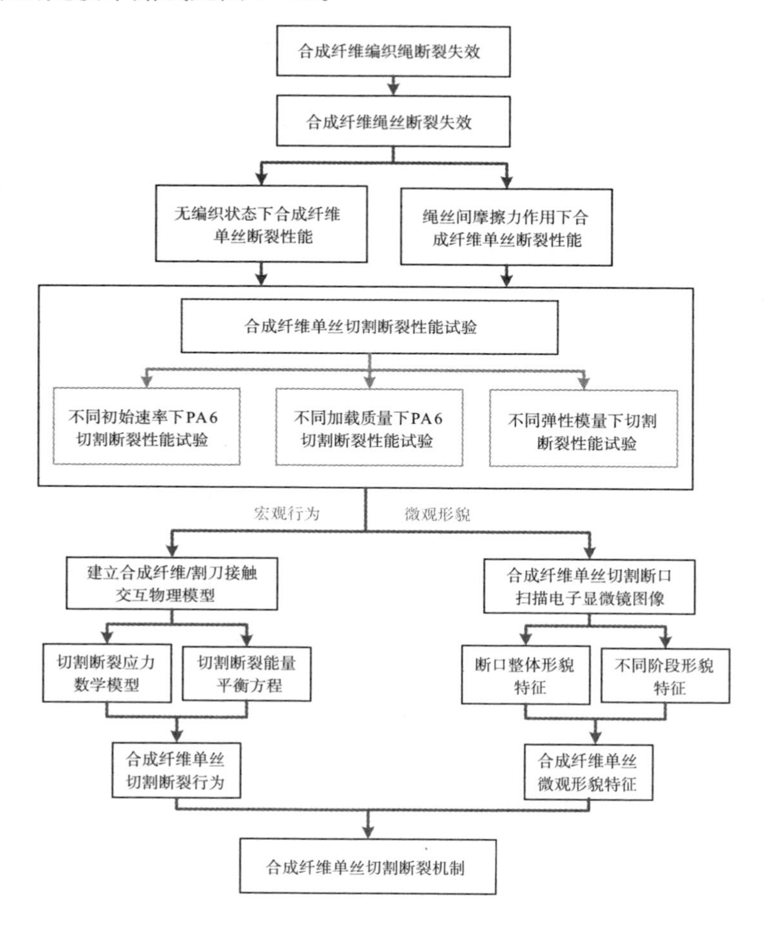

图 1-16　本书研究技术路线

2 试验方法及试验机的设计

合成纤维绳索由多股纤维按照一定的编织工艺加工而成，而绳股又由多根绳丝编织。在编织过程中，绳股与绳股之间、绳丝与绳丝之间均存在摩擦接触作用。当绳索受到法向载荷作用而断裂时，必然是从最小单元绳丝断裂开始。绳丝断裂过程中形变阻力除了受不同切割参数的影响外，绳丝材料的力学性能及编织过程中绳丝间的摩擦状态对其也有一定的影响。为此，本书提出了一种模拟合成纤维绳丝间摩擦状态的试验方法，并自主研制了试验装置。针对合成纤维编织绳最小单位绳丝的切割断裂行为、不同切割参数对断裂行为的作用机制、绳丝间摩擦力对切割断裂行为及机制的影响开展了试验研究。

2.1 试验方法与试验材料

2.1.1 模拟合成纤维绳丝断裂失效的试验方法

按照绳索失效后的外部形态，失效可分为表面损伤、过量变形及断裂 3 类，其中断裂是最危险的失效方式，而冲击载荷引起的瞬时断裂是断裂中最危险的一种方式。为此，本书以冲击方式通过割刀为试样施加载荷。

1. 绳丝断裂模拟编织绳断裂失效分析

为了研究合成纤维绳丝间摩擦接触对切割断裂行为与机制的影响，需要设计一种试验方法模拟绳索受法向载荷作用下绳丝间的切向摩擦状态。为此，对法向载荷作用下绳丝间相互接触时的受力状态进行分析，根据力学分析提出试验方法并设计试验机。

图 2-1（a）为合成纤维编织绳实物图，绳丝按照一定编织方式相互缠绕成编织绳。图 2-1（b）为编织绳结构示意图，相邻两绳丝上下交叉，绳丝在交叉部位相互接触，通过接触传递应力，绳索整体承受外加载荷的作用。客圣俊[125]在牵引用编织钢丝绳绳丝力学及摩擦磨损性能研究中，提出编织钢丝绳受力十分复杂，属于非线性接触问题。钢丝接触表面，理论上不会发生相互渗透，可以传递法向压力和切向摩擦力，可以相对移动和自由分离，但不会传递法向拉伸力。

（a）合成纤维编织绳实物

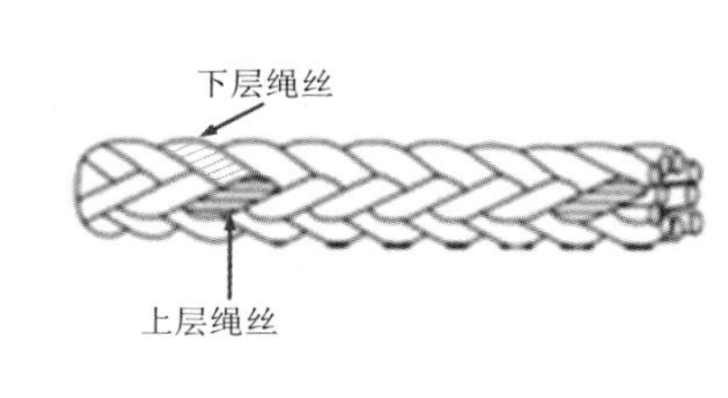

（b）编织结构示意图

图 2-1　合成纤维编织绳实物及编织结构示意图

因此，研究编织绳的断裂行为，可以通过解析的方法，将编织绳股中的基本单元绳丝分离出来，用绳丝的断裂行为模拟和预测编织绳的断裂行为，通过绳丝间接触状态来模拟绳丝的编织状态。

2. **编织绳绳丝间接触力学分析**

张德坤、葛世荣[126]利用有限元方法建立钢丝试样的接触模型，钢丝之间的接触形式为两圆柱体正交接触。Argatov Ⅱ等[127]基于Archard模型建立了钢丝之间两圆柱体以平行、垂直交叉、任意角交叉接触时微动磨损的数学模型。根据编织结构示意图 2-1（b）及相关文献，建立合成纤维编织绳上、下绳丝的三维接触模型如图 2-2（a）所示，编织绳上层绳丝与下层绳丝之间的接触形式为两圆柱体ϕ角度交叉接触，ϕ角度范围为 0° ～ 90° ，0° 时两绳丝平行，90° 时两绳丝正交。

图 2-2（b）为法向载荷作用下，上层绳丝与下层绳丝间法向接触力及切

向摩擦接触力。图中 F 为法向载荷，ΔX 为上层绳丝受到压应力作用时变形量，箭头方向为形变方向，f 为上层绳丝发生形变时下层绳丝对上层绳丝的切向摩擦接触力，N 为下层绳丝对上层绳丝的法向接触力。

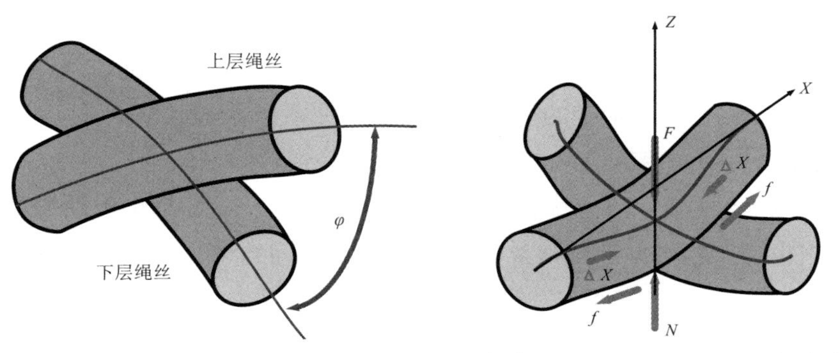

（a）上、下层绳丝接触模型　　（b）上层绳丝法向压力下接触力分析

图 2-2　合成纤维编织绳上下绳丝编织接触模型及接触力分析

3. 模拟编织绳绳丝间切向摩擦接触力的试验设计

绳丝处于编织状态时，绳丝间摩擦阻力必然影响单根绳丝断裂时的形变机制。编织绳受到冲击载荷而失效的过程中，丝间摩擦阻力沿绳丝的切向方向，且随着载荷变化而变化。冲击载荷作用下绳丝与绳丝之间有微小的滑动，造成绳丝间的微动磨损，张德坤等[126]认为，微动磨损为最终导致绳丝疲劳断裂的主要因素。Piskoty G 等[22]发现当冲击侧压力作用于钢丝绳时，单根钢丝断口截面显示了锥形和剪切断裂的混合物，未显示微动疲劳失效。本书通过割刀对绳丝施加法向载荷为冲击侧压力，绳丝断裂失效时间为毫秒级，不会发生疲劳断裂，绳丝间微动磨损对试验结果没有影响。因此，试验设计时不考虑绳丝间的微小滑动。绳丝间的切向摩擦力主要是压应力作用下，上层绳丝沿 ΔX 方向形变时，下层绳丝阻碍其形变时产生的摩擦力。

本书设计两种试验方法分别模拟绳丝无编织状态下和编织状态下的受力状态。影响丝间摩擦阻力主要因素有：绳丝材料的弹性模量、润滑情况、摩擦因数、编织方式、编织工艺、绳索受力方式等。外加载荷作用下，绳丝间接触作用非常复杂。

模拟试验条件如下：

① 本书研究绳丝间干摩擦状态下的断裂行为，不考虑各种润滑的影响。

② 绳丝接触时法向不发生相互渗透，且接触时法向是压应力。

③ 合成纤维绳丝两端采用切向约束的方式，模拟编织状态时丝间摩擦阻力，两端约束的绳丝中间悬空，切向力随冲击载荷变化而变化。绳丝两端无约束时为无编织状态。

④ 绳丝间摩擦因数受绳丝两端切向约束点的距离影响，试验台设计时通过绳丝切割断裂过程中形变的相关参数的几何关系计算确定。

以上层绳丝为研究对象，X 方向的约束模拟绳丝间切向的接触力，Z 方向的约束模拟绳丝间的法向接触力。设干摩擦状态下合成纤维单丝的静摩擦因数为 μ，图 2-3（a）为上层绳丝试样两端沿 X 方向约束模拟绳丝间的切向摩擦接触力 μF，摩擦力方向为纤维单丝受压应力时形变方向的反方向。图 2-3（b）为 Z 方向约束模拟无编织状态下绳丝仅受法向接触力。

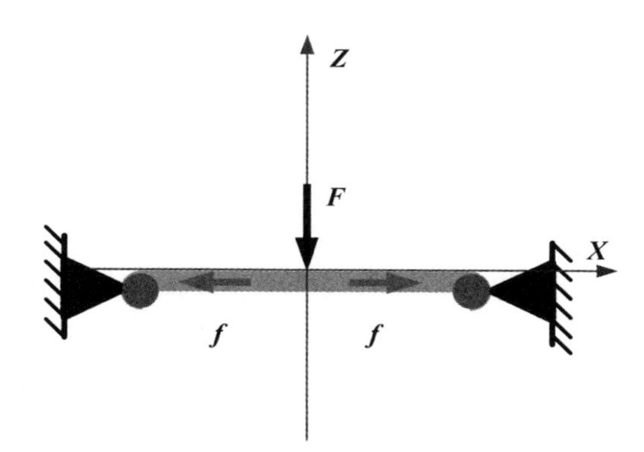

（a）绳丝间切向摩擦力模拟绳丝编织状态

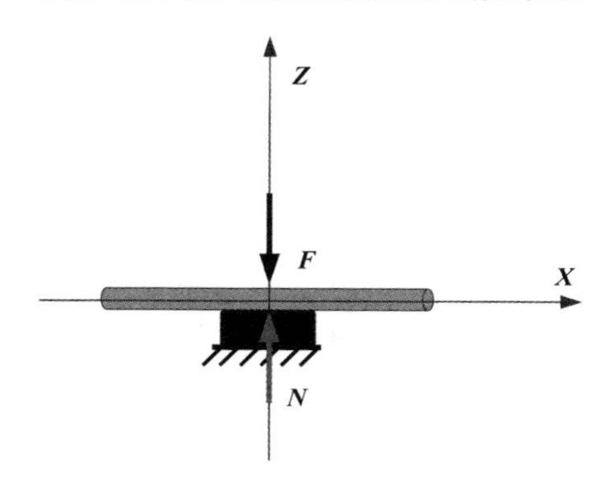

（b）绳丝间法向接触力模拟绳丝无编织状态

图 2-3　绳丝间不同编织状态下合成纤维上层绳丝试验模型示意图

由以上分析可知，绳丝两端切向约束时，受法向载荷 F 作用，绳丝向下运动，沿切向方向拉长，绳丝受张力 T 作用，张力方向与绳丝形变方向相反，两者关系为 $T=F\sin\theta$，$\sin\theta$ 受合成纤维单丝形变和两约束点之间的距离影响，可根据试样的干摩擦因数设计。因此，图 2-3（a）的试验模型可以较好地模拟编织状态下绳丝间切向摩擦接触力。

图 2-3（b），当绳丝为无编织状态时，无切向约束的绳丝不受切向摩擦力作用，相当于单根绳丝切割断裂问题。无编织状态下合成纤维单丝的切割断裂试验结果，可以为模拟编织状态下绳丝的断裂行为提供对比和参照。

2.1.2 试验材料

不考虑外部载荷作用的情况下，绳索断裂性能由绳丝的编织方式和材料的性能决定。试验模型可模拟编织状态下绳丝间的摩擦接触，不同弹性模量合成纤维的力学性能不同。本书选用三种不同弹性模量的典型合成纤维单丝作为试验材料，试样均由南通新帝克单丝科技股份有限公司生产。

1. PA6 纤维单丝

PA 为聚酰胺（Polyamide）的简称，化学方程式为 $\left[\mathrm{NH(CH_2)_6NHCO(CH_2)_4CO}\right]_n$，国际上称 nylon，品种有聚酰胺 6、聚酰胺 66、聚酰胺 11 和聚酰胺 610 等，聚酰胺 6 和聚酰胺 66 占聚酰胺纤维的 95%。聚酰胺 6（下文简称为 PA6）是聚酰胺的一个重要的品种，俗称尼龙 6，又称聚己内酰胺（Polycaprolactam），通常是由 ε - 己内酰胺缩聚制成，分子链带极性酰胺基（-NHCO-）基团，分子式为 $\left[\mathrm{\overset{H}{\overset{|}{N}}-(CH_2)_6-\overset{H}{\overset{|}{N}}-\overset{O}{\overset{\|}{C}}-(CH_2)_4-\overset{O}{\overset{\|}{C}}}\right]_n$。

PA6 是一种结晶型热塑性聚合物，其外观为半透明或不透明的乳白色，相对分子质量一般在 1.5 万～3 万之间，熔点一般为 230～235 ℃，干摩擦条件下，静摩擦因数为 0.2～0.25[128]。

图 2-4（a）为直径 1.5 mm 的 PA6 纤维单丝拉伸断裂后的宏观试样，试样沿轴向均匀塑性形变，断口直径为 1.4 mm，断口比较平整。图 2-4（b）为 PA6 纤维单丝五次拉伸应力应变曲线，曲线呈非线性增大，增加幅度先快后慢，断裂时应力值达最大。五次试验结果拉伸断裂强度一致性非常好，拉伸应变略分散。

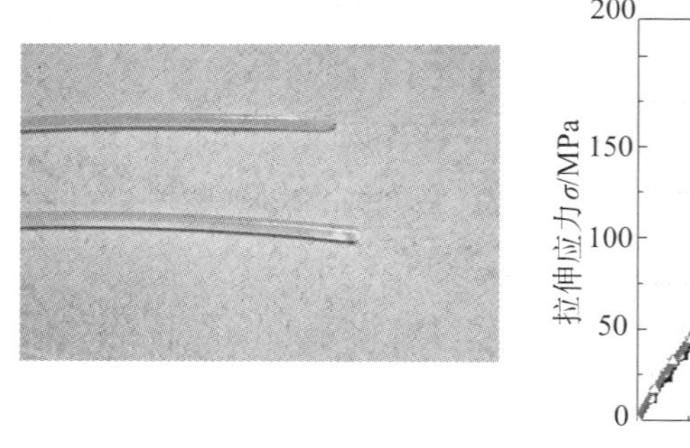

（a）试样拉伸断裂宏观图像

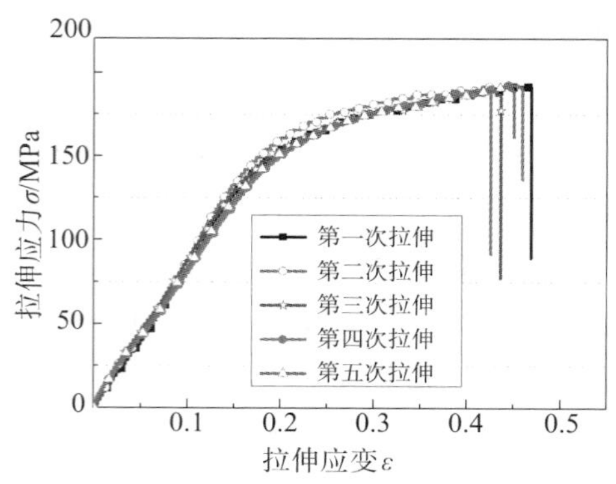

（b）五次重复拉伸的应力应变曲线

图 2-4　PA6 纤维单丝拉伸断裂试样及应力—应变曲线

图 2-5（a）为 PA6 纤维单丝一次拉伸试验的应力应变曲线，拉伸过程分为四个阶段：弹性阶段、屈服阶段、强化阶段和局部形变阶段。应力应变曲线屈服阶段不明显，短暂的弹性阶段后，直接进入到强化阶段。拉伸应力先快速增加，后趋于平缓，断裂点 B 对应的拉伸应力最大，属于无屈服点的韧性材料。PA6 纤维整个拉伸断裂过程是硬化和软化耦合作用的结果，拉伸过程中有热效应，最终表现为纤维单丝断裂时试样断口表面温度升高，整个试样硬度下降。

图 2-5（b），应力—应变曲线下的面积相当于拉伸试样断裂所消耗的能量，为断裂功 W，又称拉伸韧性。

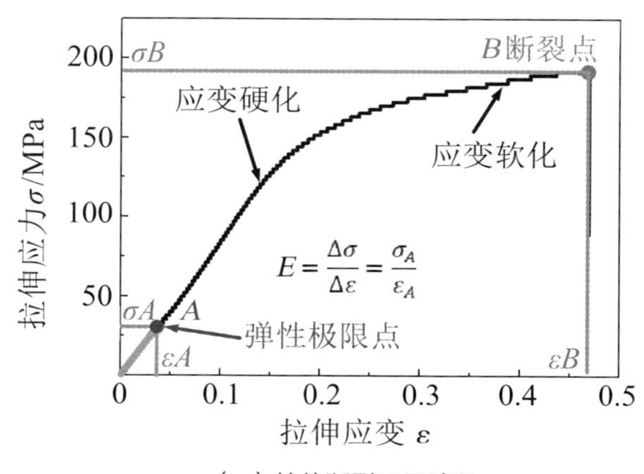

（a）拉伸断裂不同阶段

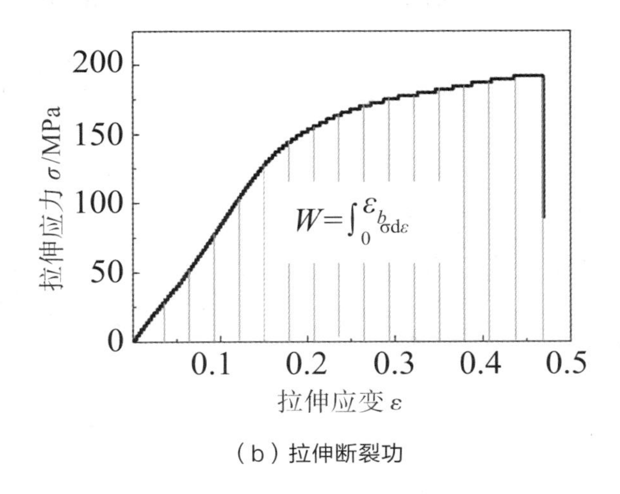

（b）拉伸断裂功

图 2-5　PA6 纤维单丝拉伸断裂特征图及断裂功

PA6 纤维单丝拉伸过程中同时伴随着热量的产生，随着热量的积累，应变强化变弱并趋于弱化，使得拉伸应力增加变缓，变缓阶段占整个拉伸形变阶段的一半。根据拉伸力学性能曲线，可以判断出 PA6 纤维单丝的宏观断裂方式属于韧性断裂，断口形貌能够很好地反映出纤维单丝断裂的性质。

图 2-6 为 PA6 纤维单丝断口扫描电子显微镜图像，可以观察到断面上形成了镜面区、雾状区和粗糙区三个特征区域，与高分子材料在拉伸断裂时断面上的特征区域相符合。

镜面区为纤维单丝拉伸断裂源，宏观上呈现平坦光滑的半圆形镜面状，出现在试样边缘材料最薄弱处，断裂初始阶段主裂纹通过单个银纹缓慢扩展形成。雾状区为纤维单丝裂纹扩展区，随着裂纹扩展和应力水平提高，主裂纹不再是通过单个银纹扩展，而是通过多个银纹扩展，呈放射条纹状，其放射条痕与起裂区的半圆镜面呈垂直分布，雾状区的开始意味着次裂纹源出现扩展，宏观上平整但不反光，像毛玻璃。粗糙区为纤维单丝瞬时断裂区，当裂纹扩展到临界长度时，断裂突然发生，形成极端凹凸的粗糙区。

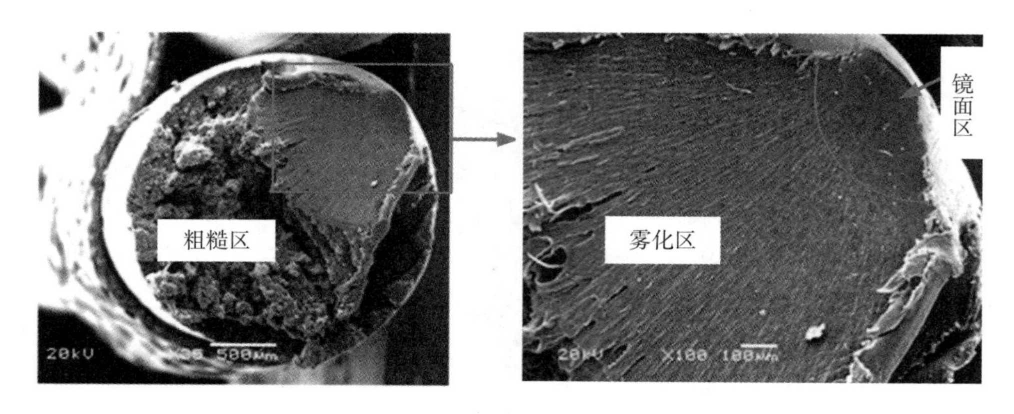

（a）断口整体 SEM 图像　　（b）镜面区和雾化区形貌

图 2-6　PA6 纤维单丝拉伸断裂断口形貌 SEM 图像

2.PBT 纤维单丝

PBT 是聚对苯二甲酸丁二醇酯（Polybutylene terephthalate）的简称，由丁二醇与对苯二甲酸（PTA）或对苯二甲酸酯（DMT）聚缩合而成，并经由混炼程序制成的乳白色半透明到不透明、结晶型热塑性聚酯树脂，熔点一般为 224℃，分子式为

$$\left[\overset{\overset{O}{\|}}{C}-C_6H_4-\overset{\overset{O}{\|}}{C}-O-\left(\underset{\underset{H}{|}}{\overset{\overset{H}{|}}{C}}\right)_4-O\right]_n。$$

PBT 是最坚韧的工程热塑材料之一，有非常好的化学稳定性、机械强度、电绝缘特性和热稳定性，是工程塑料的骄子。1979 年日本帝人公司首先推出了 PBT 纤维制品，PBT 属于低污染生产，且耐久性优越，在未来各行业具有很大的潜能 [129]。

PBT 纤维单丝横截面为圆形，直径 1.5 mm。图 2-7（a）为 PBT 纤维单丝拉伸断裂后的宏观试样，整个试样发生均匀塑性形变沿拉伸长度方向扩展，直径均匀变小，测量直径为 1.38 mm。图 2-7（b）为 PBT 试样五次拉伸试验得到的拉伸应力与应变曲线，最大拉伸断裂应力为 337 MPa，最小值为 298 MPa，应变率在 41.5%~46.1% 之间变化，数据较分散。

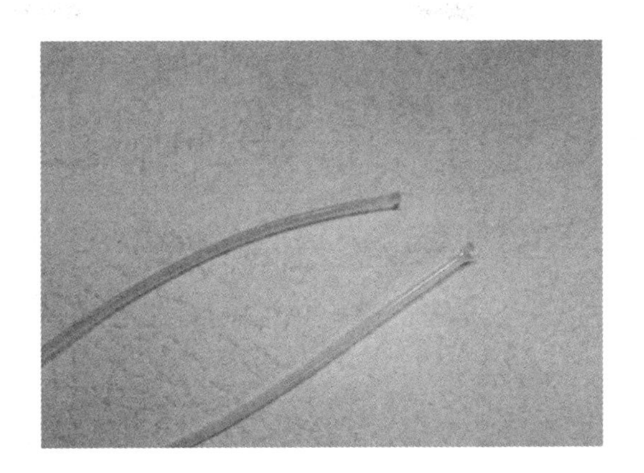

（a）试样拉伸断裂宏观图像

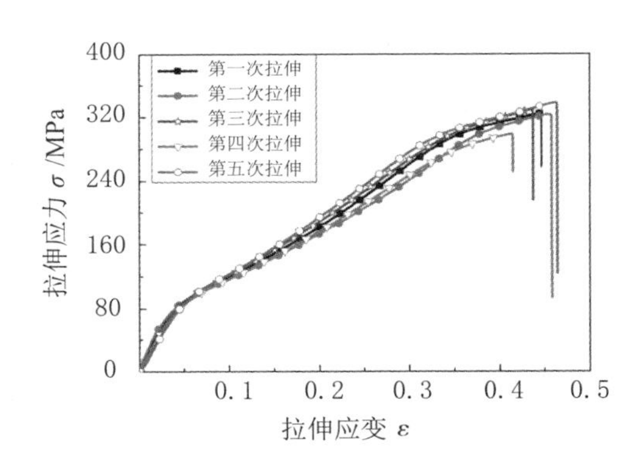

（b）五次重复拉伸的应力应变曲线

图 2-7 PBT 纤维单丝拉伸断裂试样及应力—应变曲线

图 2-8（a）为 PBT 拉伸过程中不同阶段对应的特征点，拉伸初始阶段为弹性形变阶段，随着拉伸形变量的增加，纤维单丝发生屈服，拉伸应力呈非线性增加，纤维单丝发生应变硬化。随着拉伸形变量增加，拉伸应力增加缓慢，最终被拉断，拉伸应力为断裂应力，也是 PBT 纤维的最大拉伸应力。与 PA6 纤维单丝对比，普通弹性形变之后应力应变曲线更为陡峭，直到断裂前变化趋势才变缓，说明拉伸过程中 PBT 应变硬化更显著。

图 2-8（b），拉伸应力在应变区间的积分为 PBT 拉伸断裂过程消耗的断裂功。

通过应力应变的计算公式可以得出 PBT 试样的基本力学性能参数。从五次重复拉伸试验结果看，除了一次拉伸试验的结果差异较大外，其他四次试验结果拉伸应力—应变曲线基本一致，说明拉伸性能稳定。计算拉伸形变量与拉伸强度时将差异较大的试验结果剔出，取四次均值。

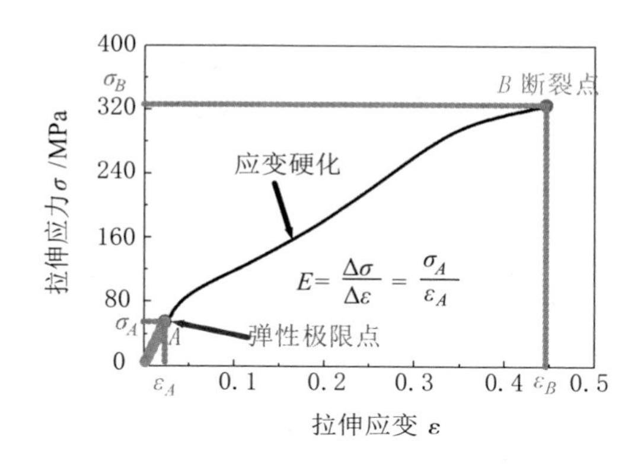

（a）拉伸断裂不同阶段特征图

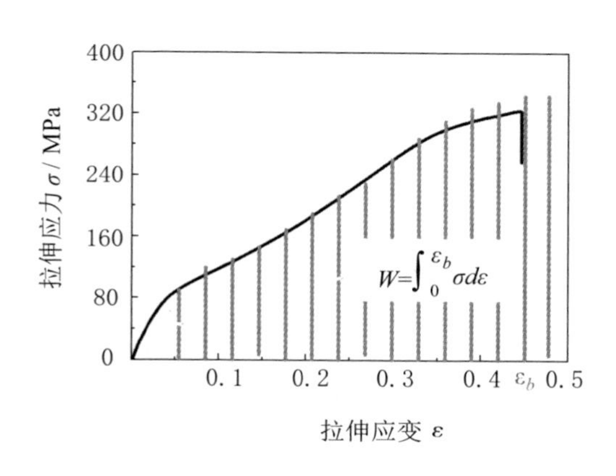

（b）拉伸断裂功

图 2-8　PBT 纤维单丝拉伸断裂特征图及断裂功

3.PP 纤维单丝

PP 是聚丙烯（Polypropylen）的简称，是由丙烯聚合而制得的一种热塑性树脂。相对密度小，仅 0.89 ～ 0.91 g/cm³，是塑料中最轻的品种之一，熔点一般为 165 ～ 173℃，分子式为 $\left[\begin{matrix}CH_3\\|\\CH—CH_2\end{matrix}\right]_n$。

聚丙烯纤维具有强度高、韧性好、耐化学品性和抗微生物性好及价格低等优点。因此，聚丙烯广泛用于绳索、渔网、安全带、安全网、土工布、过滤布、造纸用毡和纸的增强材料等产业领域[130]。纤维单丝横截面为椭圆形，长径1.8 mm，短径1.25 mm。

图2-9（a）为PP纤维单丝拉伸断裂后的宏观试样，试样断口与PA6和PBT的断口差别很大，不再是平整的断口，而是参差不齐的发散丝状，说明PP纤维单丝各向异性显著，分子链纵向间的结合强度不高。

图2-9（b）为PP纤维单丝五次拉伸应力—应变曲线，一致性非常好。拉伸应力随应变的增加而快速增大，与PA6和PBT相比，拉伸应力与应变均较小，拉伸过程中，PP材料的各向异性显著塑性流动性差。

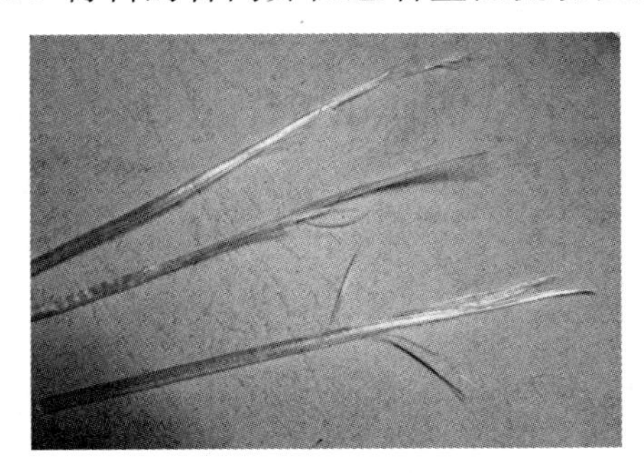

（a）试样拉伸断裂宏观图像

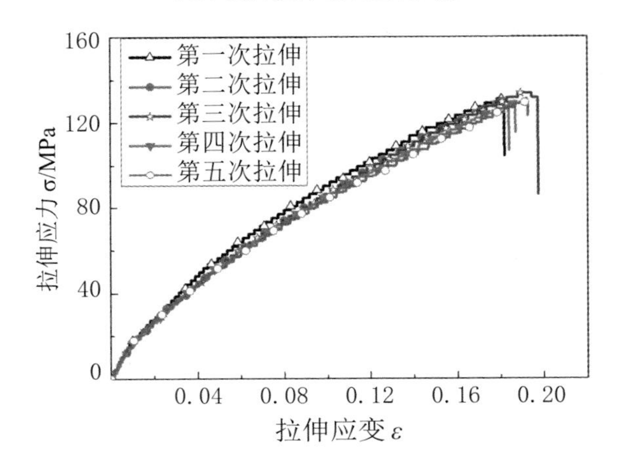

（b）五次重复拉伸的应力应变曲线

图2-9　PP纤维单丝拉伸断裂试样及应力—应变曲线

图 2-10（a），PP 拉伸应力—应变曲线，拉伸断裂过程没有屈服阶段和局部形变阶段，只有弹性阶段和强化阶段。初始阶段普通弹性形变很小，塑性形变伴随拉伸全过程。

图 2-10（b），拉伸应力—应变下阴影部分的面积为 PBT 拉伸断裂过程消耗的断裂功。

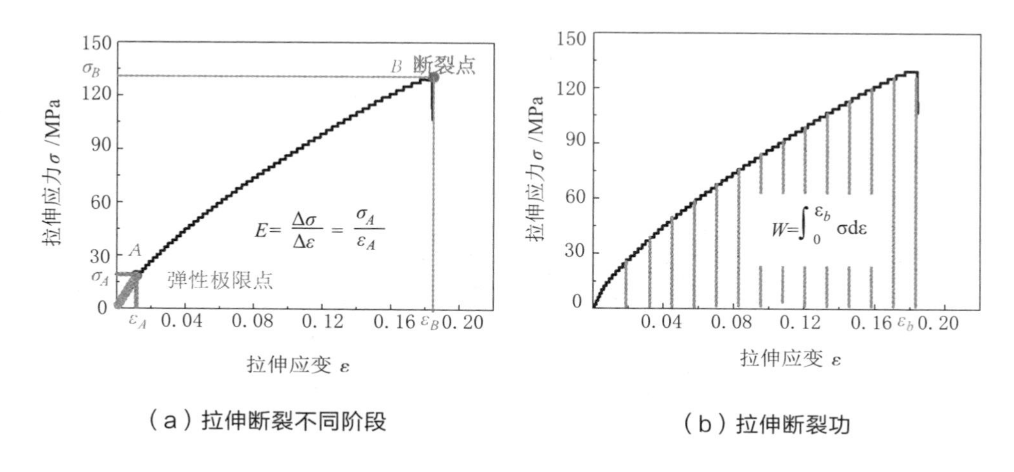

（a）拉伸断裂不同阶段　　（b）拉伸断裂功

图 2-10　PP 纤维单丝拉伸断裂特征图及断裂功

将拉伸试验测得的三种合成纤维单丝的力学性能汇总并列入表 2-1。

表2-1　三种合成纤维单丝的力学性能

材料名称	密度 /（kg/m³）	弹性模量 /GPa	拉伸强度 /MPa	断裂伸长量 /%	断面收缩率 /%	阻抗值 /（Ω·m）	干摩擦因数
PA6	1136	1.06	190.2	47.4	18.9	1.8×10^{12}	0.20~0.25
PBT	1338	2.22	326.8	45.2	20.2	1.0×10^{16}	0.17~0.20
PP	910	0.76	131.1	18.5	11.2	7×10^{17}	0.25~0.35

2.2 试验机的设计

根据试验选用的合成纤维单丝的特点，以及编织绳上层绳丝的受力分析及绳丝间摩擦模拟试验方法，设计了落体切割试验机，能够同时满足两种模拟条件下的试验，试验过程中切割参数可调，能够实时采集试验数据和合成纤维断裂过程的图像。

2.2.1 落体切割试验机

1. 试验机工作原理

图 2-11 为落体切割试验机的原理图。安装有割刀、具有设定质量的刀架，从预设高度以零初速度释放，刀架沿试验机两侧的导轨以近似自由落体的方式下落，对不同材质，不同直径的合成纤维单丝进行切割。割刀的质量可以通过增减砝码的方式来调节，下落高度通过将割刀提升到不同的高度来实现。传感器可以检测切割过程中的切割阻力、切割加速度、试样两端拉力变化数据，高速摄像设备记录切割纤维的图像数据[131]。

通过数据处理可获得：① 试样的耐切割特性；② 切割过程中切割阻力变化特性；③ 切断试样所需的能量；④ 切割过程中试样变化的直观图像。

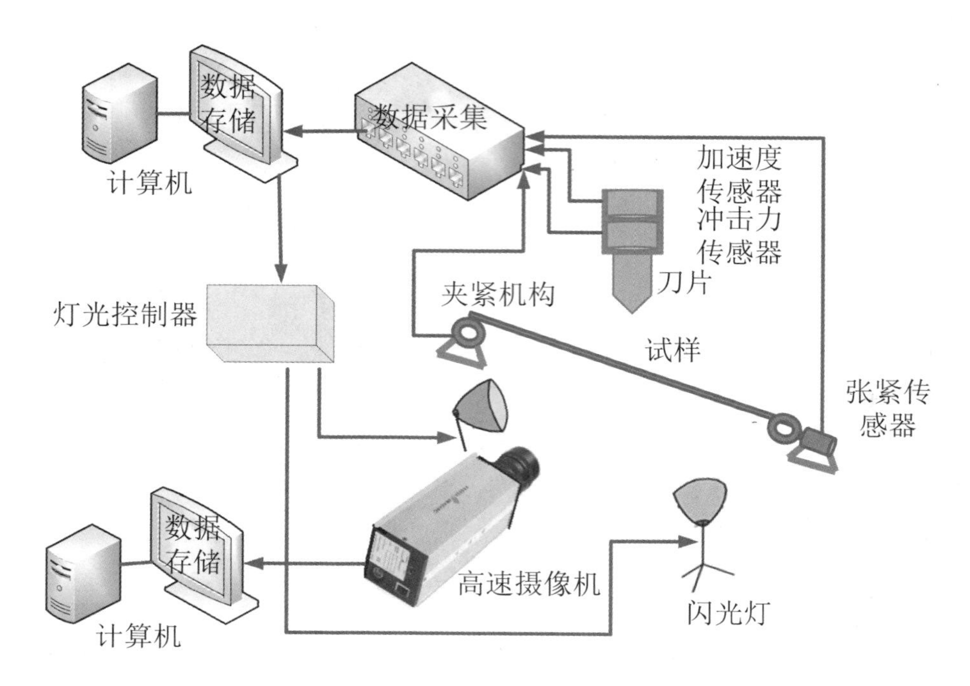

图 2-11　落体切割试验机工作原理图[131]

本试验机主要功能有：第一，合成纤维单丝安装在夹紧机构上，模拟绳丝间切向摩擦力条件下的切割性能试验。第二，将夹紧机构拆去，纤维单丝放置在底板上，可以实现纤维的无切向摩擦条件下的切割性能试验。第三，更换不同的配重砝码，可以改变刀架加载质量，刀架自重 1.1 kg，加载质量范围为 1.1 ～ 10.1 kg，砝码重量分别为：0.5 kg、1 kg、2 kg，加载质量可分级调整，最小调整 0.5 kg。第四，割刀的初始速率调节范围 0 ～ 5 m/s，刀架的不同初始速率对应不同的预设高度，改变刀架在导轨上的初始高度实现调节。第五，切向约束试样切割前的预紧力可以通过切向约束机构和传感器实现无级调整，调整范围 0~30 N。第六，刀架冲击载荷、加速度、试样预紧力、割刀切割位移等参数可实现在线实时监控和检测。

2. 试验机结构及特点

图 2-12 为自制 BTF-300 落体切割试验机的现场图和结构图，主要由机械系统、控制系统和测试系统组成。

① 机械系统

机械系统包括底座、上箱及两者之间的 4 根立柱、2 根圆柱滑轨。立柱支撑上箱，滑轨是刀架组件和横梁组件的运动轨道，两组件均通过直线轴承与滑轨相连接，可沿滑轨上下滑动。纤维夹紧机构包括一对相对布置的试样夹具组件，当被切割纤维装夹在夹紧机构时，为模拟绳丝编织条件下切割试验。缓冲器由软质材料聚氨酯等制成，拆去试样夹紧装置和缓冲器，安装一个平板，合成纤维单丝放置在平板上，此时为绳丝无编织条件下切割试验。

（a）试验机现场图

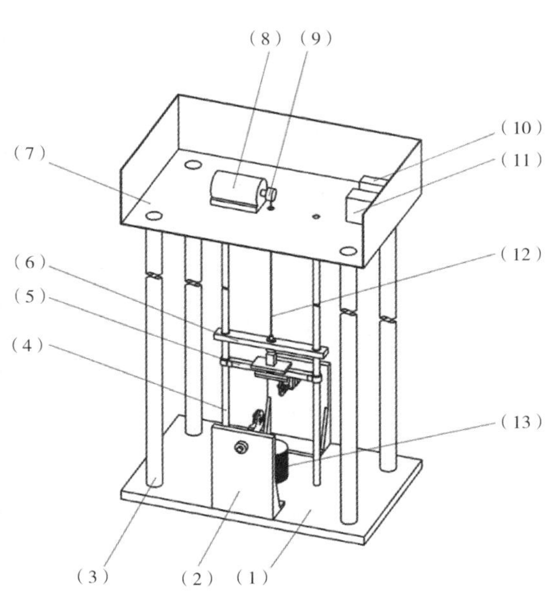

（b）试验机结构图

图 2-12 BTF-300 落体切割试验机外观及结构图 [132]

（1）底座；（2）夹紧机构；（3）立柱；（4）滑轨；（5）刀架；（6）横梁；（7）上箱；（8）伺服电机；（9）绕线编码器；（10）伺服电机驱动器；（11）PLC；（12）拉索；（13）缓冲器

图 2-13 为刀架组件的详细结构，PLC 控制横梁下的电磁铁的得电与断电，当电磁铁得电时产生磁吸力，磁吸力可将刀架组件吸住，此时刀架组件可随横梁组件沿滑轨上下运动。

图 2-14 为横梁组件的详细结构，当电磁铁断电时，刀架组件在重力作用下沿滑轨下落。下落过程中，割刀遇到试样产生切割动作。

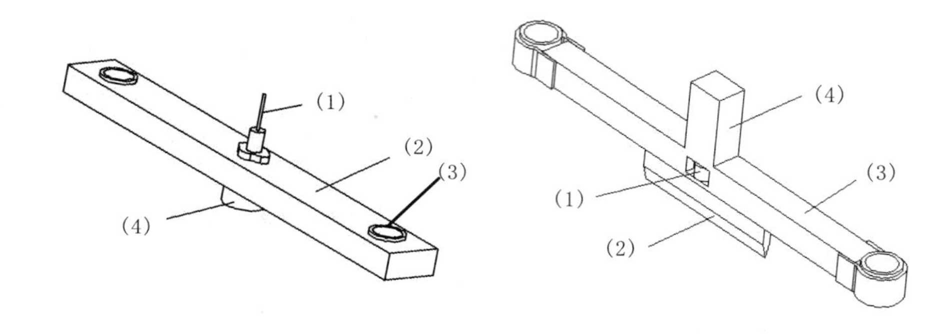

图 2-13 刀架结构图 [132]

（1）拉索；（2）横梁；
（3）直线轴承；（4）电磁铁

图 2-14 横梁结构图 [132]

（1）传感器；（2）割刀；
（3）刀架；（4）轴承

图 2-15 为合成纤维单丝夹紧机构结构图，两组夹具机构成对使用，可设定初始预紧力。绕线盘外缘有 V 形凹槽，纤维单丝至少一圈缠绕在凹槽中，试样末端用蝶形螺母压紧。圆形绕线盘能够承受切断过程中的拉力，避免了切断过程中试样从夹紧位置断裂，造成试验失败。拉力传感器的轴线与凹槽圆相切，试样的受力方向为拉力传感器的轴线方向，不会产生额外的扭矩，确保拉力传感器正确地测到拉力数据。

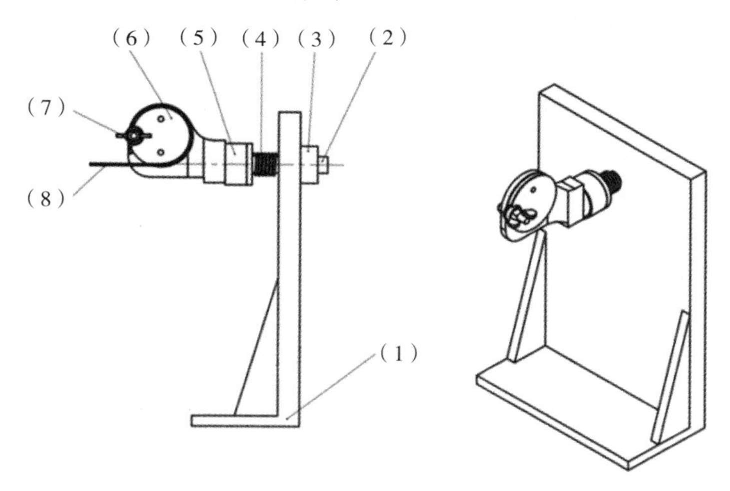

图 2-15 合成纤维单丝夹紧机构 [132]

（1）支架；（2）螺柱；（3）调节螺母；（4）弹簧；（5）拉力传感器；（6）绕线盘；
（7）蝶形螺母；（8）合成纤维单丝

② 控制与测试系统

图 2-16 为试验机控制与测试系统结构图，包括安装于上箱内的 PLC、伺服电机、绕线编码器和伺服电机驱动器。PLC 通过伺服电机驱动器控制伺服电机转动，伺服电机与绕线编码器通过柔性联轴器相联，绕线编码器上缠绕有柔性拉索。当伺服电机转动时，带动绕线编码器转动，从而带动拉索上下运动。拉索下端与横梁组件相联，当拉索上下运动时，带动横梁组件上下运动。

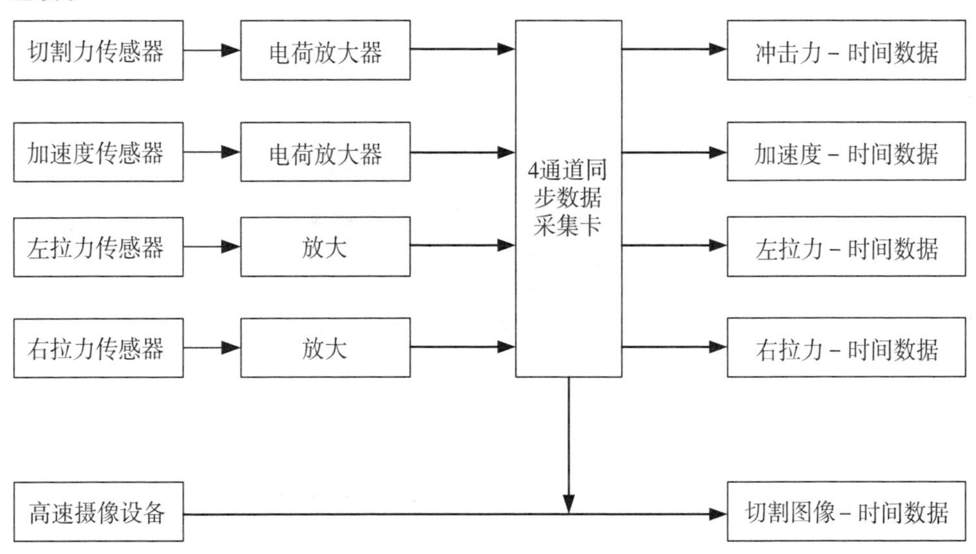

图 2-16　试验机控制与测试系统结构图 [132]

③ 割刀结构尺寸

图 2-17（a）为割刀结构尺寸，割刀为双面开刃，刃口角度为 30°，长 40 mm，厚度为 3 mm。图 2-17（b）为割刀刃口三维形貌图，割刀刃口放大的情况下呈圆弧状，测得圆弧半径为 R=25.3μm。本书中落体切割试验采用的割刀是完全一致的，割刀材料为 65 Mn。

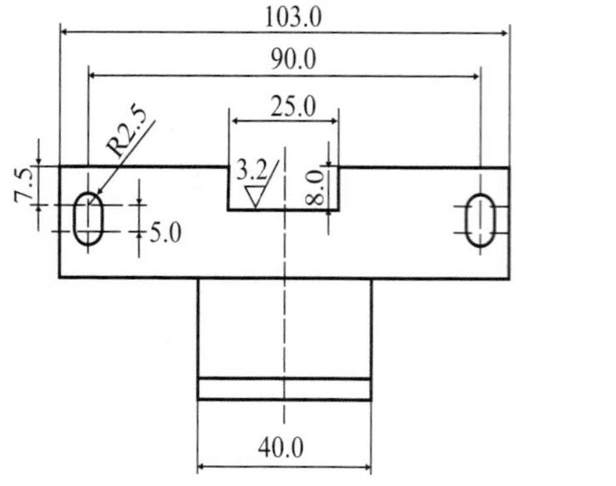

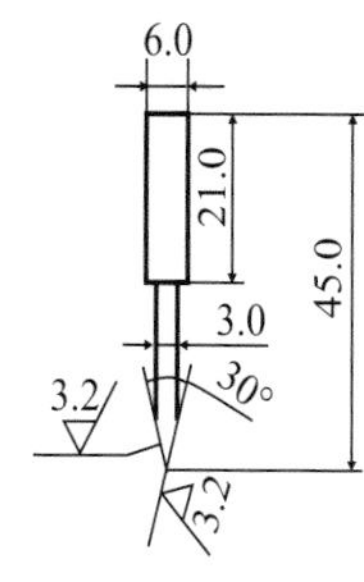

（a）割刀结构尺寸

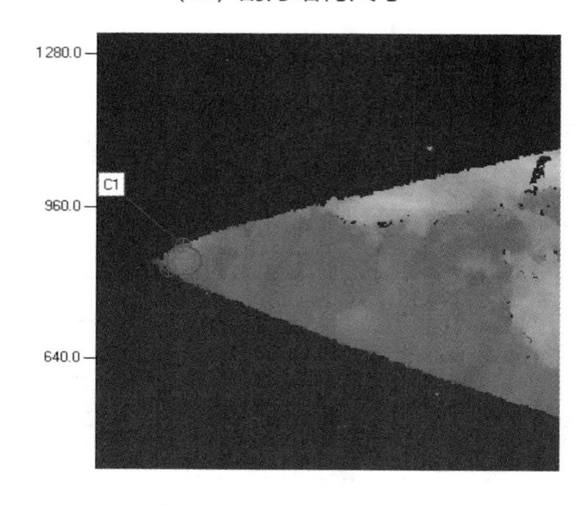

（b）割刀刃口三维形貌[131]

图 2-17　割刀的结构尺寸及三维形貌图

④ 试验机的主要特点

本试验机的主要特点有三个：第一，利用自由落体原理，设置固定的初始能量，以固定能量切割试样，测得切割后的剩余能量，切割前后的能量差，即是切断试样所需的总能量。第二，采用多通道同步型数据采集卡，并在开始试验的瞬间触发高速摄像设备开始拍摄，从而获得在时间轴上绝对同步的多组数据，有利于正确分析切割过程，探寻切割原理。第三，采用特殊结构的夹具组件夹持不同材料的试样，试样的初始预紧力能够通过旋转螺母实现无级调节，且能够保证试样的受力方向为拉力传感器的轴线方向，不会产生额外的扭矩，拉力传感器能够正确地测到拉力数据。

2.2.2 其他试验设备

1. 电子万能试验机

DNS02 电子万能试验机由长春试验机研究所生产，机电一体化试验设备由机电伺服闭环控制，可以满足各种金属、非金属材料的机械性能试验。最大试验力（负荷）为 2 kN，试验精度等级为 0.5 级，负荷测量范围为 1% ～ 100%，试验速度范围为 0.005 ～ 500 mm/min（无级可调）。利用该试验机可以测试合成纤维单丝的拉伸、压缩等性能参数。图 2-18（a）、（b）分别拉伸试验时使用的 DNS02 电子万能试验机现场图和数据采集软件界面。

2. 高速摄像机

高速摄像机为 HX-5 型，最高拍摄速率 900 000 fps，分析软件为通过 ISO 认证的 HotshotLink，能够实现速度、加速度等参数的测量；且 DRAM 分区具有支持 DRAM 分区多段记录，独立下载的功能。本书以 10 000 fps 拍摄速率记录整个切割过程的图像，同时记录速度、加速度等参数。

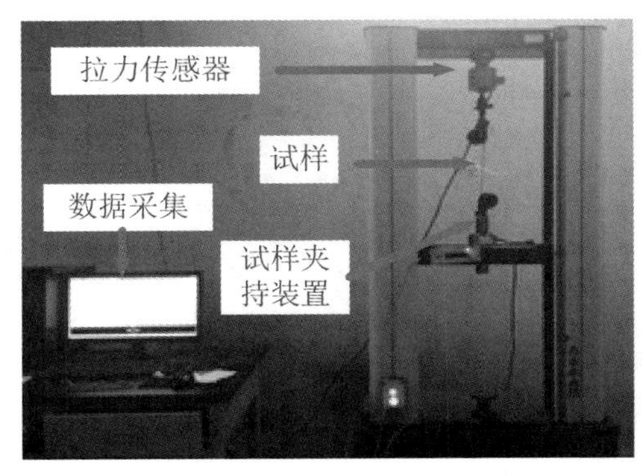

（a）电子万能试验机现场图

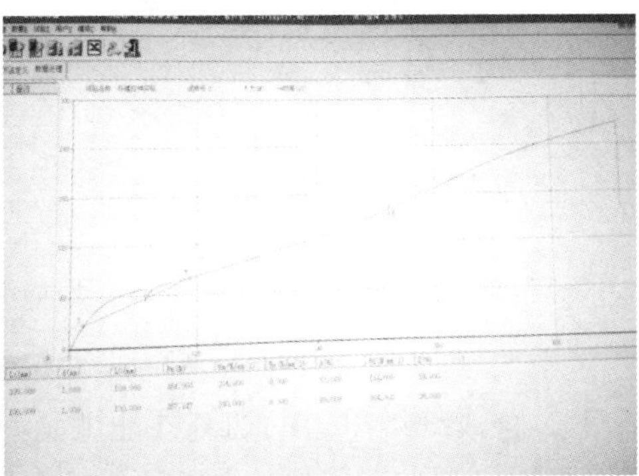

（b）数据采集软件界面

图 2-18 DNS02 电子万能试验机现场图和数据采集软件界面

3. 扫描电子显微镜

日本东京 JEOL 公司生产的型号为 JSM-5610LV 场发射扫描电子显微镜（SEM），加速电压为 20 kV，合成纤维单丝断口通过扫描得到断口 SEM 图像。由于合成纤维单丝不具有导电性，使用日本东京 JEOL 公司生产型号为 JFC-1 600 自动精密喷涂仪对所有纤维单丝的断口表面喷涂一层金属银。

有文献报道聚合物材料对电子束损伤非常敏感，LollaD 等[133-135]通过像差校正电子扫描仪在原子尺度上对 PVDF 分子的纳米纤维损伤进行成像，研究发现纤维对电子辐射损伤的敏感性随纤维直径的减小而增大。本书采用合成纤维直径为 1.5 ～ 3 mm，远达不到分子尺度；同时本书只对纤维单丝的断口表面留下的形变形貌，扫描电子显微镜在扫描纤维断口前断口表面喷涂一层纳米银。因此，电子辐射损伤不影响本书的 SEM 图像结果分析。

4. 其他仪器

选用测量精度为 0.1 mg 的 BS210S 电子分析天平，对纤维单丝试样进行称重。游标卡尺测试试验前后试样直径的变化。温度湿度检测仪检测试验室内空气的温度和湿度，室内温度保持 20 ～ 28 ℃，相对湿度在 30% ～ 60% 之间。

2.3 试验方案及内容

2.3.1 试验方案

1. 合成纤维单丝两种状态下的切割断裂性能

主要模拟合成纤维单丝的两种编织状态：分别为绳丝间无编织与编织状态下，合成纤维单丝的切割性能试验。

① 无编织状态下合成纤维单丝的切割性能试验

图 2-19 为无编织状态下合成纤维单丝的切割性能试验现场及示意图。合成纤维单丝放置在支撑板上，质量为 m 的割刀从预设高度零初速度释放，对纤维单丝进行切割，从刀尖接触纤维单丝的上母线到将试样完全切断，割刀位移为纤维单丝直径 d。

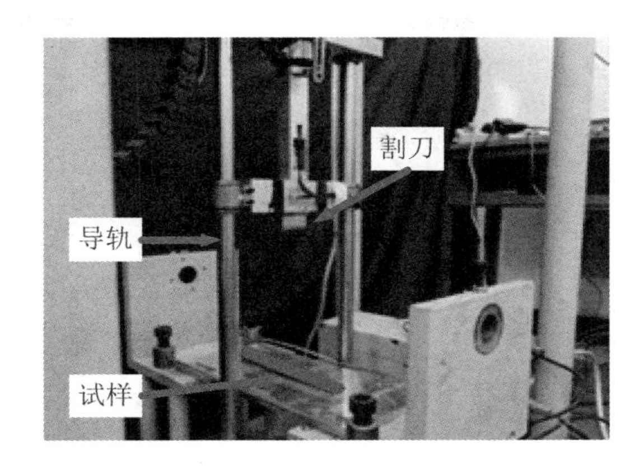

（a）无编织试验现场图

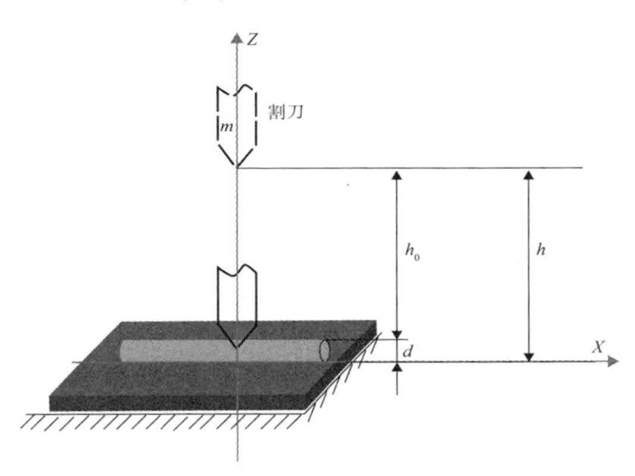

（b）纤维单丝无编织状态示意图

图 2-19　无编织状态下合成纤维单丝的切割性能试验现场及示意图

② 模拟编织状态下合成纤维单丝的切割性能试验

图 2-20（a）为合成纤维单丝切割性能试验现场图，纤维单丝中间悬空，两端以一定的预紧力被张紧机构约束，约束点之间的距离为 L_0。质量为 m 的割刀刀尖与纤维单丝中点对齐。割刀提升到预设高度 h_0，以零速度释放，对纤维单丝进行切割。Δh为割刀刃口从接触被切割纤维单丝开始，到纤维完全被切断为止，整个切割过程刀架下落的高度。θ 角为切割过程中，纤维单丝断裂时的位置与水平线夹角。

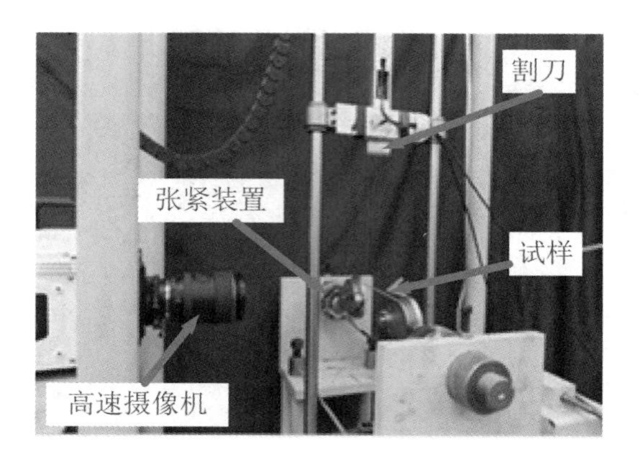

（a）模拟编织试验现场图

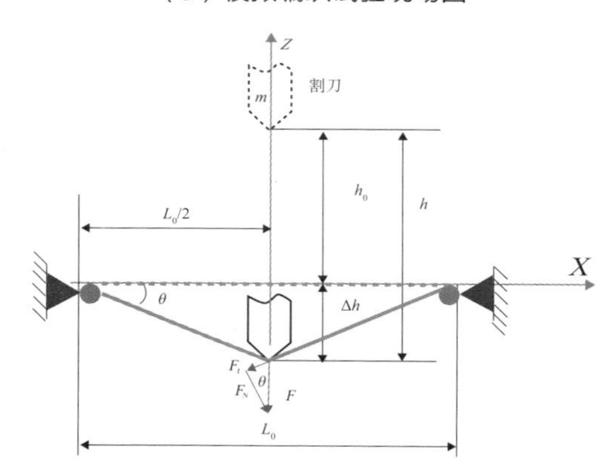

（b）纤维单丝模拟编织状态示意图

图 2-20　模拟编织状态下合成纤维单丝的切割性能试验现场及示意图

图 2-20（b），以合成纤维单丝为研究对象，F 为割刀施加给纤维单丝的沿 Z 轴方向切割力，F_t 为 F 沿单丝切向分力，根据合成纤维单丝在切割过程中形变的几何关系，

$$F_t = F\sin\theta = \frac{F \cdot \Delta h}{\sqrt{\left(L_0/2\right)^2 + \Delta h^2}} \tag{2-1}$$

设合成纤维绳索所受法向载荷为 F，绳丝间的摩擦因数为 μ，则绳丝间切向摩擦力 $f=\mu \cdot F$，合成纤维单丝在切割力作用下瞬时断裂，不考虑绳丝间的微动滑移。摩擦因数选用干摩擦状态下的静摩擦因数，根据试验材料的物性参数表 2-1，PA6 摩擦因数选取 0.25，PP 摩擦因数 0.3，PBT 摩擦因数为

0.2。根据三种材料预试验得到合成纤维单丝在切割断裂过程中 h 的变化范围，合成纤维单丝的有效长度 L_0 确定为 260 mm，此时合成纤维单丝切割断裂时 $\sin\theta$的值在 0.2 ～ 0.3 之间，冲击载荷与绳丝间摩擦力的关系$F_t = F\sin\theta$，满足合成纤维单丝在编织状态时绳丝干摩擦因数条件。

2. 切割变量

试验选用的合成纤维属于热塑性高分子聚合物，具有粘弹性，在外加载荷作用下断裂过程的塑性形变具有一定流动性，应力、应变和应变速率是影响其形变机制的主要流变学物理量，而描述材料行为的基本物理量为应力、应变和弹性模量[136-137]。

根据切割试验原理，割刀沿导轨做近似自由落体的过程中，部分势能转换为割刀动能，割刀以一定的速率冲击纤维单丝，纤维单丝获得冲量并发生弹塑性形变。根据冲量定理，相同动量条件下，纤维单丝获得力和时间积分的冲量，冲力为纤维单丝提供切割应力，时间是纤维单丝的形变时间。合成纤维的弹性模量不同，形变机制不同，切割过程中的作用时间和切割应力也不相同。

合成纤维单丝切割断裂过程中，加载速率是在不断地变化中，加载速率的变化与纤维单丝的形变机制关系显著，是不可控的。割刀初始速率可以调节，初始速率越大，割刀与纤维单丝的作用时间越短，纤维单丝的加载速率越小。改变割刀初速速率和加载质量，合成纤维获得不同的加载应力及加载速率，影响断裂过程中的断裂应力、应变机制及断裂能耗。合成纤维的弹性模量影响其形变机制及形变时间，本书选取了 PA6、PBT 和 PP 三种不同弹性模量的合成纤维单丝为研究对象。

2.3.2 试验内容

合成纤维单丝在两种编织状态下，设计了不同切割变量的切割性能断裂试验，试验割刀与纤维单丝完全相同。

1. 不同初始速率下切割断裂性能试验

不同初始速率下刀架质量保持不变，仅通过改变刀架下落的初始高度，获得不同初始速率，目的是研究初始速率对切割断裂性能的影响规律。初始速率确定的原则是，通过预试验，获得试样的临界初始速率（即刚好将试样切断的速率），以临界速率为第一个试验速率，依次增加 0.2 m/s，直至切割阻力无明显变化结束试验。试验对象为直径 3 mm 的 PA6 纤维单丝。

无编织状态下性能试验，加载质量 1.1 kg，初始速率为：0.9 m/s、1.1 m/s、1.3 m/s、1.5 m/s、1.7 m/s、1.9 m/s、2.1 m/s、2.3 m/s。

模拟编织状态下，加载质量 2.1 kg，初始速率为：1.9 m/s、2.1 m/s、2.3 m/s、2.5 m/s、2.7 m/s、2.9 m/s、3.1 m/s、3.3 m/s。

2. 不同加载质量下切割断裂性能试验

不同加载质量指割刀的初始速率相同，仅改变加载质量，目的是研究加载质量对断裂性能的影响规律。刀架自重 1.1 kg，预试验发现加载质量增加 0.5 kg，切割力学性能差别不够显著，故配重依次间隔 1 kg。试验对象为直径 3 mm 的 PA6 纤维单丝。

无编织状态下，初始速率 1.9 m/s，加载质量为：1.1 kg、2.1 kg、3.1 kg、4.1 kg 四种。

模拟编织状态下，初始速率 2.9 m/s，加载质量为：1.1 kg、2.1 kg、3.1 kg、4.1 kg 四种。

3. 不同直径纤维单丝的切割断裂性能试验

主要研究纤维单丝直径对切割断裂性能的影响规律，试验选取 PA6 纤维单丝，直径选取 3 mm、2.4 mm、1.5 mm 三种，无编织和模拟编织状态下的不同初始速率和加载质量条件下的切割性能试验。

① 不同初始速率时切割性能试验

无编织状态下，直径 2.4 mm 的 PA6 纤维单丝，加载质量取 1.1 kg，割刀初始速率为：0.9 m/s、1.1 m/s、1.3 m/s、1. 5m/s、1.7 m/s、1.9 m/s、2.1 m/s、2.3 m/s。直径 1.5 mm 的 PA6 纤维单丝，加载质量取 1.1 kg，初始速率为：0.5 m/s、0.7 m/s、0.9 m/s、1.1 m/s、1.3 m/s、1.5 m/s、1.7 m/s、1.9 m/s、2.1 m/s。

模拟编织状态下，直径 2.4 mm 的 PA6 纤维单丝，加载质量取 2.1 kg，割刀初始速率分别选择为：1.7 m/s、1.9 m/s、2.1 m/s、2.3 m/s、2.5 m/s、2.7 m/s、2.9 m/s、3.1 m/s、3.3 m/s。直径 1.5 mm 的 PA6 纤维单丝，加载质量取 1.1 kg，割刀初始速率分别选择为：0.9 m/s、1.1 m/s、1.3 m/s、1.5 m/s、1.7 m/s、1.9 m/s、2.1 m/s、2.3 m/s。

② 不同加载质量时切割性能试验

无编织状态下，直径 2.4 mm 和 1.5 mm 的 PA6 纤维单丝，初始速率选取 0.9 m/s，加载质量为 1.1 kg、2.1 kg、3.1 kg、4.1 kg 四种。

模拟编织状态下，直径 2.4 mm 的 PA6 纤维单丝，初始速率选取 2.9 m/s，直径 1.5 mm 的 PA6 纤维单丝，初始速率选取 1.9 m/s，加载质量为 1.1 kg、2.1 kg、3.1 kg、4.1 kg 四种。

4. 不同弹性模量纤维单丝的切割断裂性能试验

PBT 和 PP 纤维单丝直径为 1.5 mm。同样是两种编织状态下的不同初始速率和不同加载质量条件下的切割性能试验。其中直径 1.5 mm 的 PA6 的断裂性能试验已经完成，其他两种材料的试验参数如下。

① 不同初始速率时切割性能试验

无编织状态下，PBT 和 PP 纤维单丝的切割参数的选择与直径 1.5 mm 的 PA6 纤维单丝的完全相同。

模拟编织状态下，PBT 和 PP 加载质量均取 1.1 kg，PBT 纤维单丝的初始速率为：0.7 m/s、0.9 m/s、1.1 m/s、1.3 m/s、1.5 m/s、1.7 m/s、1.9 m/s、2.1 m/s；PP 纤维单丝的初始速率为：1.3 m/s、1.5 m/s、1.7 m/s、1.9 m/s、2.1 m/s、2.3 m/s、2.5 m/s。

② 不同加载质量时切割性能试验

无编织与模拟编织状态下，PBT 和 PP 两种纤维单丝的试验参数与直径 1.5 mm 的 PA6 纤维单丝完全一致。

合成纤维单丝不可避免地存在各种各类的不均质性、缺陷或裂纹等，试验测试数据有一定的离散性。因此，同一切割参数下所有的切割试验均重复五次，确保在同等条件下试验结果的一致性和可靠性，切割性能试验结果至少三次相同试验的平均值。

2.3.3 试验过程

1. 试验前准备

试验前对合成纤维单丝进行表面质量检查，保证试样没有表面质量缺陷，直径均匀一致。利用游标卡尺对纤维直径进行测量，记录试样试验前的参数。

2. 割刀初始高度确定

图 2-21 为割刀与合成纤维单丝初始位置关系示意图，h_0 是割刀刃口线距离被切割纤维单丝上母线的距离，即割刀初始高度。初始速率指质量为 m 的割刀从初始高度 h_0 以零速度释放，自由落体运动，当割刀刃口线接触纤维单丝上母线时割刀所具有的速率。不同的初始高度 h_0 对应不同初始速率v_0。

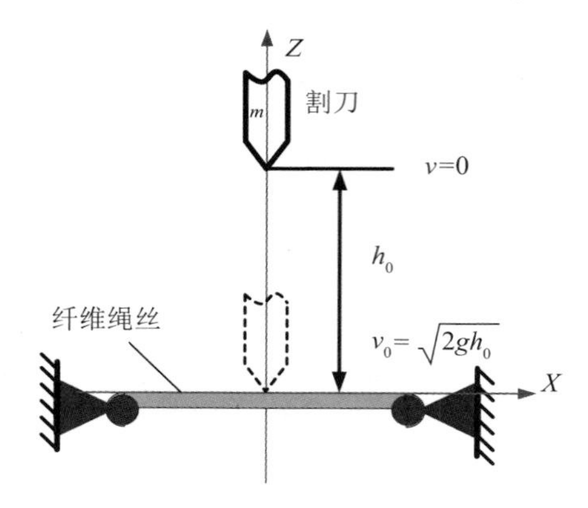

图 2-21　割刀与合成纤维单丝初始位置关系示意图

3. 无编织状态下切割性能试验过程

① 将试验机切向约束机构拆卸下来，换上支撑底板，底板材料采用铝制作。将纤维单丝自由放置在底板上，纤维单丝位于割刀的正下方，并保证其长度方向与割刀刃口线垂直。

② 刀架根据试验要求配置不同的配重，按下吸合按钮，PLC 控制器控制电磁铁通电工作，从而将割刀组件与横梁组件吸附结合。

③ 按下升降按钮，PLC 控制器通过伺服电机驱动器控制伺服电机转动，进而由绕线编码器通过拉索带动横梁组件和割刀组件同步上升达到设定高度后停止。此时，割刀组件具有已知的势能。

④ 高速摄像机进入录像状态，等待触发信号和闪光灯工作。

⑤ 按下开始按钮，PLC 控制器控制电磁铁断电，电磁力消失，割刀组件与横梁组件脱离并在重力作用下沿导轨自由落体下落，同时触发高速摄像机和灯光，记录整个切割过程中图像信息，完成对纤维单丝的切割试验。同时，割刀组件上的切割阻力及加速度传感器组分别将切割过程中检测到的切割阻力和加速度数据传递给 PLC 控制器。

⑥ 按下结束按钮，将刀架提升到一定高度，同时采用机械方式将刀架锁定，防止突然断电，导致刀架突然下落伤人事件发生。

⑦ 收集切断的试样，测试断口直径，保护好断口并装入试样袋，试样断口静置一周后，先在表面喷涂一层纳米银，然后通过扫描电子显微镜得到断口微观形貌图形。

4. 模拟编织状态下切割性能试验过程

① 将试验机底板拆卸下来，换上切向约束装置，纤维单丝安装在试验机夹紧机构中，并通过夹紧螺母对试样施加一定的预紧力，其大小由拉力传感器测出。

② 重复无编织状态下切割性能试验的②～⑦步骤。

2.4 切割断裂性能参数

聚合物的力学性能指其受力后的响应，如形变大小、形变的可逆性及抗破损性能等。聚合物的力学行为分为：非极限情况下的力学行为和极限情况下的力学行为。非极限情况下的力学行为研究聚合物的形变性能，主要是研究弹性、粘性和粘弹性行为，而极限情况下的力学行为研究聚合物的断裂性能，主要研究断裂强度和断裂韧性。本书中的合成纤维的切割断裂性能研究，既包括割刀切入纤维内部前的合成纤维单丝形变性能，又包括纤维单丝完全断裂时的强度和韧性。

因此，本书将影响合成纤维的切割断裂性能的物理变量确定为：应力、应变速率和弹性模量，表征合成纤维断裂性能的参数确定断裂强度、应变和切割断裂能量消耗。

2.4.1 切割断裂强度

拉伸断裂强度指材料发生断裂时的拉力与断裂横截面积的比值[138]，即应力。切割断裂强度与拉伸断裂强度不同，割刀通过锋利的刃口将外力施加于合成纤维单丝，割刀的锋利程度对合成纤维单丝的切割断裂强度影响极大。

割刀通过与合成纤维单丝接触，施加给试样一个作用力，合成纤维单丝发生弹塑性形变，割刀刃口下纤维单丝内部形成初始裂纹并最终断裂。在整个切割过程中，割刀施加于纤维单丝上应力属于接触应力的研究范畴，不能采用拉伸过程中拉伸应力计算方法，应力的大小应根据接触力学进行分析。

接触力学是研究两物体因受压接触后产生的局部应力和应变分布规律的学科[139]。主要研究两个固体的表面接触时所产生的应力及应变。如果两个固体的表面在无形变时精确地或者相当接近地“贴合”在一起，这种接触是协调的。具有不相似外形的物体称为非协调的，当无形变地接触时，首先在一个点或者沿一条线相碰，分别称为“点接触”或“线接触”。当物体的外形在一个方向是协调的，但在其垂直方向不协调时，就会发生线接触。与物体本身的尺寸相比，非协调物体直接的接触面积通常是很小的，应力高度集中在靠近接触面的区域中，而且不受远离接触面的物体形状的影响。

如图 2-22(a) 所示，锋利的割刀切割纤维单丝时属于非协调接触中的点接触，最初在一个点上接触。在载荷的作用下，与纤维本身的尺寸相比，接触面的尺寸很小，接触应力构成局部应力集中，局部应力与纤维单丝其他各处的应力相比非常大。割刀刃口在放大的情况下，刃口呈圆弧型，圆弧半径为 25.3 μm，割刀与纤维单丝接触相当于两个不同直径的圆柱体垂直接触[140]，如图 2-22（b）所示。

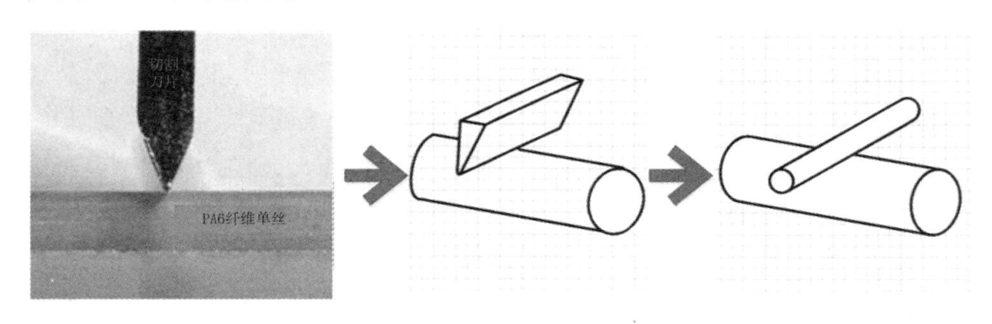

（a）割刀与纤维接触实物　（b）割刀与纤维接触三维模型　（c）割刀与纤维交互物理模型

图 2-22 割刀与合成纤维单丝接触物理模型

图 2-22(c)，根据以上分析，构建切割与纤维单丝交互作用的物理模型。设割刀与纤维单丝的接触面积为 A，由赫兹接触理论，两圆柱体垂直接触面积 $A=2rD$，割刀施加与纤维单丝的作用力为 F，则割刀对纤维的切割应力为：

$$\sigma=\frac{F}{A}=\frac{F}{2rD} \tag{2-2}$$

式中：

σ——纤维单丝的切割应力（MPa）；

F——割刀施加与纤维单丝的作用力（N）；

A——割刀刃口与纤维单丝接触面积（mm^2）；

r——割刀刃口半径（mm）；

D——纤维单丝直径（mm）。

r 值越小割刀越锋利，相同作用力下产生的接触应力越大。

本书把纤维单丝切割断裂过程中割刀的切割力，记作 F_c，最大切割力称为切割断裂强力，记作 $F_c\max$，单位牛顿（N）。切割力 F_c 对应的应力为切割应力 σ_c，切割断裂强力 $F_c\max$ 对应的应力称为切割断裂强度 $\sigma_{c\max}$。

2.4.2 切割断裂韧性

韧性是材料断裂时所吸收的能量，是材料形变和断裂过程中吸收能量的能力，是强度和塑性的综合表现，强度是材料抵抗形变和断裂的能力，塑性则表示材料断裂时的塑性形变程度[69，138]。

合成纤维在切割过程中消耗的切割能量是研究其断裂行为的一个重要指标。根据高分子聚合物断裂能量平衡原理，推导出合成纤维单丝切割过程中各能量的计算公式。

1. 输入总能量 U_t

质量为 m 的割刀被提升到距离纤维单丝上母线的高度为 h_0，势能为 mgh_0，以零速度释放割刀，割刀势能逐步转换成其他形式的能量。当割刀接触纤维时，割刀与纤维同时下降，设下降的距离为 Δh，切割系统输入能量为 $mg(h_0+\Delta h)$（注：因为纤维单丝的质量只有几克，相对于割刀质量千克可忽略不计），所以切割输入能量为：

$$U_t=\int \mathrm{d}U_t=mg(h_0+\Delta h) \tag{2-3}$$

2. 储存的能量U_s

割刀作用下合成纤维单丝的断裂过程，一部分能量以弹性形变能的形式储存在纤维单丝内部，当纤维单丝被完全切断时，这部分能量直接释放。切割过程中储存的能量 U_s 主要是弹性形变能，设切割过程中合成纤维单丝沿轴向相变量为Δl，两端张紧力$T(\Delta l)$，则

$$U_s = \int \mathrm{d}U_s = \int T(\Delta L)\mathrm{d}\Delta L \tag{2-4}$$

3. 不可逆过程中耗散的能量U_d

一般高聚物的断裂过程不可逆耗散的能量主要包括塑性形变、粘弹性形变、形成银纹、形成新的断裂面等消耗的能量，这部分能量将转化为热能或者表面能等。合成纤维切割断裂过程中，割刀与纤维相互作用，切割力主要由两部分组成：一部分，割刀刃口下纤维单丝发生塑性形变、粘弹性形变等形变抗力；另一部分，割刀两侧面与纤维单丝的摩擦力、切割过程中产生的切屑与割刀表面的摩擦力。

因此，纤维单丝在断裂过程中消耗切割断裂能主要包括三个方面的能量消耗，即割刀与纤维单丝摩擦消耗的能量、切割过程中纤维单丝发生各种形变消耗的能量以及纤维单丝断裂形成新表面消耗的能量，不可逆过程中耗散的能量U_d为本书中切割断裂总能量，即切割断裂韧性。可以写成如下的形式：

$$U_d = \int \left(\mathrm{d}(friction) + 2R\mathrm{d}A + \mathrm{d}\Gamma\right) \tag{2-5}$$

friction 为当裂纹由于裂纹面被一些锋利割刀撬开而扩展时，抵抗割刀在裂纹面运动时的摩擦力而增加的功耗；不可逆的断裂功 $2RA$ 为纤维单丝断裂形成新表面消耗能量；Γ是切割过程中纤维单丝粘弹性及塑性形变消耗的能量。

切割断裂总能量一部分是以阻力做功的形式消耗掉了，切割阻力可以通过安装在割刀上的冲击力传感器实时监测到割刀不同位移下的切割阻力$F_c(\Delta h)$，通过积分的方法可以得到这部分不可逆耗散功，主要是合成纤维单丝形成新的断裂面以及部分塑性形变和粘弹性形变消耗的能量，定义为有效切割断裂能，记作U_{dc}，通过切割阻力$F_c(\Delta h)$在切割位移上的积分可以求得，则

$$U_{dc}=\int_0^{\Delta h}F_c(\Delta h)\mathrm{d}\Delta h \tag{2-6}$$

另一部分能量以热和内耗的形式直接损耗掉了，定义为切割断裂损耗能，记作U_{dI}，损耗能量在本试验中由于其复杂性无法直接检测。但是，切割过程中不可逆耗散总能量 U_d 可通过系统总输入能量减去切割结束时剩余的能量得到，因此可以间接得到U_{dI}。

$$U_{dI}=U_d-U_{dc} \tag{2-7}$$

Orowan 首先提出裂纹扩展时，裂纹尖端由于应力集中，局部区域内会发生塑性变形，裂纹尖端发生塑性形变所消耗的塑性功，塑性功远大于形成表面的断裂功 $2RA$。

不可逆耗散能量中有效切割能量越大，被切割试样将趋向脆性断裂。当被切割试样在断裂过程中不发生塑性和粘弹性形变且不考虑热能的损失，损耗能量U_{dI}将趋于零，此时不可逆耗散能量主要用于形成新的断裂面，即所有的不可逆耗散能量均为有效切割断裂能量，此时$U_{dc}=U_d$。相反地，切割过程中损耗的能量越大纤维单丝将趋于延性断裂，断裂的过程粘弹性和塑性形变非常大，此时有效切割断裂能量非常小，不可逆耗散能量主要消耗在断裂试样的形变上。

因此，可以通过不可逆耗散能量中两种不同能量的比例来判断试样的切割断裂方式是延性还是脆性，判断材料切割断裂的难易程度。

为此，本书将有效切割断裂能与切割过程切割断裂总能量之比定义为有效切割断裂能比，记作$\eta_{U_{dc}}$；同时将切割断裂损耗能与切割断裂总能量之比定义为切割断裂损耗能量比，记作$\eta_{U_{dI}}$，根据切割断裂损耗能量比判断合成纤维断裂过程中，塑性形变的程度。

两者的表达式如下：

$$\eta_{U_{dc}}=\frac{U_{dc}}{U_d}\times 100\% \tag{2-8}$$

$$\eta_{U_{dI}}=\frac{U_{dI}}{U_d}\times 100\% \tag{2-9}$$

4. 系统的动能U_k

当割刀冲击合成纤维单丝时，设割刀质量为 m，通过高速摄像设备检测切割结束时割刀的速度为 v，kin 为冲击断裂时断面扩展过程中割刀的动能，所以

$$U_k = \int \mathrm{d}U_k = \int \mathrm{d}kin = \frac{1}{2}mv^2 \tag{2-10}$$

5. 总体能量方程

将式 2-4、式 2-5、式 2-6、式 2-10 带入通用能量平衡方程式 1-1 中，得到切割断裂过程中，能量平衡方程：

$$mgh=\int \left(\mathrm{d}(friction) + 2R\mathrm{d}A + \mathrm{d}\Gamma\right) + \int \mathrm{d}kin + \int T(\Delta L)\mathrm{d}\Delta L \tag{2-11}$$

切割断裂总能U_d：

$$U_d=U_t - U_k - U_s = mg(h_0 + \Delta h) - \frac{1}{2}mv - \int T(\Delta L)\mathrm{d}\Delta L \tag{2-12}$$

切割断裂损耗能U_{dl}：

$$U_{dl}=U_d - U_{dc} = mg(h_0 + \Delta h) - \frac{1}{2}mv - \int_0^{\Delta h} F_c(\Delta h)\mathrm{d}\Delta h - \int T(\Delta L)\mathrm{d}\Delta L \tag{2-13}$$

2.4.3 合成纤维单丝在切割过程中的形变机制

合成纤维单丝属于高分子聚合物，不同速率外力作用时，一般有三种典型的形变机制。即普通弹性形变、高弹形变和粘弹性形变[69，74]。

1. 普通弹性形变

当高分子材料受外力作用时，分子链内部键长和键角立刻发生变化，这种形变量是很小的，称为普弹性形变。除去外力时，普弹形变立刻完全回复，与时间无关，示意表示如图 2-23 所示。

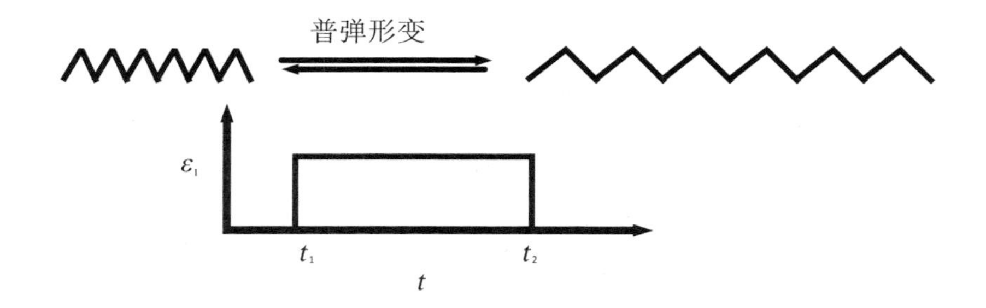

图 2-23 高聚物普弹性形变示意图

普通弹性形变的应力与应变成线性关系，用 ε_1 表示：

$$\varepsilon_1=\frac{\sigma}{E_1} \tag{2-14}$$

式中：

σ——纤维单丝的切割应力（MPa）；

E_1——纤维单丝的普通弹性模量（MPa）。

2. 高弹形变

高弹形变，指橡胶态下发生的形变，或者是玻璃态下拉伸越过屈服后发生的强迫弹性形变，表现为小应力下发生大形变，一定条件下可回复。本质是链段整体的运动，熵的变化为主。当高分子材料承受的应力发展到一定程度时会发生屈服现象，然后在应力不变的情况下出现大的形变，这一过程叫作冷拉，也叫强迫高弹形变，高弹形变是分子链通过链段运动逐渐伸展的过程，变形量比普弹形变要大很多。

形变 ε_2 与时间成指数关系：

$$\varepsilon_2=\frac{\sigma}{E_2}(1-\mathrm{e}^{-t/\tau}) \tag{2-15}$$

式中：

E_2——纤维单丝的高弹模量（MPa）；

τ——纤维单丝的松弛时间（s）；

t——纤维单丝的作用时间（s）。

τ与链段运动的黏度η_2和高弹模量E_2有关，$\tau=\eta_2/E_2$外力除去时，高弹形变是逐步回复的，因此可示意表示如图 2-24 所示。

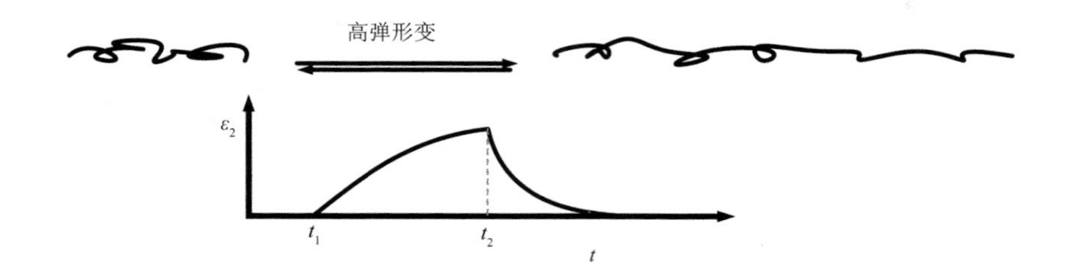

图 2-24　高聚物高弹性形变示意图

3. 粘弹性形变

分子间没有化学交联的线性聚合物，会产生分子间的相对滑移，称为黏性流动，与时间呈线性关系，用符号 ε_3 表示：

$$\varepsilon_3=\frac{\sigma}{\eta_3}t \tag{2-16}$$

式中：

η_3 ——纤维单丝的本体黏度。

外力除去后黏性流动是不可回复，ε_3成为不可逆形变，可示意表示如图 2-25 所示。

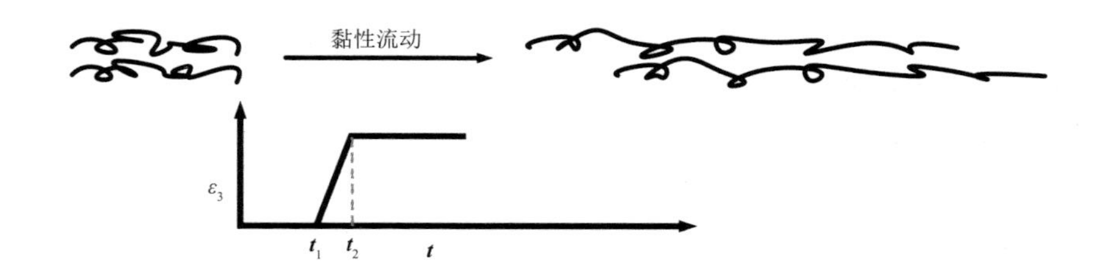

图 2-25　高聚物黏弹性形变示意图

高分子受外力作用时以上三种形变是一起发生的，材料的总形变为：

$$\varepsilon(t)=\varepsilon_1+\varepsilon_2+\varepsilon_3=\frac{\sigma}{E_1}+\frac{\sigma}{E_2}(1-e^{-t/\tau})+\frac{\sigma}{\eta_3}t=\sigma\left[\frac{1}{E_1}+\frac{1}{E_2}(1-e^{-t/\tau})+\frac{1}{\eta_3}t\right] \quad (2\text{-}17)$$

本书中合成纤维为玻璃态非交联高聚物，切割断裂过程中满足强迫高弹形变的条件时，合成纤维会发生强迫高弹形变ε_2。由于试验是在常温20 ～ 28 ℃条件下进行，切割结束后ε_2不会回复，与ε_3一样是不可逆形变。所以，外力除去后，总会留下一部分不可恢复的形变，主要为强迫高弹性和粘弹性两种形变机制耦合作用的结果，形变的相对比例因试验条件不同而不同。

2.4.4　合成纤维单丝断口微观形貌特征

断口是试样断裂失效中两断裂分离面的简称。由于断口真实地记录了裂纹由萌生、扩展直至失稳断裂全过程的各种与断裂有关的信息。对断口进行定性和定量分析可为断裂失效机理提供有力依据，再结合合成纤维的宏观断裂力学性能的分析，使得合成纤维的切割断裂机理分析更透彻，也更加趋于合理。

因此，本书将合成纤维单丝在不同切割条件下断裂过程的宏观试验力学分析和断口的微观形貌相结合，对切割过程的断裂机理进行分析研究。利用JSM−5610LV型扫描电子显微（SEM）检测合成纤维单丝切断后的断口形貌，分析不同切割参数对纤维断裂行为的作用机制，以及绳丝间摩擦力对切割断裂机制的影响。

3　无编织状态下合成纤维单丝的切割断裂行为

当合成纤维单丝处于无编织或编织失效状态时，在压应力作用下，绳丝间沿切向方向无相对运动趋势，合成纤维单丝不受切向摩擦接触力作用。因此，绳丝两端切向无约束放置在支撑板上，合成纤维单丝切割断裂过程中不受切向张力的作用，法向冲击载荷作用下，切割断裂主要为剪切行为，必然影响纤维单丝的局部形变。

根据冲量定理，改变割刀初速速率和加载质量，合成纤维单丝获得不同的加载应力及加载速率，进一步影响合成纤维断裂过程中的断裂强度、应变机制及断裂能耗。本章主要研究合成纤维单丝无编织状态时切割断裂行为，同时探索不同切割参数对合成纤维单丝切割断裂行为的影响规律及断裂形变的作用机制，并为合成纤维单丝编织状态下的断裂行为提供参照和对比。

3.1　合成纤维单丝的切割断裂过程

以 PA6 纤维单丝为试验对象，测试了无编织时不同切割参数下的断裂强度和切割断裂韧性等力学性能，并研究了不同切割参数对力学行为的影响规律。由于 PA6 纤维属于高分子材料，在割刀作用下，纤维单丝发生各种形变直至断裂。因此，根据断裂过程中切割阻力曲线的变化，可以得到 PA6 纤维单丝的断裂信息。

3.1.1 切割断裂过程不同阶段的划分

不同切割参数下PA6纤维单丝断裂过程中，切割阻力与割刀位移曲线具有相同的趋势和共同特征。图3-1为直径3 mm的PA6纤维单丝在初始速率为1.9 m/s时的切割阻力—位移曲线，呈波峰—波谷振荡变化。在冲击初期，载荷响应几乎是稳态线性，随着作用时间的延长，载荷响应曲线开始偏离线性，出现严重非线性的振荡，预示着刀尖处的纤维单丝局部开始出现初始裂纹，随着振荡现象的持续，初始裂纹延化成新断面并扩展，直至载荷突然下降，新断面快速增长并断裂。

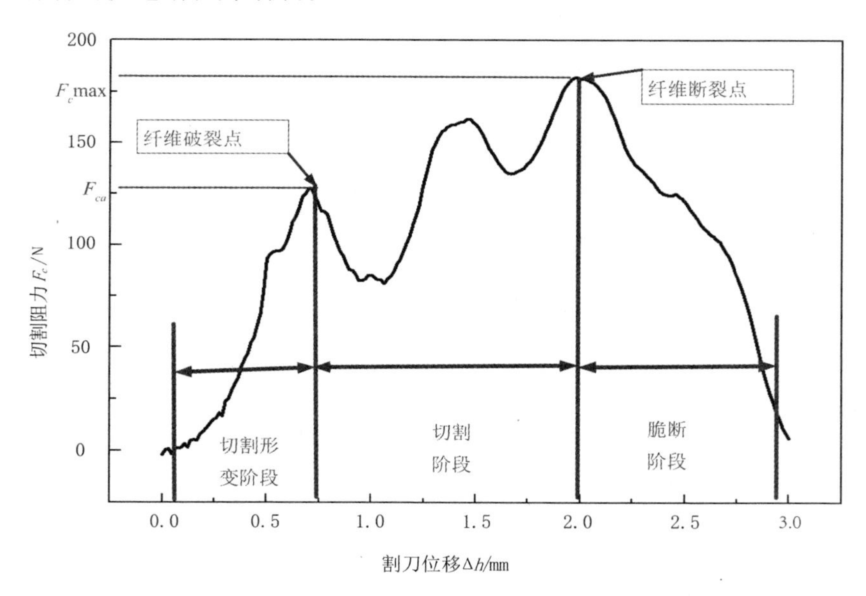

图3-1 PA6纤维单丝的典型切割阻力—位移曲线

通过试验研究，第一个峰值为割刀切破纤维单丝在纤维单丝内部形成破裂位移时的切割阻力，称为纤维单丝破裂强力，用 F_{ca} 表示。最后一个峰值为最大峰值点，也是纤维断裂点，对应的切割阻力为纤维单丝的切割断裂强力，用符号 F_{cmax} 表示。

根据切割阻力变化特征，将切割过程分为三个阶段：割刀接触纤维单丝到割刀切入纤维内部，即第一个峰值处，为纤维单丝切割形变阶段；第一个峰值点到最后一个峰值点为切割阶段；最后一个峰值至切割阻力急剧减小到零附近，为纤维单丝脆断阶段。

1. 切割形变阶段

切割阻力在形变阶段呈非线性J型曲线增长，在该阶段合成纤维单丝形变最大。一定质量的割刀从一定高度下落，接触合成纤维单丝，对纤维单丝施加冲击力。在冲击力作用下，纤维单丝首先发生弹性形变，由于切向方向上没有任何约束，纤维单丝仅割刀刃口下局部区域发生弹性形变，沿切向方向弹性形变量较小。

纤维单丝的法向方向有支撑板支撑，且割刀刃口的圆弧半径只有25.3μm，刃口下的纤维单丝法向方向受到较大的局部切割应力，纤维单丝法向发生弹塑性形变。当切割应力达到纤维破裂应力时，割刀进入纤维单丝内部，此时切割阻力值达到第一个峰值，即纤维单丝破裂点，破裂点对应的切割阻力为破裂强力 F_{ca}，对应的应力为破裂应力。割刀切入纤维之前，割刀和纤维单丝相互作用，割刀刃口下的纤维单丝受到割刀施加的高度集中的压应力，局部产生屈服和形变，一旦割刀达到临界应力，进入纤维内部，并进一步扩展，纤维单丝产生新断面，局部弹性形变能得到释放，切割阻力减小，在纤维内部形成了一定的形变区域。

2. 切割阶段

纤维单丝在割刀作用下，发生弹塑性形变，割刀最终进入合成纤维单丝内部，整个切割过程进入切割阶段。纤维新断面的不断扩展伴随着局部弹性形变能的释放，造成切割应力松弛，使得新断面扩展速率变缓，纤维单丝对割刀切割阻力增加，切割应力也随之增加，增加到一定程度，局部弹性形变能释放，再次造成切割阻力减小，依次循环。因此，该阶段切割阻力曲线呈波峰—波谷的交替变化，

当割刀施加的切割能量不足时，新断面停止扩展，割刀切不断纤维单丝。切割能量充足的情况下，割刀对纤维的切割应力继续增大，新断面持续扩展，切割阻力重复着波峰—波谷的交替，最终完全断裂。当施加的切割能量足够，随着初始速率的提高，整个切割阻力的波峰—波谷的个数不同，初始速率越增大，波峰波谷的个数越少。

3. 脆断阶段

随着合成纤维单丝切割断面的扩展，最终达到断裂临界状态，切割进入脆断阶段，合成纤维单丝突然完全断裂。在该阶段新断面扩展速度急剧增大，

割刀速度跟不上新断面的扩展速度，割刀与合成纤维单丝断面逐渐脱离接触，切割阻力急剧减小直至为零。此时，纤维单丝两断面完全分离，纤维被切断，整个切割过程结束。

图 3-2 为切割初始速率为 1.9 m/s 时，割刀将直径 3 mm 的 PA6 纤维单丝完全切断过程中，高速摄像机采集的割刀与合成纤维单丝位置关系图像，割刀与纤维单丝作用时间约为 2 ms，高速摄像每秒钟采集 10 000 帧图片，共获取 20 帧切割断裂过程的图片。

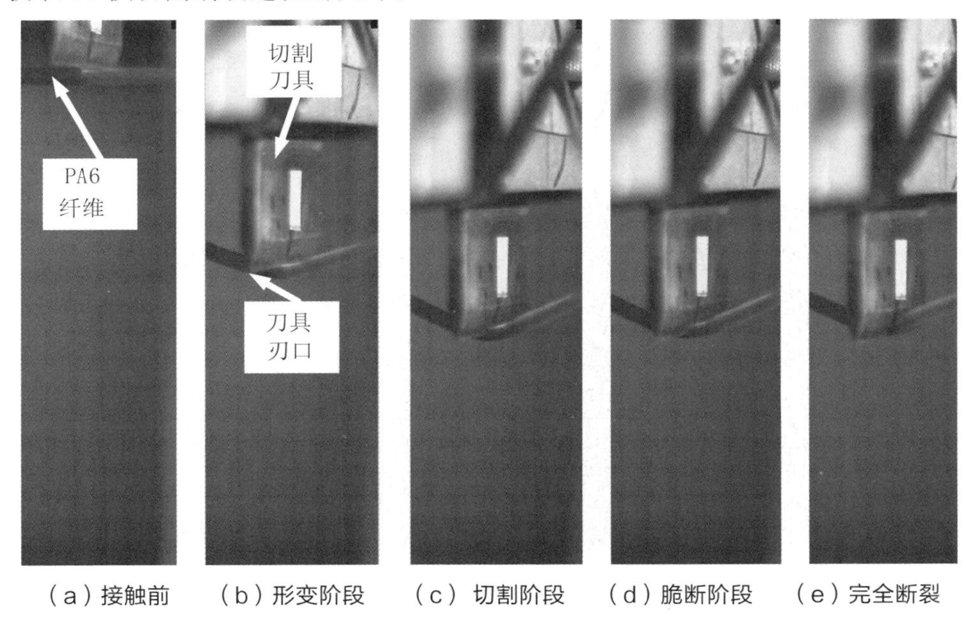

图 3-2 高速摄像机采集的不同切割阶段 PA6 纤维单丝与割刀位置关系图像

3.1.2 切割断裂过程中割刀速率变化

合成纤维单丝新断面的扩展速率对研究其断裂性能起着重要作用，但割刀与纤维作用时间只有 2 ～ 5 ms，扩展速率无法直接检测。合成纤维单丝脆断前，新断面沿割刀刃口扩展，且与割刀下降位移保持同步。因此，通过割刀速率的变化，可以间接知道合成纤维新断面的扩展速率。为此，以割刀位移为横坐标，以割刀速率为纵坐标绘制曲线。

图 3-3 为割刀速率和切割阻力随割刀位移的变化曲线。在切割形变阶段，

割刀自由落体接触纤维单丝，受到纤维的阻碍作用速率降低，速率略有波动。纤维内部产生初始裂纹，到新断面稳定扩展，受到阻力作用割刀速率连续减小，由于试样弹性能的释放，切割阻力随着弹性能释放而波动，对割刀速率有一定的影响。

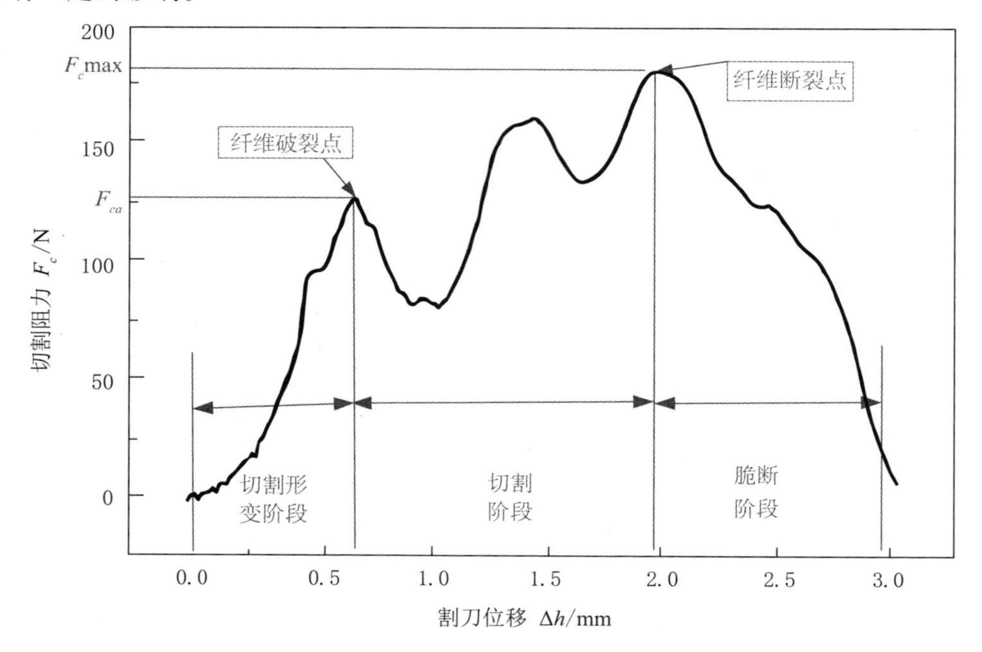

图 3-3　切割阻力与割刀速率 - 位移曲线

当断面扩展到临界状态时，进入到急速扩展阶段。该阶段新断面扩展速率突然增大，大于割刀速率，纤维单丝对割刀的阻力急剧减小。切割阻力急剧下降，割刀速率增大，纤维单丝突然完全断裂，割刀直接接触底板，速率急速下降，切割过程结束。

通过对不同阶段割刀速率的变化分析，割刀阻力与割刀速率分析结果一致，各阶段特征点基本吻合，三个阶段划分合理。

3.1.3　切割断裂力学性能参数

1. 切割断裂强度

合成纤维单丝断裂时的最大切割阻力称为断裂强力，记作 $F_{c\max}$，切割断

裂强力 $F_{c\max}$ 对应的应力为切割断裂强度$\sigma_{c\max}$。割刀与纤维单丝的接触面积不同，相同的切割阻力产生的应力也不相同，割刀的刃口半径越小越锋利，产生的应力越大。因此，本书将割刀刃口角度引入到切割应力中，切割断裂强度的计算采用式（2-2）。

2. 切割断裂能量

合成纤维单丝切割断裂过程中消耗的总能量，包括纤维单丝的弹性形变能、塑性形变能、形成新断面消耗的能量以及各种摩擦力消耗的能量等。不同的切割参数下，高聚物纤维材料断裂时弹塑性形变以及内耗差别显著，故切割断裂总能量不相同。通过切割断裂能量的变化，可以判断断裂过程中塑性形变的程度，断裂总能量越大塑性形变程度也越大，延性断裂越显著。为此，计算出输入总能量、割刀动能等，通过能量平衡方程得到切割断裂总能量。

① 输入总能量U_t

合成纤维单丝无编织状态下，当割刀接触纤维并将其完全切断，割刀总位移Δh为纤维单丝的直径 d，切割系统输入能量为 $mg(h_0+d)$。通过试验确定割刀与导轨之间的摩擦力，机械效率取 0.92，由式（2-4）可知，系统输入能量为：

$$U_t = 0.92 \times \int \mathrm{d}U_t = 0.92mg(h_0 + \Delta h) = 0.92mg(h_0 + d) \tag{3-1}$$

② 储存的能量U_s

两端无约束放置在支撑板上的合成纤维单丝，切割断裂时的形变为局部形变，合成纤维单丝沿切向弹性形变不大，割刀刃口下纤维单丝法向弹性形变能很小，在切割过程中直接释放，无储存的弹性能。即，$U_s=0$。

③ 系统的动能U_k

纤维单丝的质量与割刀质量相比，其动能忽略不计，系统动能仅考虑割刀的动能，根据式（2-11）求得。

④ 不可逆过程中耗散的有效切割断裂能U_{dc}

合成纤维单丝切割断裂过程中，不可逆耗散功一部分是以阻力做功的形式消耗掉了，通过安装在割刀上的冲击力传感器实时检测到割刀不同位移下的切割阻力$F_c(\Delta h)$，采用积分的方法得到这部分不可逆耗散功，如图 3-4 所示。合成纤维单丝无编织状态下，有效切割断裂能为：

$$U_{dc}=\int_0^{\Delta h}F_c(\Delta h)\mathrm{d}\Delta h=\int_0^{d}F_c(\Delta h)\mathrm{d}\Delta h \tag{3-2}$$

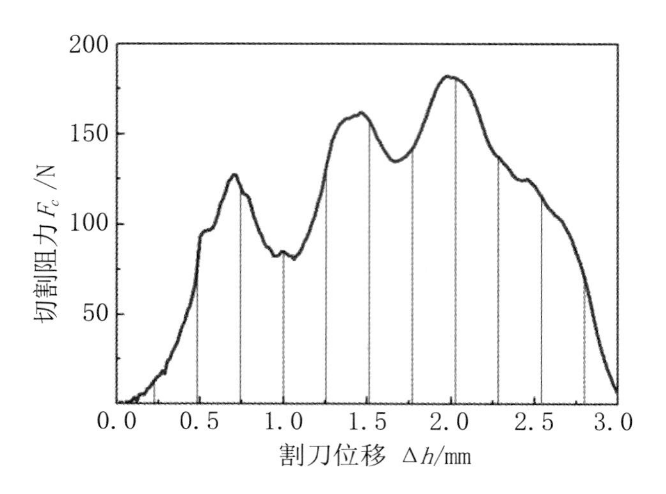

图 3-4 合成纤维单丝切割断裂过程中的有效切割断裂能量积分

⑤ 切割断裂总能量U_d及能量平衡方程

切割过程中无储存的弹性能，且忽略合成纤维单丝的动能，则系统输入的总能量减去切割结束时割刀的动能，为断裂过程中耗散的切割断裂总能量U_d，即切割断裂韧性。根据切割断裂总能量平衡方程，将合成纤维单丝切割断裂过程中的各能量计算公式代入并整理，得到无编织状态下合成纤维单丝切割断裂的能量平衡方程。

切割断裂能量平衡方程：

$$0.92mg(h_0+d)=\int_0^{d}F_c(\Delta h)\mathrm{d}\Delta h+\frac{1}{2}mv^2+U_{dl} \tag{3-3}$$

切割断裂总能量U_d：

$$U_d=U_t-U_k=0.92mg(h_0+d)-\frac{1}{2}mv^2 \tag{3-4}$$

切割断裂损耗能量U_{dl}：

$$U_{dl} = U_d - U_{dc} = 0.92mg(h_0 + d) - \frac{1}{2}mv^2 - \int_0^d F_c(\Delta h)\mathrm{d}\Delta h \qquad (3-5)$$

3.2 不同切割参数对合成纤维单丝断裂行为的影响

影响合成纤维单丝切割断裂行为的物理变量主要为：应力、应变速率和弹性模量，改变割刀的初始速率和加载质量，可以改变合成纤维的应力和应变速率，不同合成纤维单丝材料可以改变弹性模量。本书主要研究四种不同参数对合成纤维单丝的断裂力学行为的影响，探索不同参数对纤维单丝断裂行为的影响规律，以及断裂形变机制的影响。

3.2.1 割刀初始速率对断裂行为的影响

1. 初始速率对切割阻力曲线的影响

初始速率试验参数为，纤维单丝为直径 3 mm 的 PA6，加载质量 1.1 kg，初始速率 0.9 ～ 2.5 m/s 共 9 种。每种初始速率试验重复 5 次，曲线的峰谷在时间轴上不可能完全同步，直接将 5 次试验曲线直接叠加容易失真，选取 5 次中重复率最高，最具代表性的曲线作为本次的试验结果进行比较。

图 3-5，为其中四种初始速率下的切割阻力随割刀位移的变化曲线。试验速率范围内，切割阻力随割刀位移的变化出现多个波峰波谷。低速时波峰波谷个数多，像锯齿一样振幅小频率大，切割阻力波动较小。提高初始速率波峰个数减少，振荡幅度增大，切割阻力波动较大。切割阻力的第一个峰值点对应的位移是切割破裂位移，体现纤维单丝在切割过程中切割形变程度。

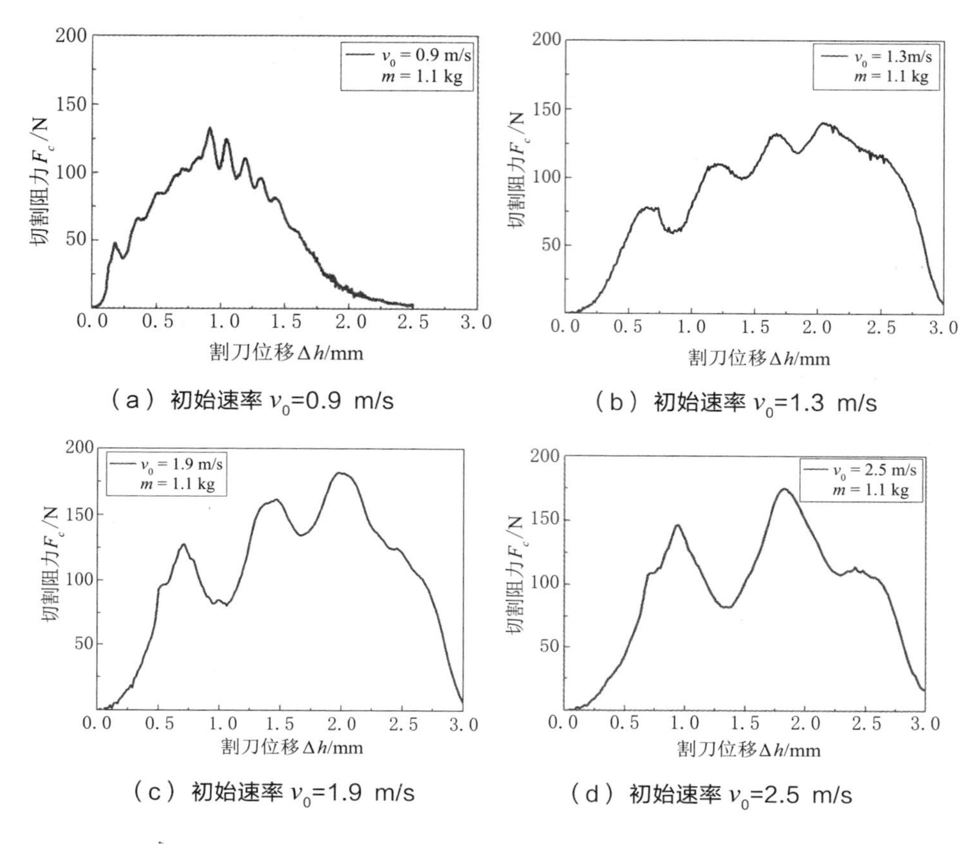

（a）初始速率 v_0=0.9 m/s

（b）初始速率 v_0=1.3 m/s

（c）初始速率 v_0=1.9 m/s

（d）初始速率 v_0=2.5 m/s

图 3-5　不同初始速率下直径 3mm 的 PA6 纤维单丝切割阻力—位移曲线

初始速率为 0.9 m/s 时，试样没被完全切断。初始速率为 1.3 m/s 时，切割阻力曲线中出现 4 个波峰，峰谷间隔的位移较小（频率大），峰值和谷值依次增大，直至把合成纤维单丝完全切断。初始速率为 1.9 m/s 时，切割阻力曲线出现 3 个波峰。初始速率为 2.5 m/s 时，阻力曲线出现 2 个波峰，峰谷间隔的位移很大（频率小），峰值和谷值略有增大（幅值大）。

切割阻力曲线的第一个峰对应的位移为割刀切入纤维单丝，在纤维单丝内部形成切割破裂位移。随着初始速率增加，切割阻力的首个波峰呈非线性增加趋势。初始速率大对应割刀的动量大，合成纤维单丝所受的冲量大，纤维弹塑性形变也大，切割阻力就越大，切割破裂位移也就越大，有利于新断面的扩展。

切割阻力曲线的最后一个峰，是纤维单丝断面发生脆断前的峰。由于每一个试样内部缺陷存在一定的随机性，相同切割条件下切割阻力曲线在一定误差范围内一致，但不可能完全相同。最后一个峰值对应的割刀位移是断裂的临界状态，受系统输入能量的影响，最后一个峰可能没达到最大峰值，纤维单丝已经完全断裂，该峰值并不是切割断裂最大阻力。因此，本书将合成纤维切割断裂过程中的最大的切割阻力称为切割断裂强力。如果系统输入能量充足，且纤维单丝断裂过程切割阻力曲线正好是完整的波峰时，每个峰值理论上应该是依次增大。

初始速率为 0.9 m/s 时，系统输入能量不足，峰值开始增大，然后逐步降低，最终不能将纤维单丝切断。初始速率为 2.5 m/s 时，尽管系统输入能量充足，但最后一个峰的峰值还未达到最大，纤维单丝已经达到临界状态，试样新断面急速扩展并完全断裂，最后一个峰不完整，对应的切割阻力不能作为断裂强力，将相邻的前一个峰值称为切割断裂强力。初始速率为 1.9 m/s 时，切割阻力的 3 个峰比较完整，峰值依次增大，最后一个峰值为切割断裂强力。

2. 初始速率对切割断裂强度的影响

切割阻力与位移曲线第一个峰值点对应的切割阻力为破裂强力，对应的应力为破裂应力，记作 σ_{ca}；曲线最大峰值点对应的切割阻力为断裂强力，对应的应力称为切割断裂应力，记作 σ_{cmax}。将切割性能参数随初始速率的变化值列入表 3-1 中。

表3-1 直径3mm的PA6纤维单丝在不同初始速率下切割性能参数

切割性能参数	初始速率 /(m/s)								
	0.9	1.1	1.3	1.5	1.7	1.9	2.1	2.3	2.5
破裂强力 / N	48	75	86	92	97	127	140	150	150
断裂强力 / N		142	150	152	155	179	179	180	179
破裂应力 /MPa	315	492	564	604	636	833	919	984	984
切割断裂强度 / MPa		932	984	997	1017	1175	1175	1184	1175

续 表

切割性能参数	初始速率 /(m/s)								
	0.9	1.1	1.3	1.5	1.7	1.9	2.1	2.3	2.5
峰值个数	未断	5.5	5.0	3.5	3.5	3.0	3.0	2.5	2.5
破裂位移 /mm	0.35	0.50	0.60	0.65	0.68	0.70	0.73	0.85	0.90

图 3-6 为不同初始速率下的主要性能变化曲线。如图 3-6（a）所示，不同初始速率下 PA6 纤维单丝切割破裂强力 F_{ca} 和破裂位移 a_0 不相同，初始速率越大，破裂应力也越大，对应的破裂位移也越大，与生活常识是一致的。初始速率大，系统输入能量较大，对纤维单丝产生的冲力大，割刀对刃口下的纤维单丝产生的局部压应力大，纤维的破裂长度大，呈非线性增加，纤维的破裂位移越大越有利于新断面的扩展。切割断裂强力随着初始速率的提高呈非线性增加，当初始速率 v_0=2.3 m/s 时，切割断裂应力不再增加，维持一个较为稳定的值。

图 3-6（b），初始速率越大，波峰数量越少，形成的破裂位移越大。可以预测当初始速率提高到某一数值，纤维单丝能够直接被切断。但由于试验条件的限制，直径 3 mm 的 PA6 纤维单丝的初始速率达不到这样的值。但直径 1.5 mm 的 PA6 纤维单丝，在初始速率 v_0=2.1 m/s 时，切割阻力只有一个峰值。

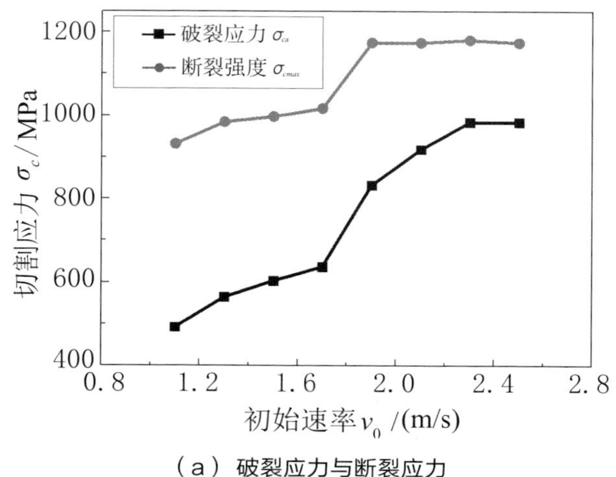

（a）破裂应力与断裂应力

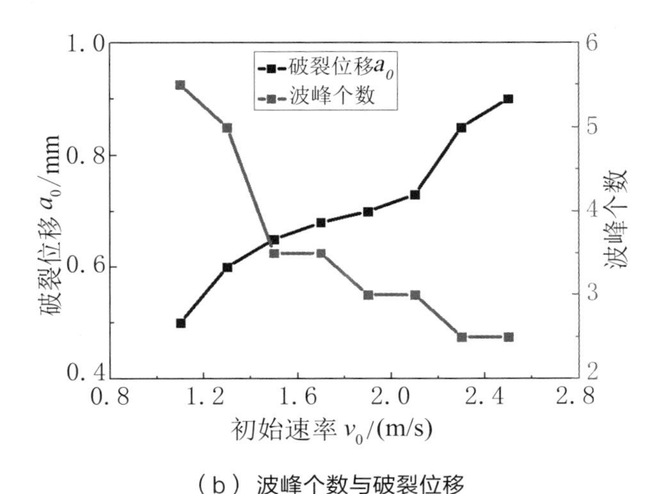

（b）波峰个数与破裂位移

图 3-6 不同初始速率下直径 3 mm 的 PA6 纤维单丝的切割性能

3. 初始速率对切割断裂能量的影响

由式（3-1）、式（3-2）、式（3-3）、式（3-4）、式（3-5）分别计算出切割系统输入的总能量 U_t，有效切割断裂能量 U_{dc}，合成纤维单丝完全断裂时割刀末动能 U_k，切割断裂总能量 U_d，切割断裂损耗能量 U_{dl}，将不同初始速率下切割能耗计算结果和作用时间列入表 3-2 中。

表3-2 直径3mm的PA6纤维单丝在不同初始速率下切割能量及作用时间

切割性能参数	初始速率 /（m/s）								
	0.9	1.1	1.3	1.5	1.7	1.9	2.1	2.3	2.5
输入总能量 /（N·m）	未断	0.612	0.855	1.139	1.462	1.827	2.231	2.677	3.163
割刀末动能 /（N·m）		0.018	0.266	0.558	0.891	1.257	1.675	2.135	2.623
有效切割断裂能量 /（N·m）		0.200	0.205	0.220	0.250	0.272	0.270	0.268	0.270
切割断裂损耗能 /（N·m）		0.394	0.384	0.361	0.322	0.294	0.289	0.278	0.271

续 表

切割性能参数	初始速率 / (m/s)								
	0.9	1.1	1.3	1.5	1.7	1.9	2.1	2.3	2.5
切割断裂总能量 / (N · m)		0.594	0.589	0.581	0.572	0.566	0.559	0.546	0.541
作用时间 /ms		4.6	3.1	2.4	2.2	2.0	1.8	1.6	1.5

将表 3-2 中的各能量消耗变化绘制在图 3-7（a）中，可以直观地观察其在不同初始速率下的变化规律。切割断裂总能量与切割断裂损耗能量均随初始速率的提高而降低，而有效切割断裂能量却随着初始速率的提高而增加，初始速率的提高有利于纤维单丝的断裂。相同切割参数下，切割断裂损耗能大于有效切割断裂能量，在切割过程中切割断裂损耗能是切割断裂总耗散能量的主要部分。

图 3-7（b），当初始速率 v_0=1.1 m/s 时，有效切割断裂能量比约 30%，而切割断裂损耗能比高达约 70%。提高初始速率，切割断裂损耗的能量比逐步下降，而有效切割断裂能量比逐步提高，初始速率 v_0=2.5 m/s 时，切割断裂损耗能量比为 50% 左右。本试验速率范围内，PA6 纤维单丝的断裂过程中发生很大的粘弹性及塑性形变，提高切割初始速度降低了纤维单丝的形变和断裂韧性。

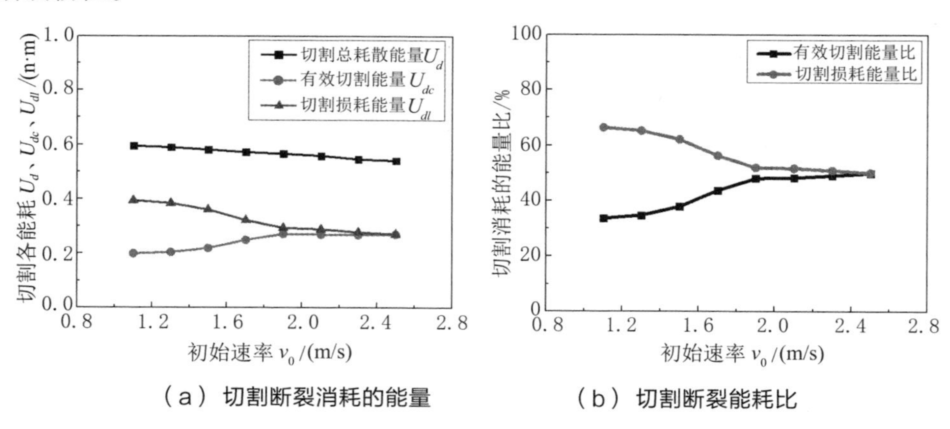

（a）切割断裂消耗的能量　　（b）切割断裂能耗比

图 3-7　不同初始速率下直径 3 mm 的 PA6 纤维单丝切割消耗的能量及能耗比

4. 初始速率对断裂形变机制的影响

PA6 纤维单丝两端无约束放置在支撑板上，试样初始状态仅受法向支撑作用。在切割过程中纤维单丝受到割刀冲击作用，冲击力方向与纤维单丝的长度方向垂直。纤维单丝在切向发生普通弹性形变忽略不计，法向方向首先发生普通弹性形变，随着纤维单丝与割刀相互作用力的增加，合成纤维分子间产生相对滑移，发生粘性流动及塑性形变。

由于割刀对纤维的正压力和侧压力及割刀与纤维间的摩擦力作用，切割阶段发生塑性形变，相比较割刀切入纤维前的形变阶段，该塑性形变较小，切割过程中的粘弹性形变以切割形变阶段为主。通过纤维单丝的断口形貌可以观察到不可回复的永久性形变主要集中在切割形变阶段，切割阶段塑性形变较小。因此，合成纤维单丝无编织状态下的切割断裂形变，普通弹性形变占比例最小，塑性形变以粘弹性和强迫高弹性为主。

提高割刀初始速率，有效切割断裂能量提高，切割断裂总能量和切割断裂损耗的能量均降低。提高切割初始速率，切割断裂韧性降低，合成纤维单丝切割断裂过程中的粘弹性形变降低，有利于纤维单丝的脆性断裂。因此，提高初始速率，合成纤维单丝由延性断裂向脆性断裂转变。

3.2.2 割刀加载质量对断裂行为的影响

1. 加载质量对切割阻力曲线的影响

直径 3 mm 的 PA6 纤维单丝试验参数：初始速率 1.9 m/s、加载质量 1.1 kg、2.1 kg、3.1 kg、4.1 kg 四种。如图 3-8 所示，加载质量 1.1 kg 时试样未被切断，其他三种加载质量下试样均被切断。割刀位移小于 1.5 mm，切割阻力呈波峰波谷交替变化，加载质量大波峰个数少，大于 1.5 mm 时切割阻力保持较为稳定的值，直至将试样完全切断，三种加载质量下切割阻力的值均在 150 N 左右。

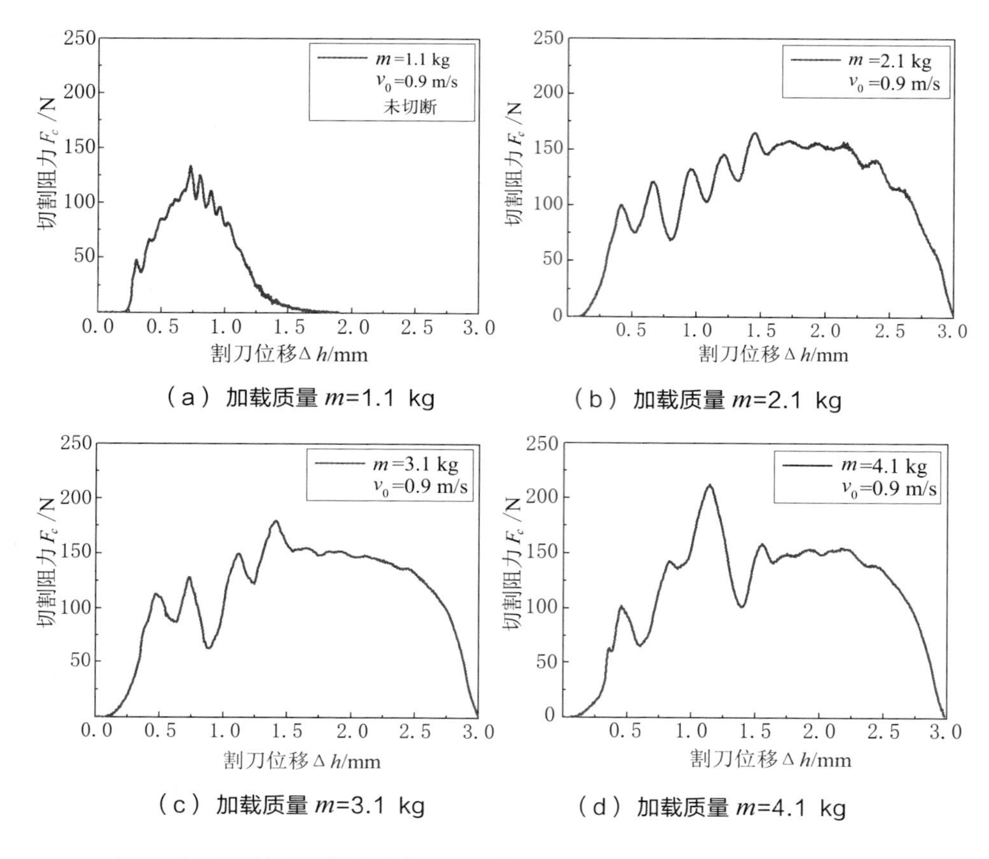

（a）加载质量 m=1.1 kg

（b）加载质量 m=2.1 kg

（c）加载质量 m=3.1 kg

（d）加载质量 m=4.1 kg

图 3-8　不同加载质量下直径 3mm 的 PA6 纤维单丝切割阻力—位移曲线

合成纤维单丝的断裂过程伴随着能量释放，本质上是应力松弛的过程，切割阻力呈波峰和波谷交替出现。当割刀开始冲击纤维单丝时，纤维单丝弹塑性形变大，能量释放较多，随着新断面的扩展，试样横截面积逐渐减少，弹塑性形变量随着减少，能量释放减少。加载质量每增加 1 kg 相当于系统输入能量增大一倍，割刀切割纤维单丝的过程中能量持续增加，当割刀位移下降增加的能量与释放的能量基本平衡时，切割阻力不再呈现波峰波谷交替，维持一个较为稳定的值。

2. 加载质量对切割断裂强度的影响

图 3-9 为不同加载质量下直径 3 mm 的 PA6 纤维单丝切割性能参数对比图，加载质量增大，切割断裂应力和破裂位移呈增大趋势，切割断裂应力增大显著。合成纤维单丝

断裂过程中，割刀与纤维单丝作用时间从 4.7 ms 到 4.2 ms 呈下降趋势，下降幅度不大。

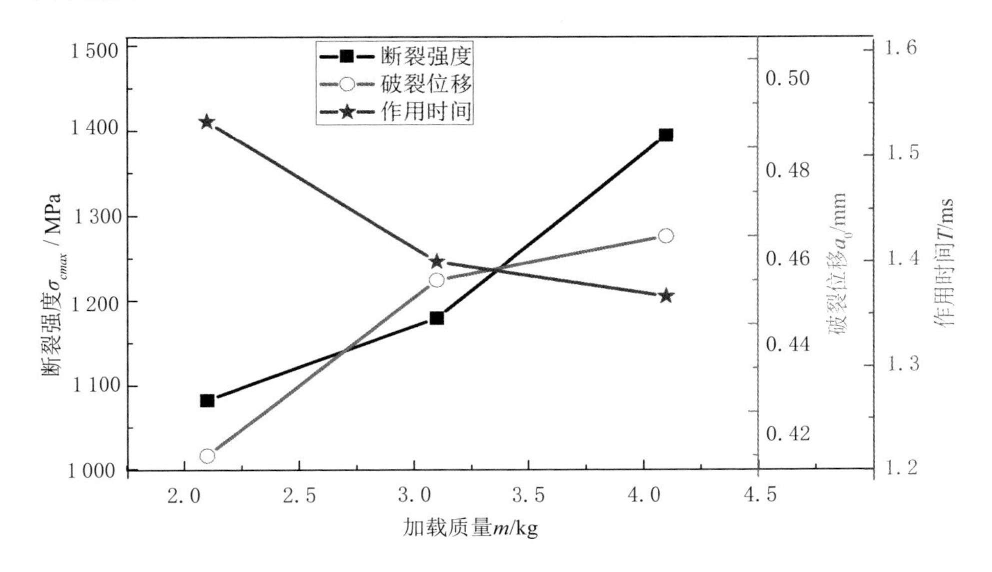

图 3-9　不同加载质量下直径 3 mm 的 PA6 纤维单丝切割性能

3. 加载质量对切割断裂能量的影响

图 3-10 为不同加载质量下直径 3 mm 的 PA6 纤维单丝切割能量变化。图 3-10（a），试验范围内消耗的切割断裂总能量、有效切割断裂能量以及切割断裂损耗的能量均随加载质量的增加而呈上升的趋势。但有效切割断裂能量变化量最小，切割断裂损耗能量变化显著，切割断裂总能耗中损耗的能量所占比例较大，对总耗散能量的变化影响显著。

图 3-10（b），切割过程中两种主要消耗能量在总耗散能量中的比例变化。切割损耗能量占总耗散能量大于 50%，且随着加载质量的增加呈上升趋势，有效切割断裂能量比呈下降趋势。相同初始速率下，增加加载质量，断裂损耗的能量增加，切割断裂总耗散能量提高，合成纤维单丝的断裂趋于延性断裂，断裂过程中纤维单丝的粘弹性和塑性形变较为严重，与提高初始速率的试验结果正好相反。

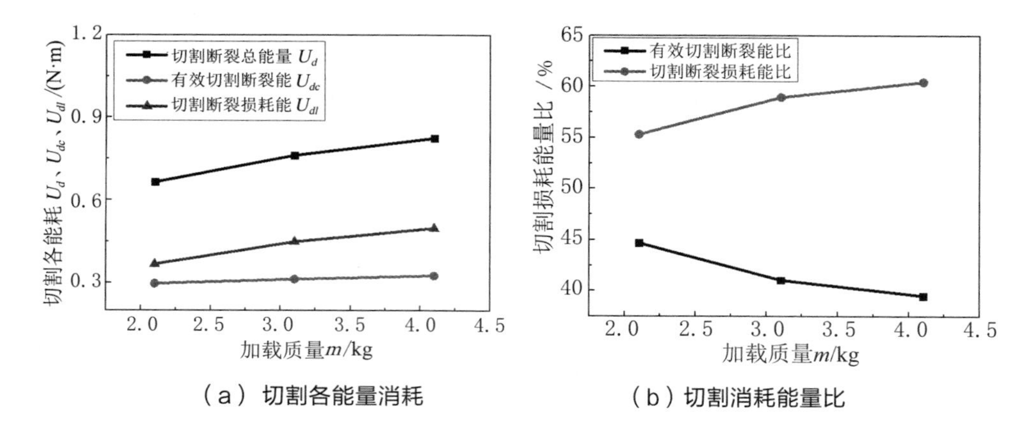

（a）切割各能量消耗　　（b）切割消耗能量比

图 3-10　不同加载质量下直径 3 mm 的 PA6 纤维单丝切割能耗

4. 加载质量对断裂形变机制的影响

增大加载质量，合成纤维单丝的切割断裂强度增大显著，作用时间略有下降，变化不显著。增大加载质量更容易满足纤维单丝的强迫高弹形变的条件，而作用时间主要影响纤维单丝的加载速率，作用时间变化不大，加载速率变化也很小。因此，增大加载质量，强迫高弹形变显著，而粘弹形变不明显。

增大加载质量，切割断裂总能量和断裂损耗能量均增大。一方面，由于切割断裂强度的增大，割刀与纤维单丝的摩擦力也增大，消耗的摩擦能量多；另一方面，强迫高弹形变引起的不可逆的塑性形变增大，也会增大断裂损耗能量。由于速率变化不大，纤维单丝的粘弹性滞后现象不明显。

3.2.3　合成纤维单丝直径对断裂行为的影响

选取直径 3 mm、2.4 mm、1.5 mm 的 PA6 纤维单丝为研究对象，探讨合成纤维单丝直径对切割断裂行为的影响规律。

1. 合成纤维单丝直径对切割阻力曲线的影响

① 不同初始速率下合成纤维单丝直径对切割阻力曲线的影响

试验条件为：加载质量 1.1 kg，初始速率为 0.4~2.1 m/s。图 3-11 为直径 1.5 mm 的 PA6 纤维单丝切割阻力—位移曲线。0.5 m/s 为临界初始速率，切割阻力曲线较平滑无波峰和波谷，像一个蒙古包。提高初始速率，波峰和波谷的个数由 3 个降低到 1 个。

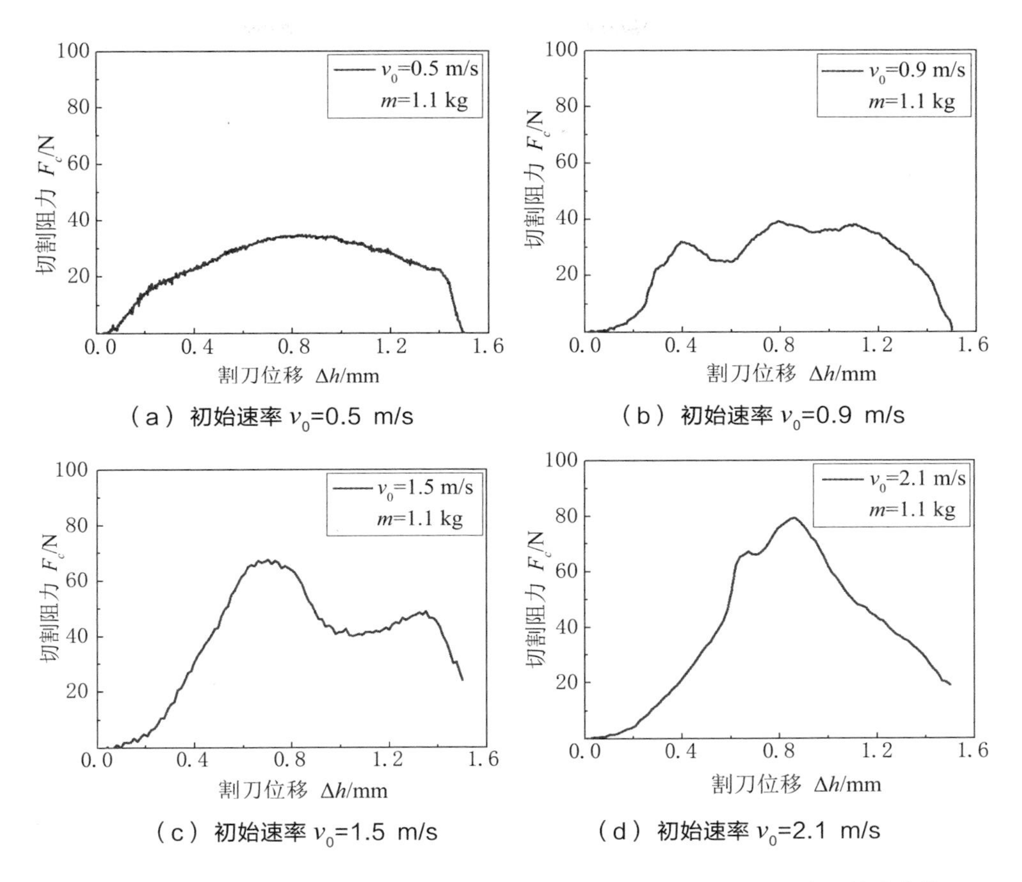

（a）初始速率 v_0=0.5 m/s　（b）初始速率 v_0=0.9 m/s

（c）初始速率 v_0=1.5 m/s　（d）初始速率 v_0=2.1 m/s

图 3-11　不同初始速率下的直径 1.5 mm 的 PA6 纤维单丝的切割阻力—位移曲线

图 3-12 为直径 2.4 mm 的 PA6 纤维单丝在不同初始速率下切割阻力—位移曲线，与直径 1.5 mm 和 3 mm 的 PA6 纤维单丝具有相同变化规律，切割阻力曲线波峰和波谷个数均随初始速率的提高而减少，相同初始速率下，直径较小的纤维大逆波峰和波谷的个数较少。减小纤维单丝直径与增大初始速率有相同的效果。

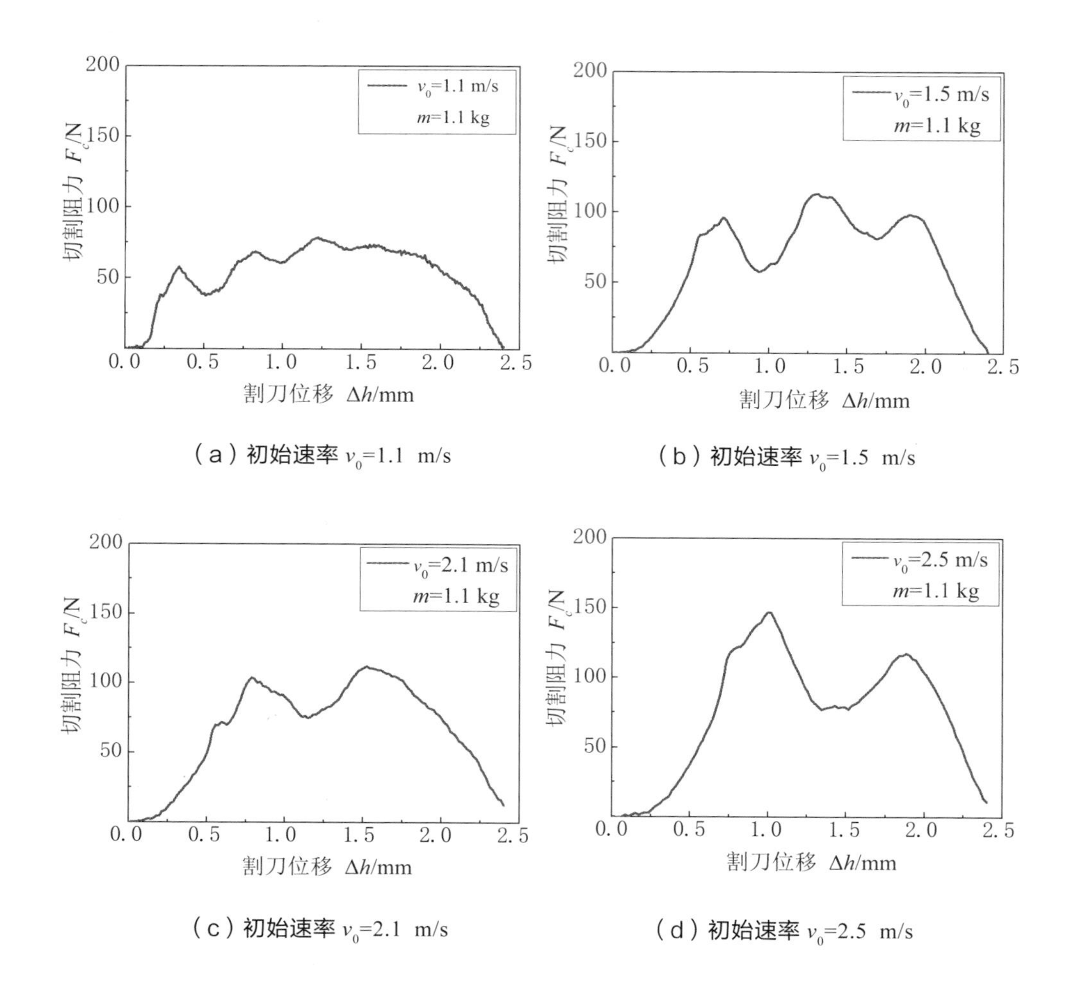

（a）初始速率 v_0=1.1 m/s

（b）初始速率 v_0=1.5 m/s

（c）初始速率 v_0=2.1 m/s

（d）初始速率 v_0=2.5 m/s

图 3-12 不同初始速率下的直径 2.4 mm 的 PA6 纤维单丝的切割阻力—位移曲线

② 不同加载质量下合成纤维单丝直径对阻力曲线的影响

图 3-13 和图 3-14 分别为直径 1.5 mm 和 2.4 mm 的 PA6 纤维单丝的切割阻力随割刀位移的变化曲线。当加载质量提高时，纤维断裂强力均增大，且切割阻力的波动较大，但两种直径切割阻力的峰值个数基本不变，不受加载质量的影响。

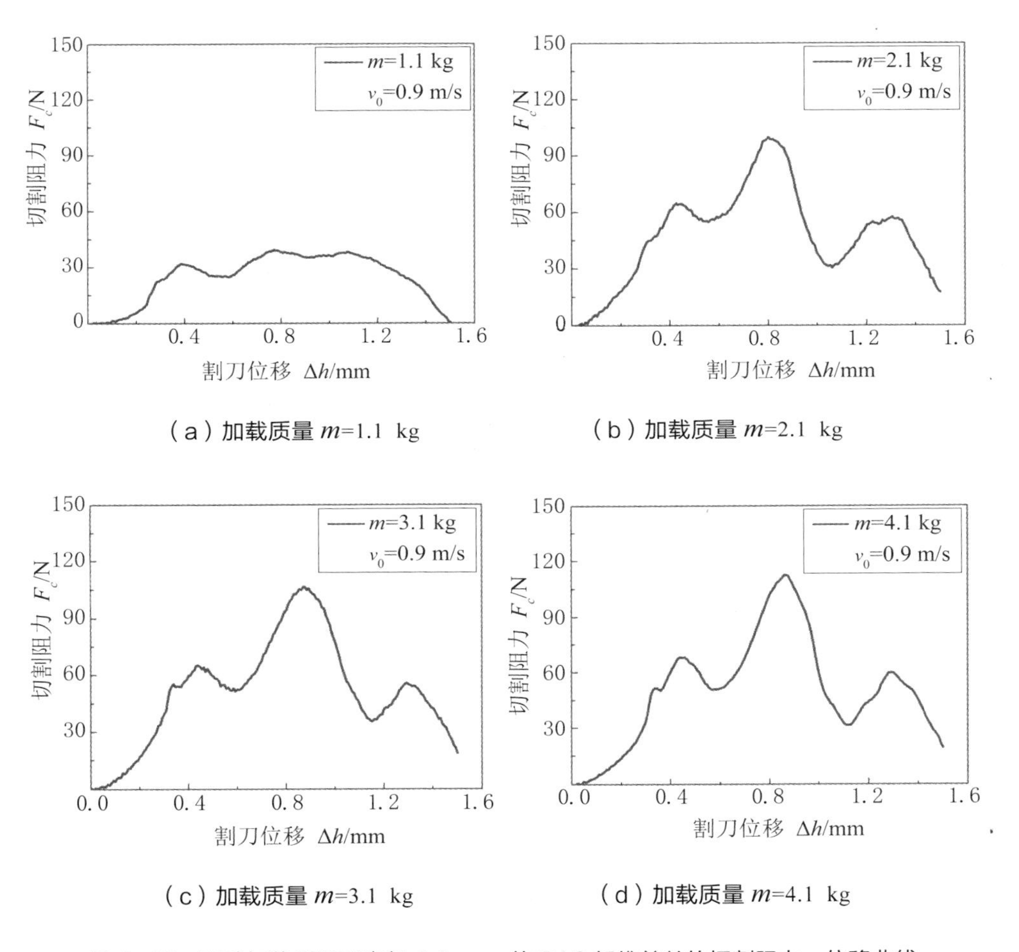

（a）加载质量 m=1.1 kg　（b）加载质量 m=2.1 kg

（c）加载质量 m=3.1 kg　（d）加载质量 m=4.1 kg

图 3-13　四种加载质量下直径 1.5 mm 的 PA6 纤维单丝的切割阻力—位移曲线

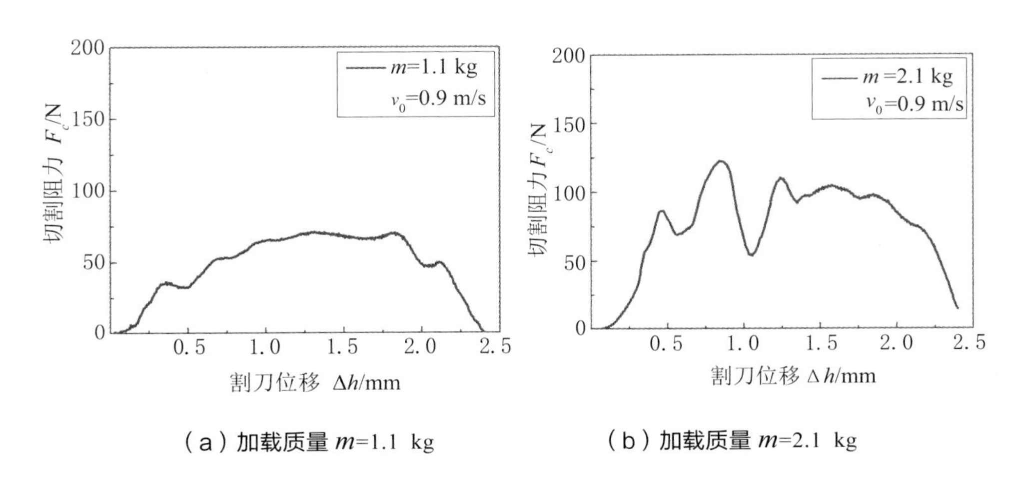

（a）加载质量 m=1.1 kg　（b）加载质量 m=2.1 kg

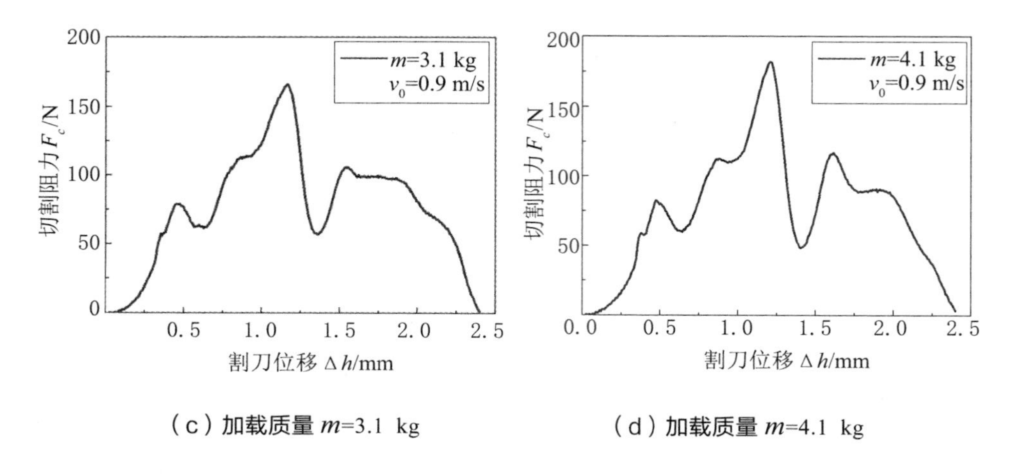

（c）加载质量 m=3.1 kg　　（d）加载质量 m=4.1 kg

图 3-14　四种加载质量下直径 2.4 mm 的 PA6 纤维单丝的切割阻力—位移曲线

2. 合成纤维单丝直径对切割断裂强度的影响

① 不同初始速率下合成纤维单丝直径对切割断裂强度的影响

图 3-15（a）为不同初始速率下 3 种直径 PA6 纤维单丝的切割断裂强度，不同直径试样的断裂强度变化趋势一致。在本试验范围内试样的直径越小，断裂强度的变化越显著，大直径合成纤维试样的断裂强度变化较小。初始速率较低时，大直径试样的断裂强度较大，初始速率较大时，较小直径试样的断裂强度增大显著。

纤维单丝切割断裂过程中，纤维直径不同，割刀与试样的作用时间也不同，直径大作用时间也较大。为了消除直径本身对作用时间的影响，将作用时间除以试样的直径，得到单位直径的作用时间 $T_{单}$，进行对比分析。

图 3-15（b），三种直径的纤维试样单位作用时间，临界切割速率的条件下差别显著，其他切割速率时差别不大。因此，在分析不同直径试样切割断裂形变时，不考虑作用时间的影响。

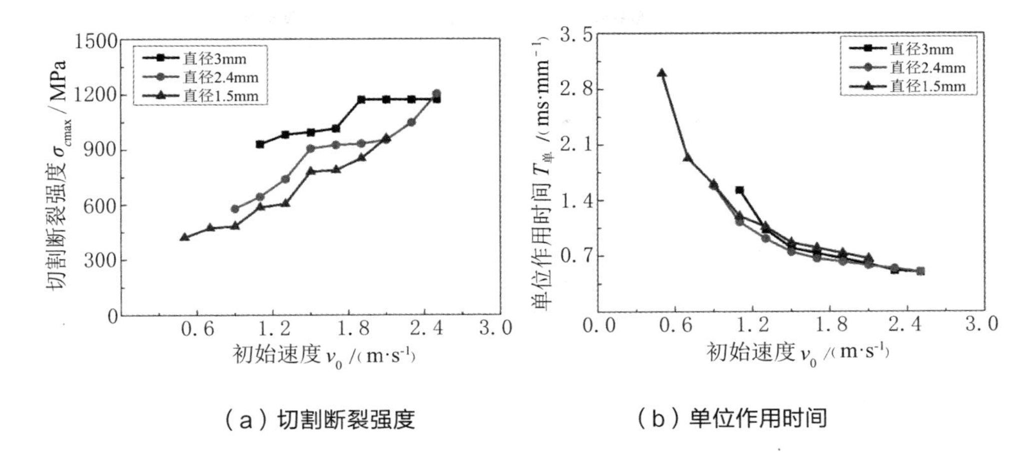

（a）切割断裂强度　　（b）单位作用时间

图 3-15　不同初始速率下 3 种直径 PA6 纤维单丝的切割性能

② 不同加载质量下合成纤维单丝直径对切割断裂强度的影响

图 3-16，在相同加载质量和初始速率下，直径 1.5 mm 的纤维单丝的切割断裂强度最大，因为三种直径纤维单丝在切割断裂过程中的形变程度不同，直径小形变严重。三种直径纤维试样断裂过程的单位作用时间相差不大。

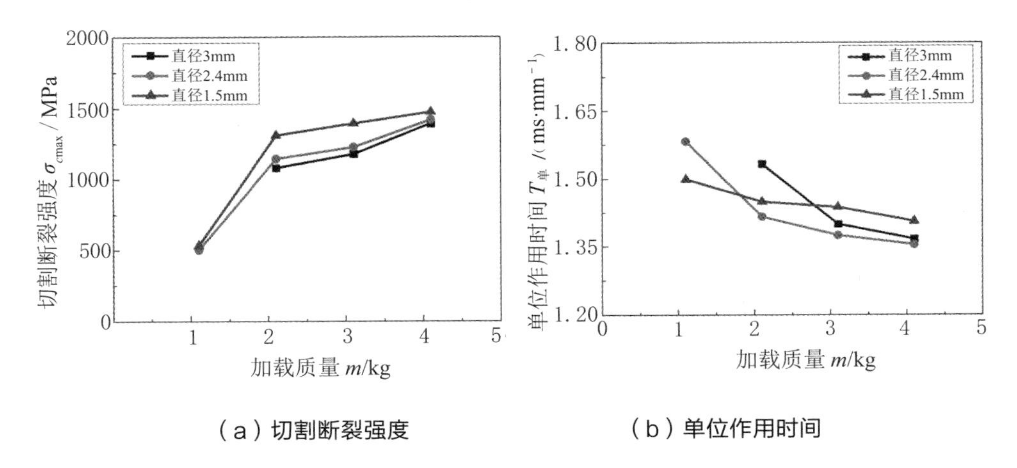

（a）切割断裂强度　　（b）单位作用时间

图 3-16　四种加载质量下的 3 种直径的 PA6 纤维单丝的主要切割性能参数

3. 合成纤维单丝直径对切割断裂能量的影响

① 不同初始速率下合成纤维单丝直径对切割断裂能量的影响

图 3-17 为不同初始速率下，三种直径的 PA6 纤维单丝的切割断裂能量

变化。图 3-17（a），试验范围内，有效切割断裂能量则随着初始速率的提高而提高。图 3-17（b）、（c），切割断裂总能量和断裂损耗能量随着初始速率的提高而降低。三种直径试样的切割能量消耗随初始速率的变化趋势一致，直径较大各能量消耗也较大。

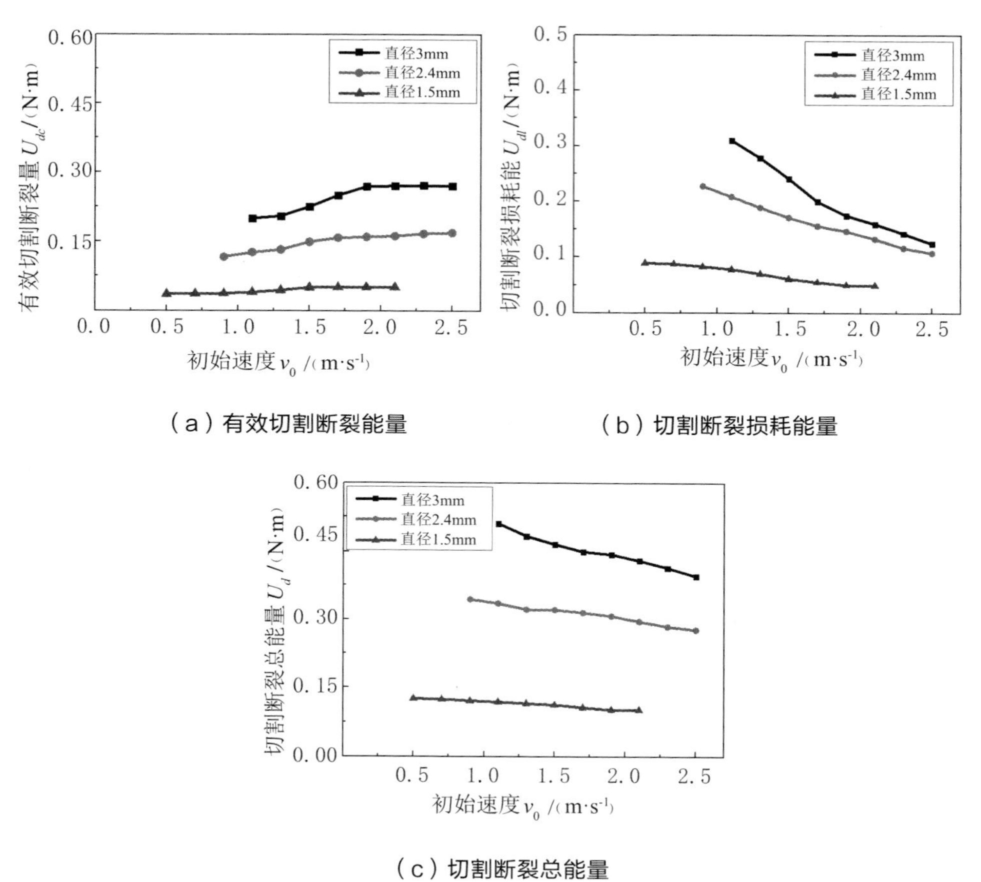

（a）有效切割断裂能量

（b）切割断裂损耗能量

（c）切割断裂总能量

图 3-17　不同初始速率下 3 种直径 PA6 纤维单丝的切割能量

图 3-18 为三种直径 PA6 纤维单丝切割断裂过程中两种主要能量消耗在切割断裂总耗散能量中的比例变化对比。直径 1.5 mm 的纤维单丝切割损耗能量所占的比例大，有效切割断裂能量比较小，说明在相同的初始速率下，直径较小时粘弹性及塑性形变更大。

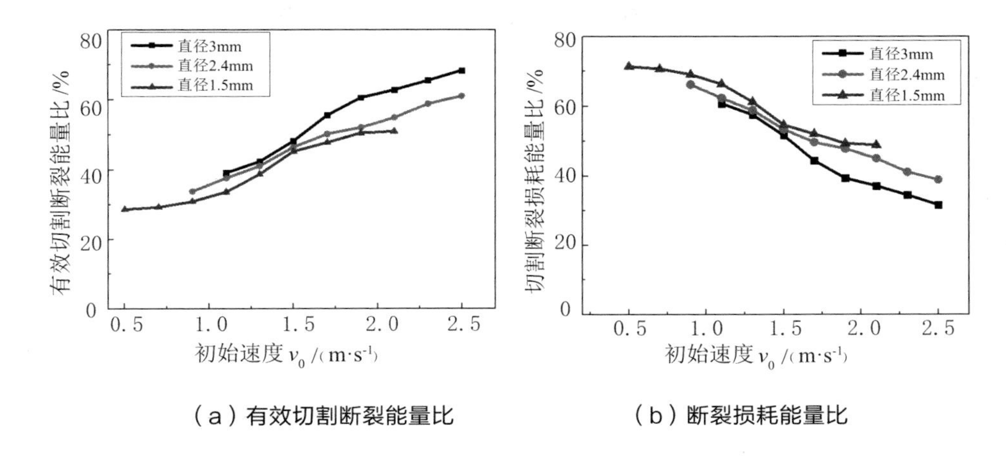

（a）有效切割断裂能量比　　（b）断裂损耗能量比

图 3-18　同初始速率下 3 种直径 PA6 纤维单丝的切割能量比

② 不同加载质量下合成纤维单丝直径对切割断裂能量的影响

图 3-19，三种直径的 PA6 纤维单丝切割断裂总能量随着加载质量的提高而提高，直径 3 mm 的 PA6 纤维单丝的切割断裂总能量较大。

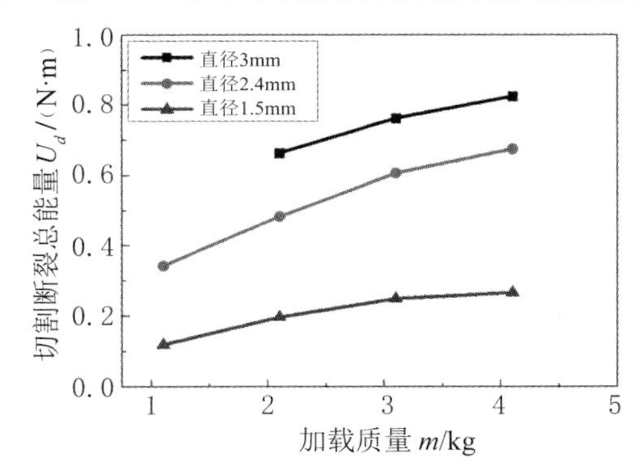

图 3-19　四种加载质量下的 3 种直径的 PA6 纤维单丝的切割总能量

图 3-20，切割断裂总能量的两个主要部分，均随加载质量提高而增加，断裂损耗能量增大显著，断裂损耗能量比大于有效切割断裂能量比。直径 1.5 mm 的 PA6 纤维单丝的切割损耗能量比最大，说明相同加载质量条件下，直径较小的试样断裂时形变大，更趋于延性断裂，本结论通过试样的断口形貌得到进一步确定。

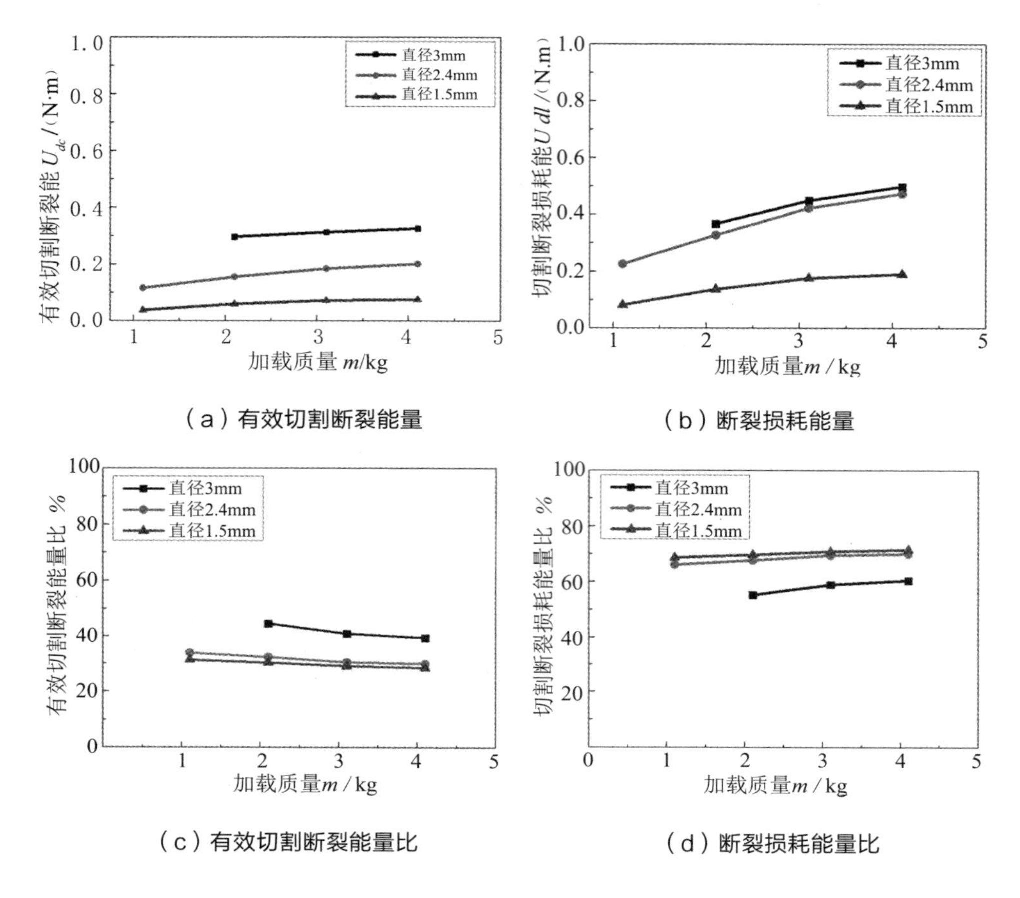

（a）有效切割断裂能量

（b）断裂损耗能量

（c）有效切割断裂能量比

（d）断裂损耗能量比

图 3-20　四种加载质量下的 3 种直径的 PA6 纤维单丝的切割耗散能量

4. 合成纤维单丝直径对断裂形变机制的影响

高聚物断裂过程中伴随着不同程度的塑性形变，合成纤维单丝直径对断裂影响显著。试验结果表明：纤维直径对作用时间影响很小，对切割断裂应力的影响显著，断裂应力对纤维单丝的强迫高弹形变机制影响显著。

不同初始速率下，直径较大的纤维单丝切割断裂应力较大，断裂损耗能量比较小，切割阻力曲线波峰和波谷数量多，且幅值较小；直径较小的纤维切割阻力曲线波峰和波谷数量少，且幅值变化大，断裂损耗能量比较大，强迫高弹形变显著。

不同加载质量下，直径较小的纤维单丝切割断裂强度较大，强迫高弹形变量大，断裂损耗能量比较大。相同的加载质量，直径较小的纤维单丝塑性形变较大。

3.2.4 合成纤维弹性模量对断裂行为的影响

1. 合成纤维弹性模量对切割阻力曲线的影响

① 不同初始速率下合成纤维弹性模量对切割阻力曲线的影响

加载质量为 1.1 kg 时，直径 1.5 mm 的 PBT 和 PP 两种试样在 9 种不同初始速率下的切割阻力试验，其中四种速率的变化曲线分别如图 3-21 和图 3-22 所示。直径为 1.5 mm 的 PBT 和 PP 三种纤维单丝的切割阻力曲线与直径 1.5 mm 的 PA6 切割阻力曲线变化一致，切割断裂强力逐步增大，阻力的波峰个数逐渐减小为 1 个。

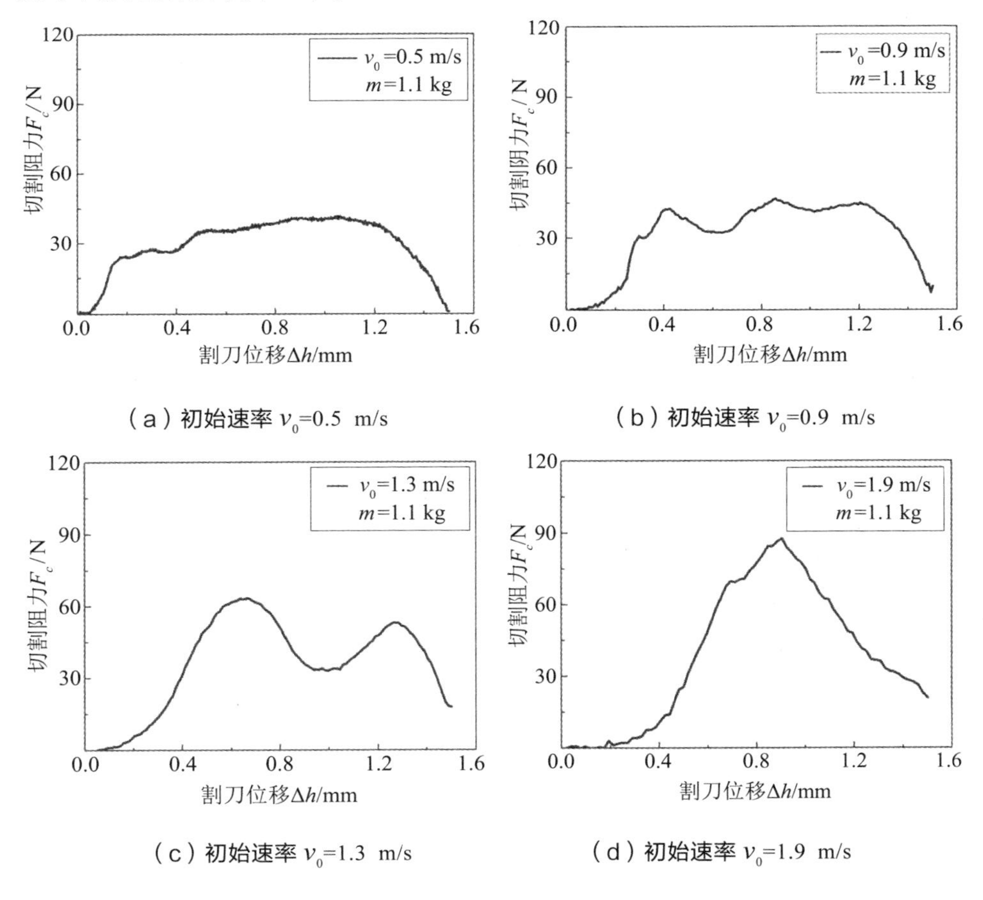

图 3-21 不同初始速率下直径 1.5 mm 的 PBT 纤维单丝切割阻力—位移曲线

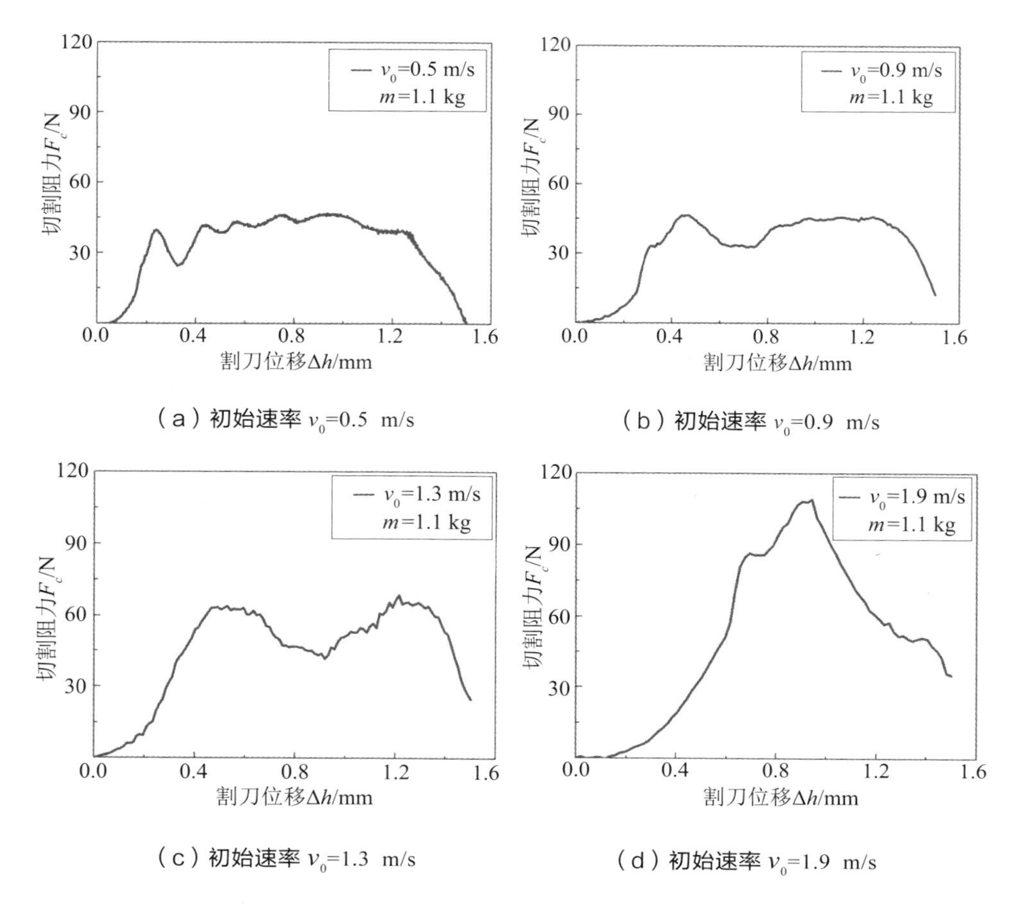

（a）初始速率 v_0=0.5 m/s

（b）初始速率 v_0=0.9 m/s

（c）初始速率 v_0=1.3 m/s

（d）初始速率 v_0=1.9 m/s

图 3-22 不同初始速率下直径 1.5 mm 的 PP 纤维单丝切割阻力—位移曲线

② 不同加载质量下合成纤维弹性模量对切割阻力曲线的影响

图 3-23 和图 3-24 分别为直径 1.5 mm 的 PBT、PP 纤维单丝在初始速率为 0.9 m/s 时，四种不同加载质量下的切割阻力—位移曲线。不同加载质量下，两种纤维单丝切割阻力曲线的波峰—波谷个数均为 3 个，不随加载质量变化而变化。加载质量对合成纤维单丝切割阻力曲线的波峰个数影响不显著，初始速率影响显著。

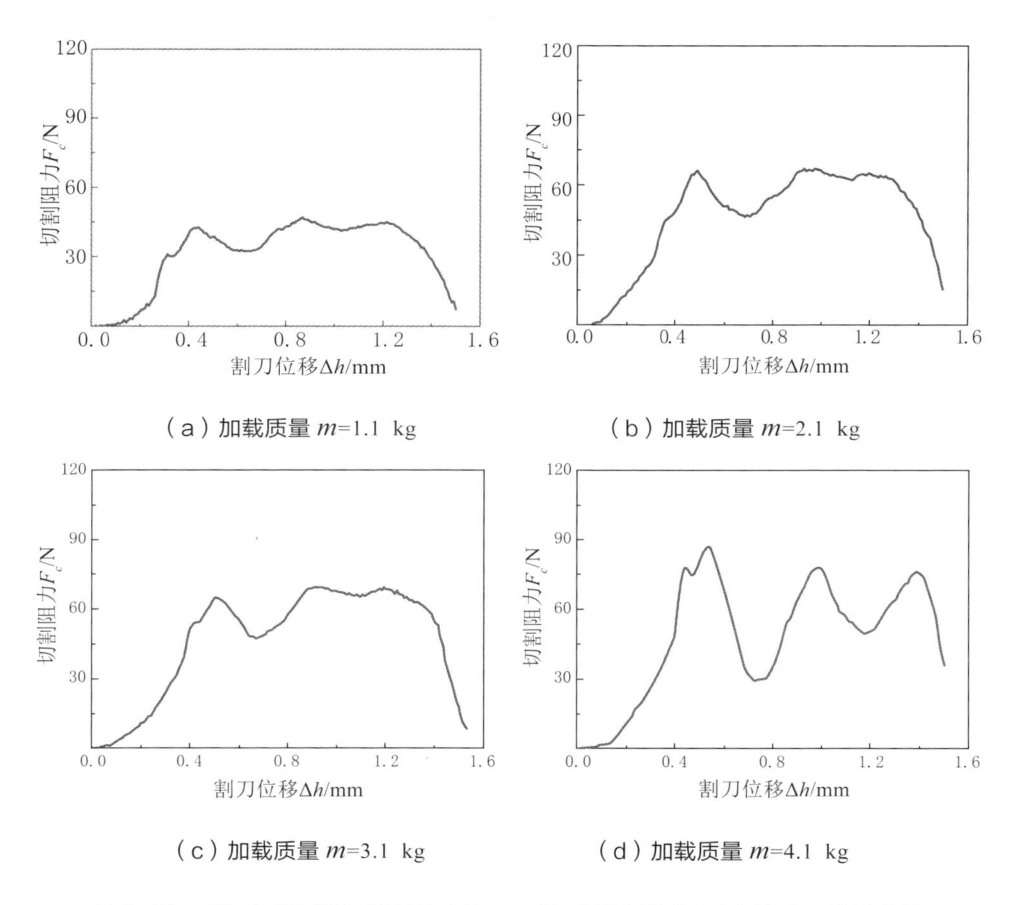

（a）加载质量 m=1.1 kg

（b）加载质量 m=2.1 kg

（c）加载质量 m=3.1 kg

（d）加载质量 m=4.1 kg

图 3-23　不同加载质量下的直径 1.5 mm 的 PBT 纤维单丝切割阻力—位移曲线

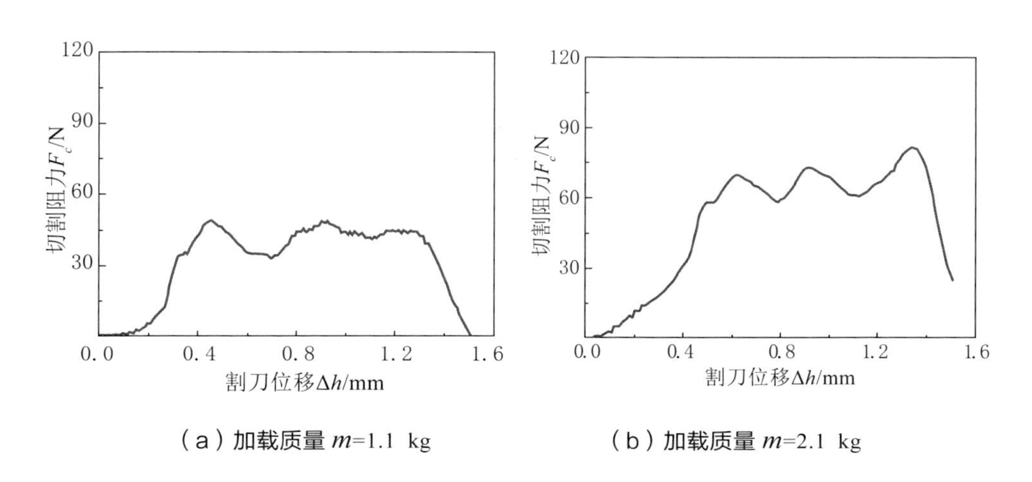

（a）加载质量 m=1.1 kg

（b）加载质量 m=2.1 kg

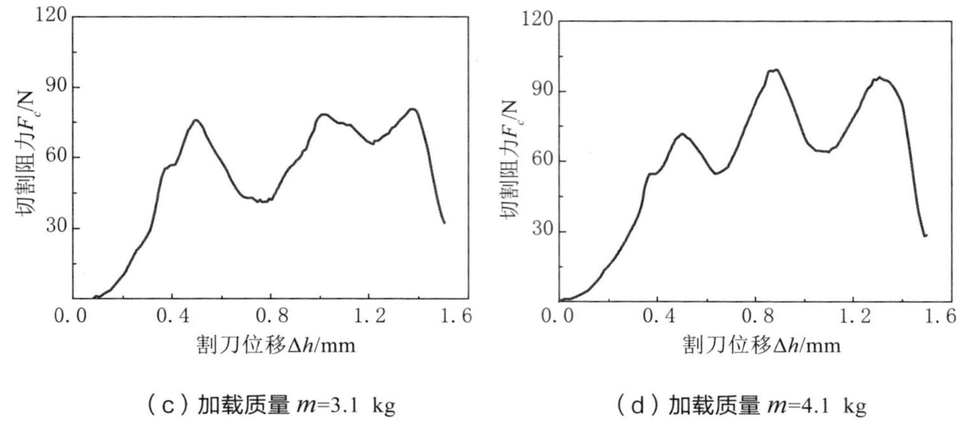

（c）加载质量 m=3.1 kg　　（d）加载质量 m=4.1 kg

图 3-24　不同加载质量下的直径 1.5 mm 的 PP 纤维单丝切割阻力—位移曲线

提高加载质量，直径 1.5 mm 的三种合成纤维的切割阻力曲线均为 3 个峰值，但 PP 和 PBT 三个峰值大小比较均匀。PA6 纤维除了加载质量为 1.1 kg 时三个峰值大小均匀外，其他三种加载质量作用下第二个峰值高于另两个峰值很多（如图 3-13 所示）。PA6 纤维在三种材料中弹性形变最大，切割过程中割刀对纤维单丝压缩时间长，弹性压缩量大，出现一个特别突出的峰值。PA6 纤维单丝除了加载质量为 1.1 kg 外的其他三种加载质量下，切割断裂强度在三种材料中最大。

2. 合成纤维弹性模量对切割断裂强度的影响

① 不同初始速率合成纤维弹性模量对切割断裂强度的影响

直径 1.5 mm 的三种合成纤维在相同的初始速率下，切割断裂强度及作用时间并不相同。图 3-25（a），三种纤维单丝的断裂强度均随着初始速率的提高而增大，PP 纤维单丝的切割断裂强度最大，PA6 的断裂强度最小。切割断裂强度是纤维材料的力学性能及形变机制等耦合作用的结果，提高切割初始速率有利于纤维单丝的断裂。

图 3-25（b），PA6 的作用时间最长、PBT 最短，断裂过程中 PA6 弹塑性形变较大。PA6 试样的破裂位移最小，因为纤维单丝放置在支撑板上，两端无约束自由伸展，切割过程中弹性形变较大，弹性能直接释放掉。尽管三种纤维式样的切割阻力曲线峰值个数在最大初始速率下均为一个峰值，但 PA6 试样的切割阻力在初始速率为 2.1 m/s 时出现一个峰值，而 PBT 试样则在 1.7 m/s 时为一个峰值。说明切割断裂过程中，PA6 弹性形变最大，作用

时间长，释放弹性能最大，破裂位移较小，切割断裂强力和断裂强度较小。

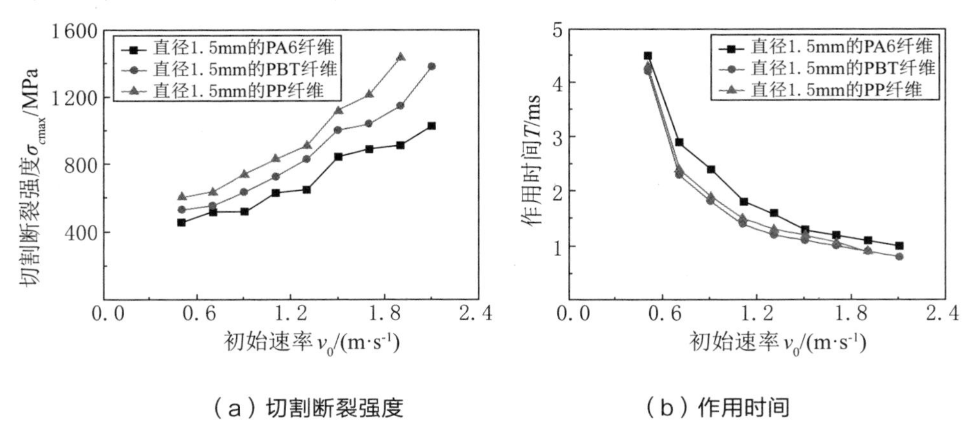

（a）切割断裂强度　　（b）作用时间

图 3-25　直径 1.5 mm 的 3 种合成纤维单丝在不同初始速率下的切割性能

② 不同加载质量下合成纤维弹性模量对切割断裂强度的影响

图 3-26（a）为三种纤维单丝的切割断裂强度对比，加载质量为 1.1 kg 时，PP 纤维的断裂强度最大、PA6 最小，而其他三种加载质量则是 PA6 纤维的断裂强度最大。

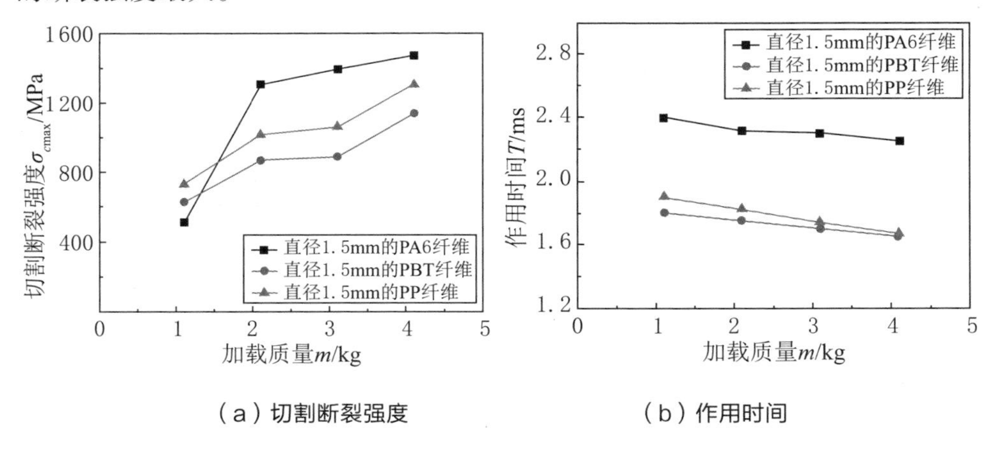

（a）切割断裂强度　　（b）作用时间

图 3-26　不同加载质量下的直径 1.5 mm 的 3 种纤维单丝切割性能

图 3-26（b），在相同的初始速率下，提高加载质量，割刀与纤维单丝的作用时间呈下降趋势，但下降幅度很小。PA6 的作用时间明显高于 PP 和 PBT，PP 和 PBT 两种试样的作用时间差别不大，三种合成纤维单丝，PA6 切割断裂韧性最好。

3. 合成纤维弹性模量对切割断裂能量的影响

① 不同初始速率下合成纤维弹性模量对切割断裂能量的影响

图 3-27 为三种合成纤维单丝切割过程消耗的耗散能量变化，三种试样的断裂能量消耗总体变化趋势一致。图 3-27（a），有效切割断裂能量随着初始速率的提高呈上升趋势；图 3-27（b）、（c），切割断裂损耗能量和切割断裂总能量均呈下降趋势。

提高初始速率有利于降低切割能量的消耗，有利于纤维单丝的脆性断裂。有效切割断裂能量为切割阻力与割刀位移的积分，三种试样的直径均为 1.5 mm，割刀位移相同，有效切割断裂能量主要由切割阻力确定，与切割断裂强度的走势是一致的。

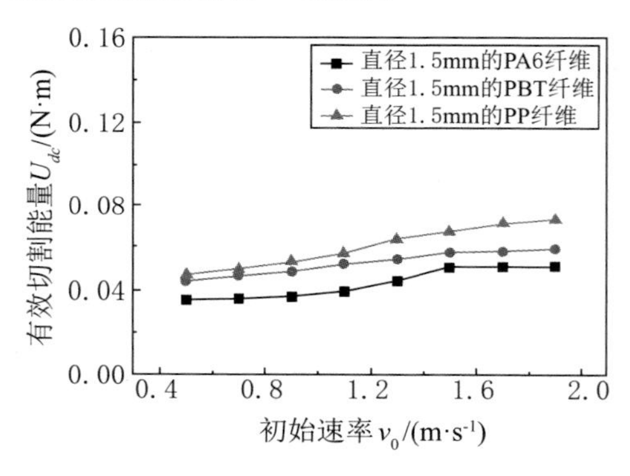

（a）3 种纤维有效切割断裂能量

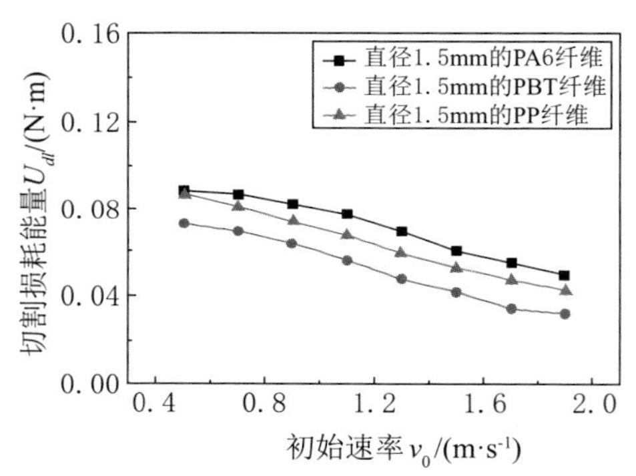

（b）3 种纤维切割断裂损耗能量

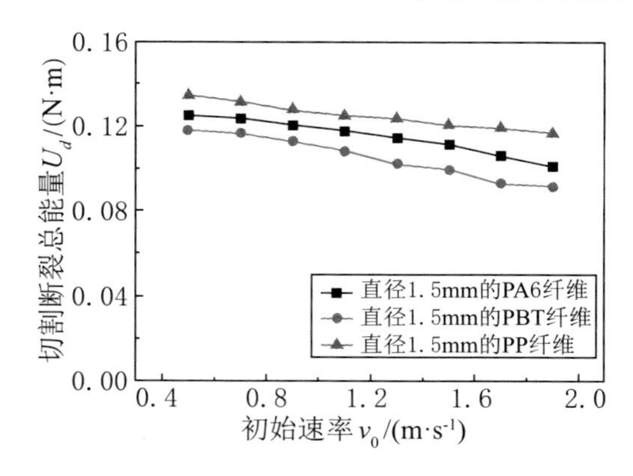

（c）3 种纤维切割断裂总能量

图 3-27　不同初始速率下直径 1.5 mm 的 3 种合成纤维单丝的切割能量对比

图 3-28，不同初始速率下三种纤维单丝的两种切割断裂能量比例变化。图 3-28(a)，PBT 纤维单丝的有效切割能量比最大，PA6 有效切割能量比最小。图 3-28（b），PA6 纤维单丝的切割损耗能量比最大，低速时比例甚至超过了 70%，PP 损耗能量比略高于 PBT；断裂过程中 PBT 纤维单丝更倾向脆性断裂，PA6 则更倾向延性断裂。合成纤维单丝的弹性模量大，材料刚度大，有利于材料的脆性断裂，提高切割速率可以减小材料的形变，相当于间接提高了材料的局部刚度，有利于材料的脆性断裂。

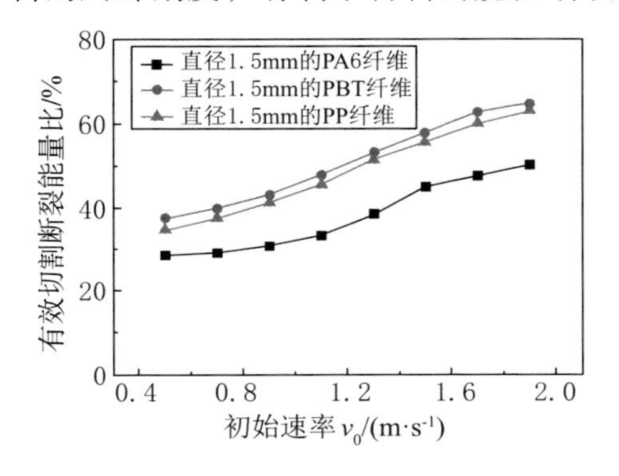

（a）3 种纤维有效切割断裂能量比

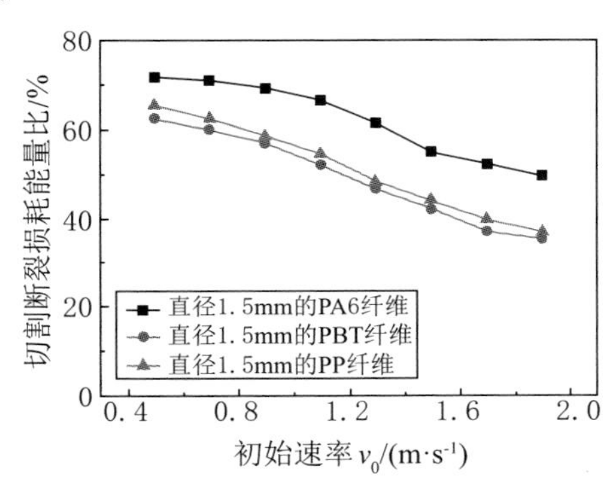

（b）3 种纤维切割断裂损耗能量比

图 3-28　不同初始速率下直径 1.5 mm 的 3 种合成纤维单丝的主要能量消耗比

② 不同加载质量下合成纤维弹性模量对切割断裂能量的影响

图 3-29，三种弹性模量的合成纤维单丝切割断裂消耗的总能量、有效切割断裂能量以及切割断裂损耗能量，均随着加载质量的提高而呈上升的趋势，切割断裂损耗能量上升变化显著，是切割断裂总耗散能量的主要部分。

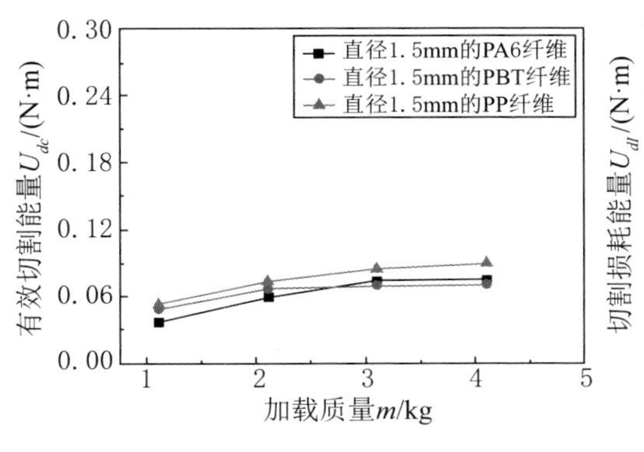

（a）3 种纤维有效切割断裂能量

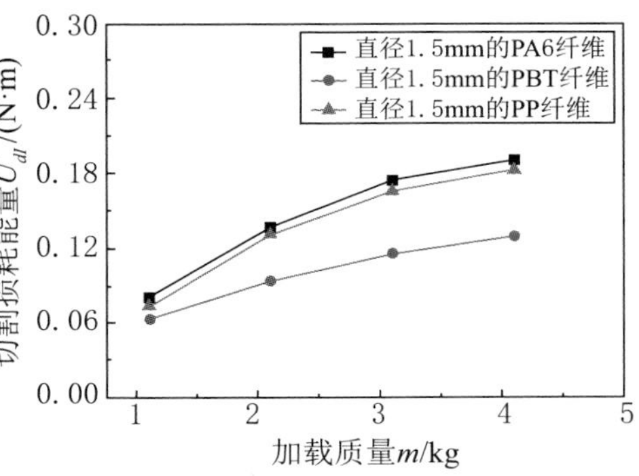

（b）3 种纤维切割断裂损耗能量

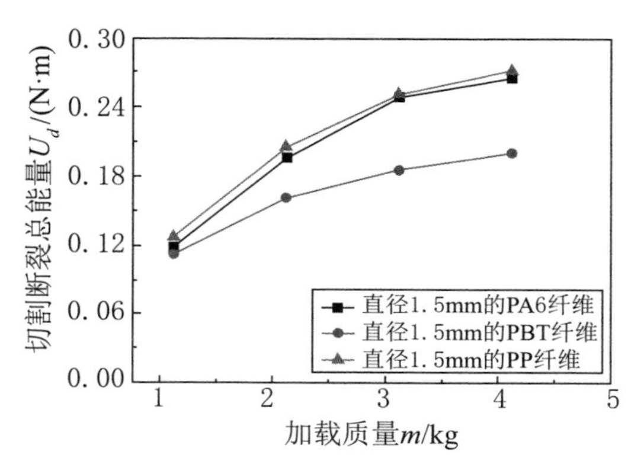

（c）3 种纤维单丝切割断裂总能量

图 3-29　不同加载质量下直径 1.5 mm 的 3 种合成纤维单丝切割消耗能量对比

图 3-29（b）、（c），PBT 作为三种试样中弹性模量最大的材料，其切割断裂损耗的能量以及切割断裂总能量最低。PA6 断裂损耗能量略大于 PP，但仍为最大。PA6 切割断裂强力最大，但三个峰值不均衡，积分后断裂损耗能量在三种材料中不是最大。

加载质量对三种材料的切割断裂损耗能量的影响非常显著，与材料本身的弹性模量关系显著，PBT 弹性模量大刚度大，断裂损耗能量较小，PA6 的弹性模量略大于 PP，两者比较相近，断裂损耗能量也非常的相近，但两者弹塑性形变机制不同，PA6 损耗的能量略大于 PP，切割断裂韧性最好。

图 3-30，三种弹性模量合成纤维单丝有效切割断裂能量比均低于 45%，但三种加载质量下的变化并不显著。PA6 的切割断裂损耗能量比在三种材料中最高，PBT 的最低。

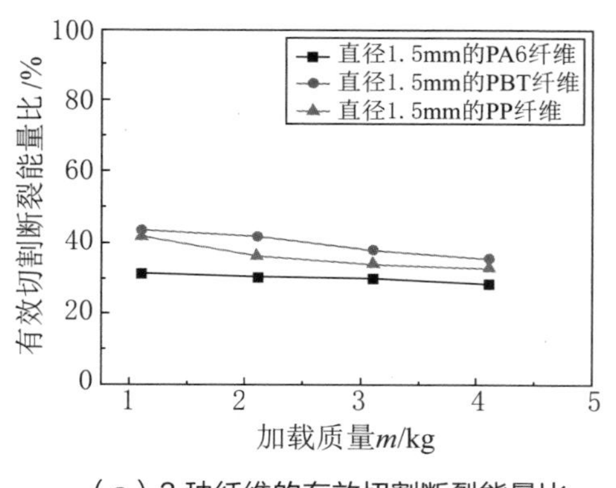

（a）3 种纤维的有效切割断裂能量比

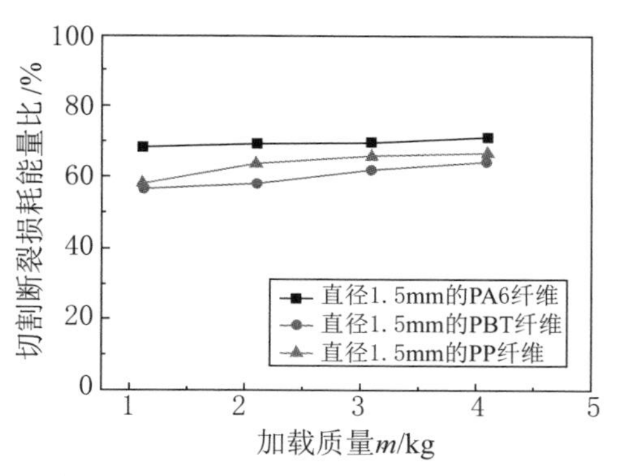

（b）3 种纤维的切割断裂损耗能量比

图 3-30　不同加载质量下的直径 1.5mm 的 3 种合成纤维单丝切割消耗能量比对比

4. 合成纤维弹性模量对断裂机制的影响

脆性材料的强度和弹性模量越大，切割断裂强度越高。合成纤维切割断裂属于延性断裂，断裂过程伴随着较大的粘弹性和塑性形变，形变对断裂强度影响较大。三种纤维单丝中 PP 弹性模量最低，摩擦系数大，拉伸形变率最小，切割断裂过程中塑性形变最大，对割刀摩擦力和塑性形变抗力最大。PA6 纤维单丝强度居中，拉伸形变率最大，弹性形变最大，弹性能在切割过程中释放，PA6 具有自润滑性，受力形变过程中的软化削弱了断裂强度，切割断裂强度最低。PBT 试样摩擦系数小且有自润滑性，但 PBT 强度最大，故其切割断裂强度高于 PA6 试样。

切割断裂总能量代表切割断裂韧性，塑性形变较大的合成纤维，切割断裂是脆性和延性的耦合作用的结果。切割过程中塑性形变等消耗的能量是切割总能量的主体，切割损耗的能量与纤维单丝的形变机制、形变程度及作用时间等有关。PBT 纤维的弹性模量最大，切割过程中不容易发生形变，切割断裂损耗的能量最小。PA6 纤维单丝断裂过程时间最长，塑性形变程度大，切割断裂损耗能量最大。三种弹性模量的合成纤维单丝，PP 试样切割断裂韧性最大，PBT 试样断裂韧性最小。

因此，合成纤维单丝的弹性模量对断裂形变影响显著，弹性模量最小的 PP 纤维试样，切割参数对形变的影响越显著，塑性形变越大。

3.3 本章小结

本章讨论了合成纤维单丝在无编织状态下，不同切割参数对纤维单丝的断裂强度、断裂能量的影响，并从宏观力学角度初步探讨了各切割参数对合成纤维单丝断裂行为及作用机制的影响，得到如下结论。

1. 合成纤维单丝在无编织状态下，切割阻力—位移曲线呈波峰—波谷振荡。

初始速率对切割阻力曲线的峰值个数影响较大，初始速率越高，阻力曲线峰值个数越少；加载质量对峰值个数影响不显著。初始速率为 2.1 m/s、加载质量为 1.1 kg 时，直径 1.5 mm 的 PA6 纤维试样切割阻力曲线仅有一个峰值。根据合成纤维单丝切割阻力曲线特征，断裂过程分为三个阶段：切割形变阶段、切割阶段、脆断阶段。

2. 不同切割参数下，纤维单丝的断裂强度不同

在切割参数试验范围内，断裂强度随初始速率和加载质量的提高而增大。当初始速率增大到 2.3 m/s 时，直径 3 mm 的 PA6 纤维单丝的断裂强度约为 980 MPa；加载质量为 4.1 kg 时，断裂强度约为 1 400 MPa。因此，改变加载质量，合成纤维单丝更容易满足强迫高弹形变的条件。直径 1.5 mm 的 3 种不同弹性模量的合成纤维单丝，弹性模量较小的 PP 纤维单丝，断裂强度最大。

3. 不同切割参数对断裂损耗能量影响最显著

切割断裂总能量与初始速率、纤维直径和弹性模量成反比，而与加载质量成正比。不同切割参数对断裂损耗能量影响最显著，断裂总能耗的变化主要由断裂损耗能量决定。直径 3 mm 的 PA6 纤维单丝，初始速率从 1.1 m/s 提高到 2.5 m/s，切割损耗能量比从 68% 下降到 50%；加载质量从 1.1 kg 提高到 4.1 kg，损耗能量比从 55% 提高到 62%；减小纤维直径，切割损耗能量比提高，最高达到 78%。弹性模量较小的 PP 纤维单丝，切割断裂总能量最大，断裂韧性最好。

4. 切割参数对合成纤维单丝作用机制下的现实应用

在实际应用中，保护性材料可以通过减小载荷冲击速率增强其断裂韧性和防护安全性；提高切割速率，可以提高切割效率、降低切割能耗。初始动量相同时，切割速率越高材料越趋于脆性断裂，而加载质量越大则越趋于延性断裂。

4 绳丝间摩擦力作用下合成纤维单丝的切割断裂行为

根据绳丝间接触摩擦力模型分析，采用切向约束模拟编织状态下合成纤维单丝受绳丝间摩擦力作用，通过单丝两端张紧的方式实现切向约束。由于受到绳丝间摩擦力的作用，合成纤维单丝沿切向运动受到约束，切割断裂过程中合成纤维单丝的空间形变随割刀刃口的位置变化受到限制，切割断裂呈现出拉断与剪断的复合。在断裂机制上，纤维的粘弹性形变抗力必然是最重要的影响因素之一。

4.1 合成纤维单丝的切割断裂过程

合成纤维绳索在应用过程中，为确保绳索各绳丝在张拉前松紧一致，以便在服役期间共同发挥作用，需要对绳索施加一定的预紧力。预紧力一般为其应承受张拉力的十分之一[141]，与李宁[142]关于合成纤维预加张力 F_r 与参考直径 D 的关系公式$F_r = k_2 D^2$计算结果基本一致。

合成纤维单丝两端张紧约束时，预紧力对切割过程中的断裂强度、断裂韧性以及作用时间等均会产生一定的影响，本书试验预紧力取最大切割阻力的 10%。通过预试验可知直径 3 mm 的 PA6 纤维单丝最大切割阻力在 100 N 左右，而不同切割参数下最大切割阻力提前无法准确知道，切割前预紧力取 10 N。直径 1.5 mm 的 PA6、PBT、PP 切割前预紧力取 4 N，确保所有合成纤维单丝试样在不同切割参数下张紧状态一致。

不同切割参数对切割断裂性能产生不同程度的影响，根据切割阻力曲线的变化特征，将切割断裂过程划分为不同阶段。根据不同参数对各个阶段的影响规律，进一步探讨不同参数对合成纤维断裂的作用机制。

4.1.1 切割断裂过程不同阶段的划分

不同切割参数下直径 3 mm 的 PA6 纤维单丝的切割阻力曲线具有相同的趋势和共同特征，典型的切割阻力—位移曲线如图 4-1 所示。切割断裂过程可分为三个主要阶段：切割形变阶段、切割阶段和脆断阶段。

1. 切割形变阶段

由于绳丝间摩擦力作用，合成纤维单丝切割形变阶段包括：弹性形变和弹塑性形变。

① 弹性形变

合成纤维单丝两端张紧约束时，沿长度方向具有良好的弹性。一定质量的割刀从一定高度零初速度下落，当割刀接触纤维时，两端张紧的纤维单丝受到割刀的冲击力，纤维单丝首先沿轴向方向发生普通弹性形变，随着割刀一起向下运动，纤维两端张力随位移下降增加。由于该阶段纤维单丝的形变是普通弹性形变，切割阻力 - 位移的性能曲线呈线性增加，线性拟合相关度为 99.5%。

② 弹塑性形变

由于 PA6 纤维单丝两端张紧约束，随着向下位移的增加，纤维单丝与割刀的相互作用力逐渐增大，纤维单丝不仅发生弹性形变，同时伴随塑性形变发生，纤维单丝的切割阻力—位移曲线不再呈直线增长，而是呈抛物线型增大，切割阻力与位移的拟合曲线为二次曲线，拟合相关度为 99.7%。

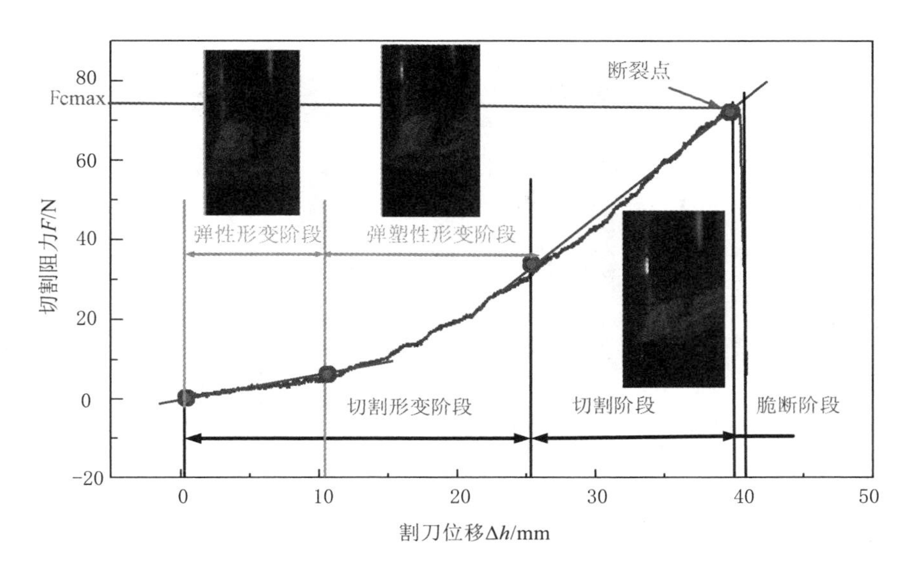

图 4-1 PA6 纤维单丝的切割阻力—位移曲线

2. 切割阶段

随着合成纤维单丝下降位移增加，割刀与纤维单丝的相互作用力继续增大，试样局部应力高度集中发生塑性形变并出现应力裂纹，割刀切入纤维单丝内部。只要系统提供的切割能量足够，纤维单丝最终将被完全切断。纤维单丝新断面不断扩展，伴随着弹性形变、塑性形变、粘弹性形变等，加上割刀和合成纤维单丝间存在摩擦力的作用，使得切割断裂是一个复杂的过程，断裂过程中存在不同的断裂机制。该阶段切割阻力与位移曲线呈直线，拟合相关度为99.6%，斜率大于弹性阶段的斜率，高分子是粘弹体，模量不再是常数。

3. 脆断阶段

当纤维单丝新断面扩展到临界状态时，扩展速率急剧增大，试样突然断裂，切割阻力达到最大值并急剧下降，脆断阶段时间非常短暂。由于切向摩擦力作用，合成纤维单丝轴向受拉应力作用，纤维试样新断面在完全断裂前有拉断痕迹。

图 4-2 为直径 3 mm 的 PA6 纤维单丝在两端张紧约束状态下，加载质量为 2.1 kg，初始速率为 2.9 m/s 时，不同阶段割刀与纤维单丝位置关系的高速摄像图片，割刀与纤维单丝作用时间为 21.8 ms，共拍摄 218 帧图像。

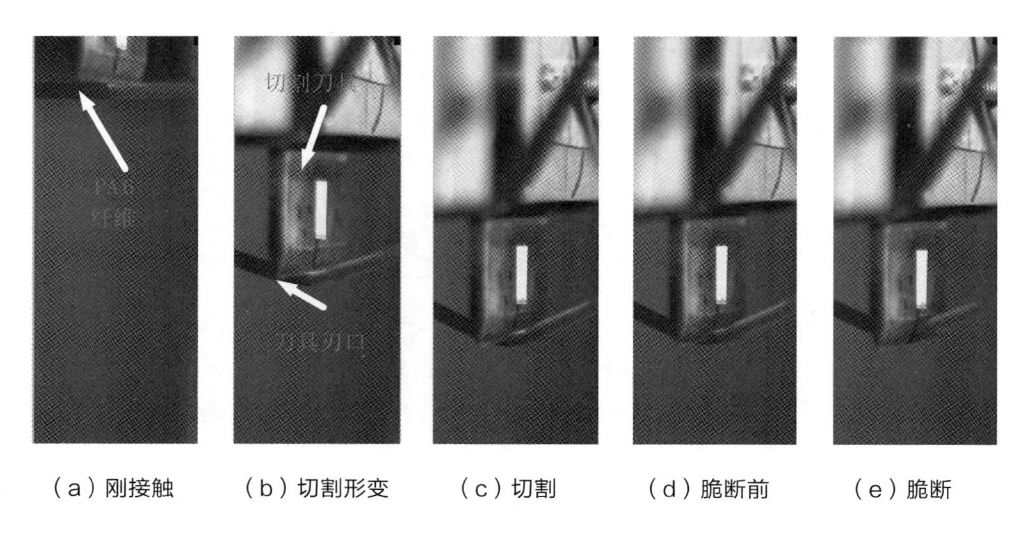

（a）刚接触　（b）切割形变　（c）切割　（d）脆断前　（e）脆断

图 4-2　割刀与 PA6 纤维单丝在不同切割阶段位置关系的高速摄像图像

4.1.2　切割断裂过程中割刀速率变化

割刀从预定高度下落，以一定的初始速率接触纤维单丝，切割过程中合成纤维单丝的加载速率不是一个恒定的值，而是随着纤维单丝各种形变及新断面的扩展速率变化而变化。为了阐明纤维切割断裂机制，绘制了割刀从接触纤维到纤维完全断裂过程中的割刀速率变化曲线，并将割刀速率和割阻力放在同一个坐标系中，切割过程中不同阶段在割刀速率曲线上的特征点与阻力曲线上的特征点基本一致，说明切割断裂各阶段的划分是正确的。

图 4-3，第一个特征点对应的速率为割刀刚接触纤维时的初始速率。弹性形变阶段两端张紧的纤维单丝受到一定质量刀架的冲击作用产生振荡，割刀速率波动较大，受到纤维单丝的阻碍作用，割刀速率不再是加速下降，波动最大速率与初始速率相差不大。

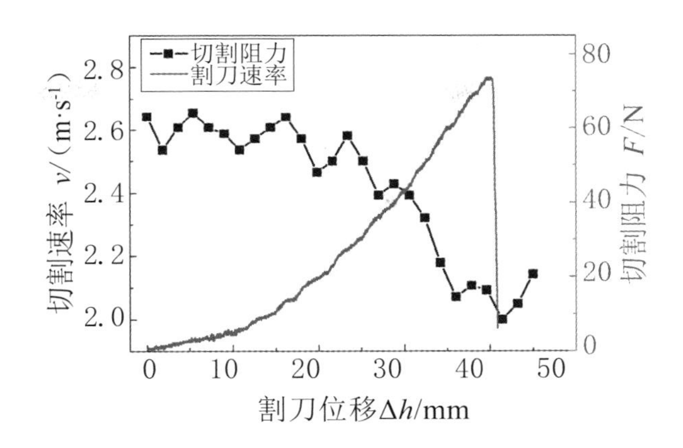

图 4-3 合成纤维单丝的切割阻力与割刀速率—位移曲线

切割阻力逐渐增大，割刀速率开始下降，纤维单丝在较大的应力作用下屈服，进入弹塑性形变阶段。塑性形变达到一定程度，割刀速率出现短暂僵持，塑性形变的纤维组织被撕裂，割刀进入纤维单丝内部。

由于纤维单丝两端张紧，随着下降位移的增大，轴向不断拉伸，局部刚度不断增大，对割刀施加一个不断增大的形变阻力和摩擦力，同时纤维单丝形成新断面和塑性形变等需要消耗一部分能量。因此，切割阶段的割刀速率快速下降，纤维单丝新断面稳定扩展。

切割阻力继续增大，达到临界状态时，失稳进入急速扩展阶段。此时，新断面扩展速率大于割刀速率，纤维单丝脱离割刀的接触，切割阻力逐渐减小，割刀速率开始增大。当割刀速率大于纤维断面扩展速率时，纤维单丝与割刀再次接触，纤维单丝继续阻碍割刀向下运动，割刀速率降低。纤维两端的张力不断增加，纤维承载断面面积越来越小，拉伸应力急剧增大，达到拉伸许用应力时，纤维两断面突然分离最终被拉断，切割结束。割刀不再受纤维作用的各种阻力，速率再次增大。

4.1.3 切割断裂力学性能参数

1. 切割断裂强度

合成纤维单丝在两端张紧约束条件下，切割阻力随位移呈单值非线性增加，形状呈 J 型曲线，纤维单丝断裂时的切割阻力达到最大，称为断裂强力，

记作 $F_{c\max}$，切割断裂强力 $F_{c\max}$ 对应的应力为切割断裂强度，记作$\sigma_{c\max}$，断裂强度的计算公式为（2-2）。

2. 切割断裂能量

由第 2 章切割能量平衡方程推导可知，切割断裂总能量分为有效切割断裂能量和切割断裂损耗能量两部分，需要根据能量平衡方程求得。纤维单丝在切向约束条件下切割，需要计算切割系统的输入能量、动能、弹性形变能等，分别进行如下计算。

① 输入总能量U_t

切向约束切割过程中，由于纤维单丝在切割前两端施加一定的预紧力，这部分预紧能量以弹性能的方式储存在切割纤维单丝内部，属于切割系统的输入能量。合成纤维在切割前约束预紧力为 10 N，根据纤维单丝的拉伸性能曲线可以得到弹性拉伸的刚度，预紧能量约 0.003 N·m，而试验预设的刀具的最初势能为 1.750 ～ 11.420 N·m，因此纤维单丝的预紧能量忽略不计。综合考虑割刀与导轨之间的摩擦力，通过试验确定机械效率为 0.92，设割刀接触合成纤维单丝至将其完全切断，割刀下降位移为Δh，切割输入能量为：

$$U_t = 0.92 \times \int \mathrm{d}U_t = 0.92mg(h_0 + \Delta h) \tag{4-1}$$

② 储存的能量U_s

两端约束的合成纤维单丝切割断裂过程，一部分能量以弹性能的形式储存。图 4-4 为纤维单丝切割过程中纤维单丝张力与轴向变形量曲线，为获得更多有效数据，数据采样频率为 1 000 K，纤维单丝两端张紧，由于冲击切割，原始数据数据波动大，取 50 个原始数据点平均后的平滑曲线。设最大张紧力为 T 和轴向变形量为ΔL，可以计算出切割过程中储存的能量U_s，即

$$U_s = \int \mathrm{d}U_s = \int T(\Delta l)\mathrm{d}\Delta l = \frac{1}{2}T\Delta L \tag{4-2}$$

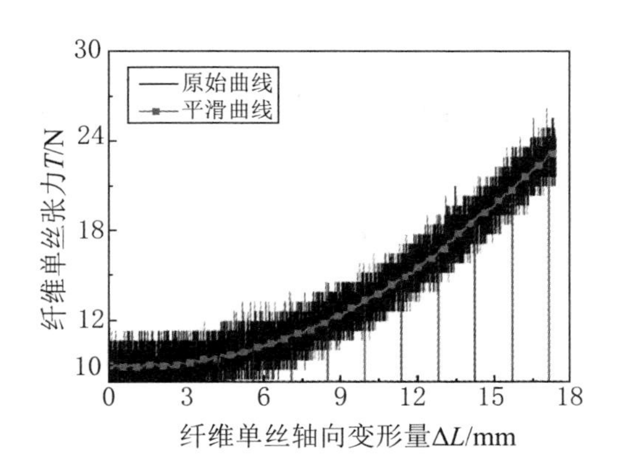

图 4-4 合成纤维单丝张力—轴向变形量曲线

③ 系统的动能U_k

设割刀质量为 m，被切割试样的质量为 m_1，张紧切割试验中 m=2.1 kg，m_1=0.002 kg，对于切割系统的总动能，合成纤维单丝动能忽略不计。切割动能采用式（2-11）计算。

④ 切割断裂总能量U_d及能量平衡方程

根据切割断裂总能量平衡方程，将合成纤维单丝在切向约束条件下各能量计算公式代入式（2-3），整理得到，模拟编织状态下合成纤维单丝的切割断裂能量平衡方程为：

$$0.92mg(h_0+\Delta h)=\frac{1}{2}T\Delta L+\frac{1}{2}mv^2+U_d \tag{4-3}$$

切割断裂总能量U_d：

$$U_d=0.92mg(h_0+\Delta h)-\frac{1}{2}T\Delta L-\frac{1}{2}mv^2 \tag{4-4}$$

安装在割刀上的冲击力传感器，可以实时测试切割过程中的各种因素引起的切割阻力。图 4-5 为切割阻力—割刀位移曲线，曲线下对应的面积为切割过程消耗的有效切割断裂能U_{dc}，则

$$U_{dc}=\int_0^{\Delta h}F_c(\Delta h)\mathrm{d}\Delta h \tag{4-5}$$

切割断裂损耗能量U_{dl}：

$$U_{dI}=U_d-U_{dc}=0.92mg(h_0+\Delta h)-\frac{1}{2}mv^2-\frac{1}{2}T\Delta L-\int_0^{\Delta h}F_c(\Delta h)\mathrm{d}\Delta h \quad (4-6)$$

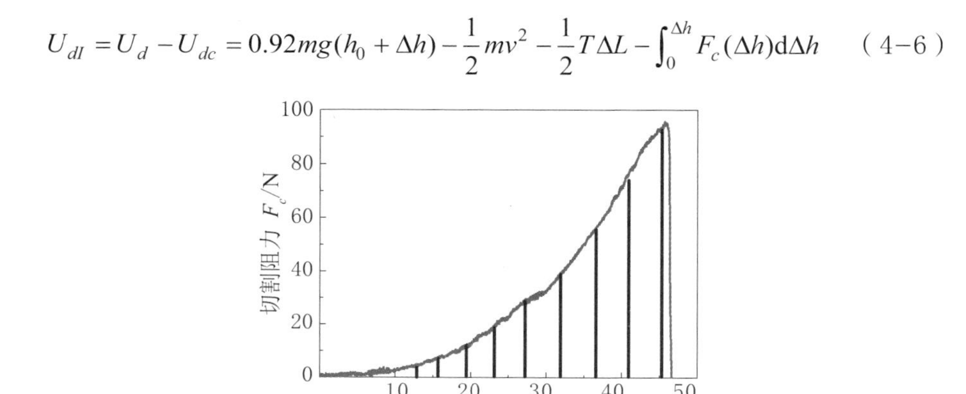

图 4-5　合成纤维单丝的切割阻力—割刀位移曲线

4.2　不同切割参数对合成纤维单丝断裂行为的影响

4.2.1　割刀初始速率对断裂行为的影响

1. 初始速率对切割阻力曲线的影响

通过割刀速率随时间的变化曲线可知，合成纤维单丝切割断裂过程中，速率在不断地变化，割刀速率的变化与纤维单丝的形变机制关系显著，是不可控的，只有割刀初始速率可以调节。割刀初始速率对纤维单丝的切割断裂性能试验为单因素试验，加载质量 2.1 kg，试验范围为 1.7 ～ 3.3 m/s，其中 1.9 m/s 是直径 3 mm 的 PA6 纤维单丝张紧切割时的临界断裂初始速率，初始速率为 3.3 m/s 时切割阻力不再持续增大。不同的初始速率对应不同的初始高度，两者的关系列入表 4-1。

表4-1　直径3 mm的PA6纤维单丝不同初始速率对应的刀架高度

切割参数	变量值								
初始速率 /(m/s)	1.7	1.9	2.1	2.3	2.5	2.7	2.9	3.1	3.3
初始高度 /mm	147	184	225	270	319	372	430	490	556

如图 4-6 所示，将不同初始速率的切割阻力与时间的曲线绘制在同一个坐标里，其中 v_0=1.7 m/s 时纤维单丝未被切断。不同初始速率下切割阻力均随时间呈非线性增加，不同初始速率下切割阻力曲线变化趋势一致。初始速率越大，割刀与纤维作用时间越短，切割阻力越大。当速率达到 2.7 m/s 时，再提高初始速率，最大切割阻力保持一个较为稳定的值，不再增加，试验结束，并将 3.3 m/s 作为最大初始速率。割刀从接触纤维单丝到将纤维完全切断的过程中，不同作用时间 T 对应不同的位移Δh和形变量ΔL，而纤维单丝在切割过程中的实时下降距离Δh可以由高速摄像机记录。两者的关系可以根据图 4-7 由几何关系确定。

纤维轴向形变量：

$$\Delta L = L - L_0 = 2\sqrt{\left(L_0/2\right)^2 + \Delta h^2} - L_0 \tag{4-7}$$

式中：

L ——合成纤维单丝的切割过程中轴向实时长度（mm）；

L_0 ——合成纤维单丝的原始长度（mm）；

Δh ——割刀接触纤维单丝后沿割刀位移方向下降位移（mm）。

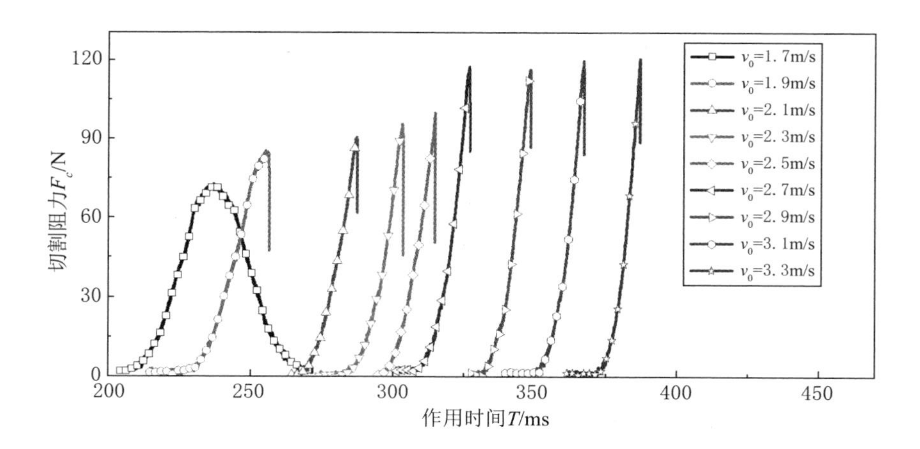

图 4-6　不同初始速率下直径 3 mm 的 PA6 纤维单丝的切割阻力－时间曲线

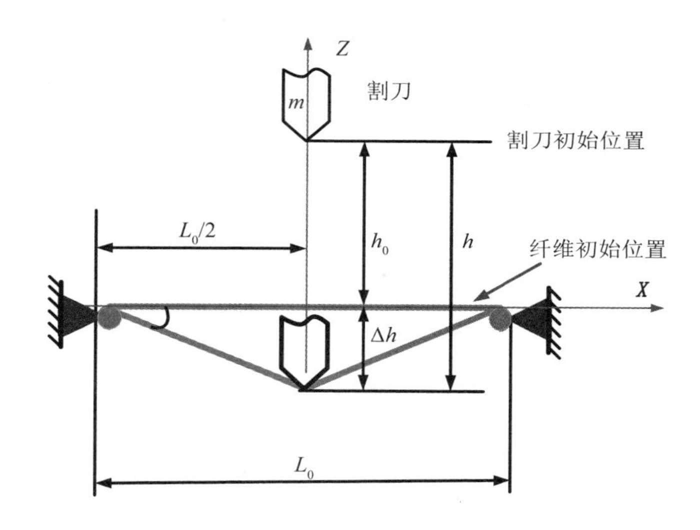

图 4-7　合成纤维形变量L与位移h的几何关系

不同初始速率下，切割过程中纤维单丝位移 Δh、形变量 ΔL、切割断裂强力 $F_{c\max}$ 与断裂强度$\sigma_{c\max}$的对应值，通过计算并列入表 4-2 中。

表4-2 不同初始速率下直径3mm的PA6纤维单丝的切割性能参数

切割性能参数	初始速率 /(m/s)								
	1.7	1.9	2.1	2.3	2.5	2.7	2.9	3.1	3.3
切割断裂强力 /N	未断	87	92	101	106	119	117	118	118
切割断裂强度 /MPa	—	571	604	663	696	781	768	774	774
下降位移 /mm	—	47.3	46.6	44.7	42.8	44.1	44.3	44.3	44.2
纤维轴向形变量 /mm	—	19.5	18.9	17.5	16.1	17.0	17.2	17.2	17.1

2. 初始速率对切割断裂强度的影响

图 4-8（a），合成纤维单丝的切割应力—纤维轴向形变曲线，初始速率增大，曲线斜率增大，试样刚度增大。图 4-8（b），不同初始速率下切割断裂强度$\sigma_{c\max}$与纤维轴向形变量 ΔL 的变化。在试验范围内初始速率为 1.9 m/s 时，纤维轴向形变量最大 19.5 mm，提高初始速率，合成纤维单丝的形变量逐步减少，当速率增加到 2.5 m/s 时，形变量达到一个最低值 16.1 mm，速率为 2.7 m/s 时，纤维的形变量略有增加，最终稳定在 17.0 ~ 17.2 mm 之间，稍有波动。

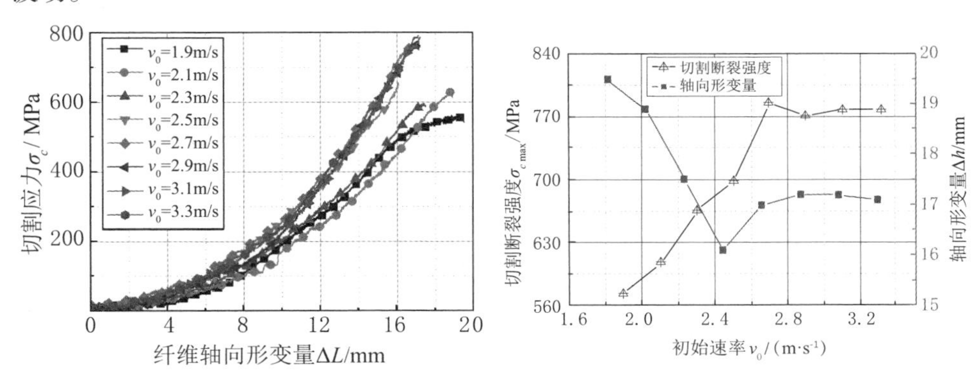

（a）切割应力—纤维轴向形变　　（b）纤维轴向形变量和切割断裂强度

图 4-8 不同初始速率下直径 3 mm 的 PA6 纤维单丝的切割性能

初始速率较小时，割刀对应的初始高度 h 也较小，系统输入能量小，纤维单丝的加载速率也较小，两端张紧的纤维单丝的横向形变较小，纤维单丝的局部刚度也较小，切割断裂强度低，作用时间长，纤维形变大。

提高初始速率，纤维单丝加载速率增大，局部刚度增大，为割刀提供较大的支撑力，有利于纤维单丝从延性断裂向脆性断裂的转变。纤维单丝在不同初始速率下分子链发生形变，分子链的形变速率与加载速率有匹配关系。PA6 纤维属于高分子聚合物，具有粘弹性，当加载速率较小时，纤维分子链形变速率跟得上加载速率，流动性好，塑性形变充分；当加载速率大于分子链的形变速率时，纤维塑性流动性变差，甚至出现撕裂现象。

3. 初始速率对切割断裂能量的影响

已知刀架的质量 m=2.1 kg，初始高度 h 以及切割过程中刀架下降的位移 Δh，重力加速度取 g=9.8 m/s^2。利用高速摄像机以每秒 10 000 帧的速率记录切割性能试验的图像，根据每组图像的不同位移，可以计算出切割结束即纤维单丝完全断裂时割刀的末速度，切割断裂力学性能列入表 4−3。

将试验测得数据代入能量平衡式（2−11）、式（4−1）、式（4−2）、式（4−5）和式（4−6）计算出的各部分能量汇总在表 4−4 内。从表中可以看出，输入总能量 U_t 随初始速率提高而提高，储存的能量 U_S 在整个能量平衡方程中所占的比重最小。

表4−3　不同初始速率下直径3 mm的PA6纤维单丝的切割断裂力学性能

切割性能参数	初始速率 /（m/s）								
	1.7	1.9	2.1	2.3	2.5	2.7	2.9	3.1	3.3
切割断裂强力 /N	未断	87	92	101	106	119	117	118	118
割刀下降位移 /mm		47.3	46.6	44.7	42.8	44.1	44.3	44.3	44.2
纤维轴向形变量 /mm		19.5	18.9	17.5	16.1	17.0	17.2	17.2	17.1
割刀末速度 /(m/s)	0	0.10	0.93	1.28	1.58	1.95	2.20	2.42	2.65

表4−4　不同初始速率下直径3 mm的PA6纤维单丝的切割能量

切割性能参数	初始速率 /（m/s）								
	1.7	1.9	2.1	2.3	2.5	2.7	2.9	3.1	3.3
输入总能量 /（N•m）	未断	4.189	4.919	5.699	6.552	7.536	8.590	9.676	10.870
储存能量 /（N • m）		0.212	0.217	0.221	0.213	0.253	0.252	0.254	0.252
系统动能 /（N • m）		0.011	0.908	1.720	2.621	3.993	5.082	6.149	7.374
有效切割断裂能量 /（N • m）		1.642	1.619	1.583	1.619	1.789	1.726	1.743	1.738
切割断裂损耗能量 /（N • m）		2.324	2.175	2.175	2.099	1.501	1.530	1.530	1.506
切割断裂总能量 /（N • m）		4.178	4.011	3.979	3.931	3.543	3.508	3.527	3.496

图 4-9 为不同初始速率下，直径 3 mm 的 PA6 纤维单丝切割过程中消耗的断裂总能量、有效切割断裂能和切割断裂损耗能量的变化曲线。初始速率的试验范围为 1.9 ～ 3.3 m/s，切割断裂消耗的两方面能量均占有较大的比重。当初始速率小于 2.5 m/s 时，切割断裂损耗能大于有效切割断裂能，如 v_0=2.3 m/s 时，切割断裂总能量为 3.979 N·m，其中切割断裂损耗能为 2.175 N·m，有效切割断裂能为 1.583 N·m。当初始速率大于 2.5 m/s 时，切割断裂损耗能急剧减小，有效切割断裂能增加。

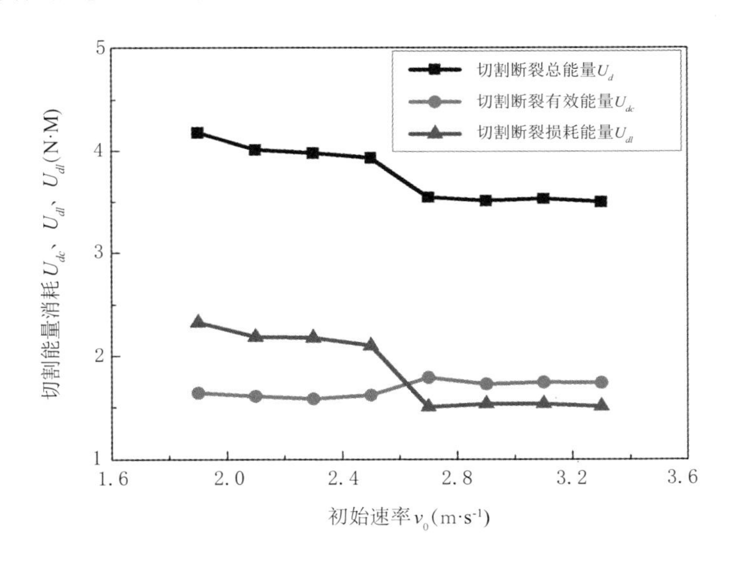

图 4-9　不同初始速率下直径 3 mm 的 PA6 纤维单丝的切割断裂总能量

初始速率小于 2.5 m/s 时，有效切割断裂能量在随速率提高保持一个较为稳定的值，大于 2.5 m/s 时有效切割断裂能量上升，并维持相对稳定，切割断裂损耗的变化趋势相反。切割断裂总能量随着初始速率的提高呈非线性下降，当初始速率从 1.9 m/s 提高到 2.5 m/s 时，切割断裂总能量成非线性减少；初始速率为 2.7 m/s 时，总能量消耗开始下降并保持一个较为稳定的值。割刀以一定速率作用于两端张紧的 PA6 纤维单丝上，提高割刀初始速率，纤维与割刀作用时间减少，合成纤维单丝的局部刚度增大，由延性到脆性断裂逐步转变。根据高聚物三种典型的形变机制，普通弹性形变为纤维单丝受外力作用时，分子链内部键长和键角立刻发生变化，与加载速率没有关系，由加载外力的大小决定。因此，割刀初始速率主要影响粘性形变。

PA6 纤维在不同初始速率下，分子链锻随着加载速率而发生形变，当加载速率较低时，割刀与纤维单丝相互作用时间较长，分子链段的形变速率能够跟得上加载速率，粘弹形变比较充分，形变量较大，切割断裂损耗的能量较大。而较高的加载速率下作用时间变短，不可逆形变小切割断裂损耗的能量较小。图 4-9 中不同的初始速率下，切割断裂损耗能的趋势与形变机制分析是一致的。根据粘弹性的室温等效原理，延长作用时间与升高温度能够达到同一个作用效果，试验结果是合理的。

纤维单丝切割断裂过程中所消耗的两部分能量，切割断裂损耗能与合成纤维的延性断裂相关，损耗能量越大断裂韧性越好，应变能力强不易断裂。而有效切割断裂能与材料的脆断能力相关，有效切割断裂能越大，断裂过程中形变越小，越容易断裂。切割断裂总能量随初始速率提高而降低，低速切割时合成纤维的断裂韧性大，切割断裂损耗能大，有效切割断裂能量较小；提高初始速率合成纤维的局部刚度提高断裂延性小，切割断裂损耗能明显降低，有效切割断裂能量增大且大于切割断裂损耗能，总体消耗能量下降。

图 4-10 为不同初始速率下两种断裂能比例变化。初始速率小于 2.5 m/s 时，切割断裂损耗能量比最大为 59%；初始速率大于 2.5 m/s 时，切割断裂损耗能量比急剧减小，有效切割断裂能量比增大。初始速率较低，切割断裂趋于延性，切割断裂损耗能量较大，提高切割速率，有效切割断裂能比增大，切割断裂趋于脆性断裂。可以预测当初始速率足够大时，PA6 纤维单丝会出现完全脆性断裂，但本书试验速率达不到这个要求。

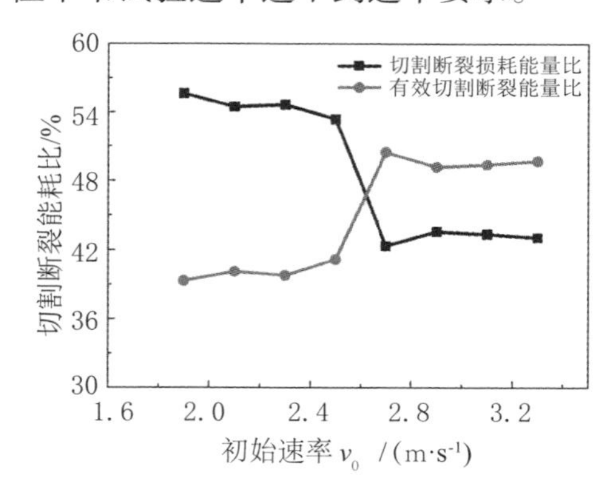

图 4-10　不同初始速率下直径 3 mm 的 PA6 纤维单丝的切割能耗比

在试验速率范围内 PA6 纤维单丝的断裂同时存在延性断裂和脆性断裂，

不同切割参数下，两者的比例不同。有效切割断裂能比越大，越有利于纤维单丝脆性断裂；切割断裂损耗能量比越大，切割过程中塑性形变越大，更趋向于延性断裂。

4. 初始速率对切割断裂形变机制的影响

PA6 纤维单丝在室温条件下呈玻璃态。在切向约束切割过程中，PA6 纤维在切割力作用下，呈自然蜷曲状态的分子链重新排列，同时还需克服内摩擦力和分子链间的缠结作用。PA6 纤维单丝在切割过程中普通弹性形变伴随着切割过程发生，割刀切入纤维单丝内部前，割刀刃口下局部应力很大，纤维单丝发生了较大塑性形变和屈服，切割过程中会产生强迫高弹形变。根据纤维单丝的断口形貌和切割过程的形变分析，可以判断切割断裂过程同时存在粘弹性形变。

因此，室温下处于玻璃态的 PA6 纤维单丝断裂过程中的形变机制是三种形变的耦合作用的结果。不同的切割参数影响三种形变在断裂过程中总形变的比例，形变不仅与应力的大小有关，还与割刀与纤维单丝的作用时间 T 有关。

从接触纤维到将试样完全切断，割刀所下降的位移h，主要影响纤维单丝的轴向拉伸量，也就是弹性形变量。在整个切割过程中弹性形变主要是轴向拉伸量，塑性及粘弹性等则体现在纤维单丝被切割法向截面上。

图 4-11 为不同初始速率下纤维单丝断裂过程中，割刀与纤维单丝的作用时间与位移变化情况。提高初始速率，割刀与纤维单丝的作用时间逐渐减小。根据式（2-18）作用时间长，强迫高弹形变大，粘弹性与时间成正比增加更快，普通弹性形变不受作用时间影响。初始速率较低时，作用时间长、形变量大，主要是强迫高弹形变和粘弹性形变，提高初始速率，作用时间短，高弹性和粘弹性形变减小且总形变量变小。

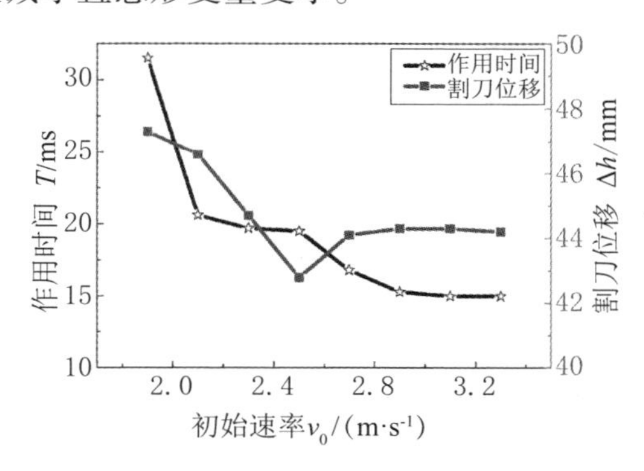

图 4-11 不同初始速率下直径 3 mm 的 PA6 纤维单丝作用时间—位移

提高初始速率，割刀应力也随着增加，对三种形变的影响趋势与作用时间相反，最终三种形变是应力和作用时间耦合作用的结果。割刀位移随着初始速率先下降然后略微上升并维持一个较为恒定的值，纤维单丝的弹性形变量与切割断裂强力有关，作用时间对粘弹性形变的影响主要体现在纤维单丝断面上，对割刀位移的影响不大。图 4-8（b）为不同初始速率下纤维单丝切割断裂强度的变化曲线，位移随初始速率的变化曲线与纤维切割断裂强力和断裂强度的变化曲线是一致的。

与无编织状态下的 PA6 的切割能量消耗对比，有效切割断裂能量与切割断裂损耗的能量随着初始速率的变化趋势一致，绳丝间摩擦力作用下的切割断裂总能量、有效切割断裂能量以及切割断裂损耗的能量均大于合成纤维单丝无编织切割能量。

绳丝间摩擦力作用下切割时，切割力主要靠纤维单丝拉伸时的局部刚度支撑，切割力没有支撑切割时大。无编织切割时割刀配重 1.1 kg 的条件下，切断纤维单丝的最小临界初始速率为 1.1 m/s，此时切割系统输入的总能量仅为 1.2 N·m。而绳丝间摩擦力作用下切割时，割刀配重 2.1 kg 的情况下，切断纤维单丝的最小临界初始速率为 1.9 m/s，切割系统输入的总能量为 4.2 N·m，与无编织条件下切割相比，合成纤维单丝的断裂韧性提高了 250%。因此，绳丝间摩擦力作用下，切割断裂总能量消耗大，断裂韧性大；无编织状态下，断裂过程消耗的总能量少，切割断裂韧性小，合成纤维单丝更容易断裂。

4.2.2 割刀加载质量对断裂行为的影响

不同加载质量下切割断裂性能试验，试验对象为直径 3 mm 的 PA6 纤维单丝，初始速率 v_0=2.9 m/s，加载质量四种为 1.1 kg、2.1 kg、3.1 kg 及 4.1 kg。加载质量为 1.1 kg 时，初始速率 2.9 m/s 为 PA6 纤维单丝的临界初始速率，速率太高试验危险系数增大。

1. 加载质量对切割阻力曲线的影响

图 4-12 为直径 3 mm 的 PA6 纤维单丝在四种不同加载质量下的切割阻力曲线。整个切割过程阻力变化曲线形状呈 J 型，最大切割阻力随着加载质量的增大而提高。加载质量较大时，曲线斜率较大，切割阻力增加速度快，割刀与纤维单丝作用时间短。当加载质量为 1.1 kg，曲线最大峰值处有一个

小平台；而加载质量较大时，曲线最大峰值处比较尖锐。说明当加载质量较小时，纤维单丝完全断裂时作用时间较长。

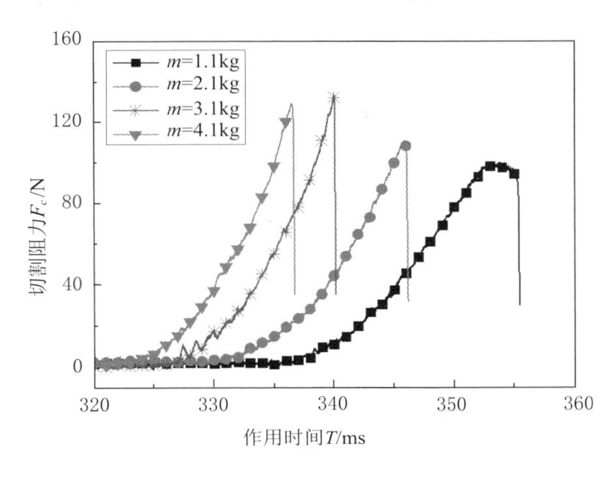

图 4-12　不同加载质量下直径 3 mm 的 PA6 纤维单丝的切割阻力曲线

2. 加载质量对切割断裂强度的影响

图 4-13 为直径 3 mm 的 PA6 纤维单丝在不同加载质量下，割刀与纤维单丝的作用时间、纤维单丝的断裂强度及割刀下降位移的变化情况。随着加载质量的提高，纤维单丝与割刀的作用时间从 25 ms 减少到 15 ms。尽管不同加载质量下，割刀初始速率相同，但系统提供的总能量不同，加载质量越大，系统总能量越大。

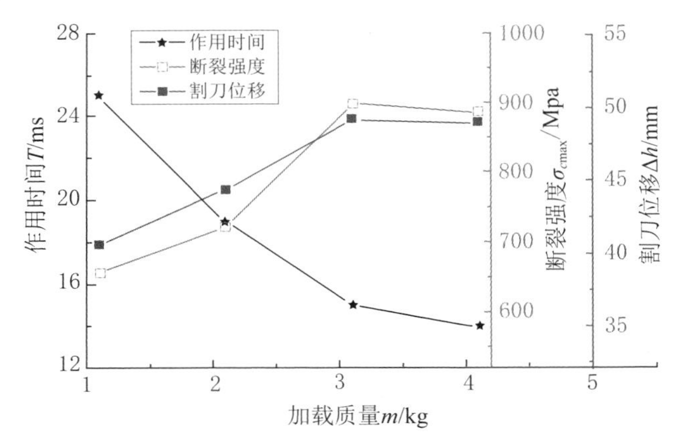

图 4-13　不同加载质量下直径 3 mm 的 PA6 纤维单丝的断裂性能

加载质量较大时，割刀下降的距离 Δh 增加，系统输入总能量 $mg(h+\Delta h)$ 大，割刀始终保持较高的切割速率，作用时间减小。切割断裂强度与位移曲线走势一致，均随加载质量的提高而提高，最终趋于稳定。不同加载质量下割刀的初始速率相同，由于加载质量不同，割刀对纤维单丝的冲量不同。加载质量越大，纤维单丝受到的冲击力越大，纤维单丝所受的加载应力大，纤维单丝轴向普弹性形变量相应增大，相应的割刀位移大。

3. 加载质量对切割断裂能量的影响

根据绳丝间摩擦力作用下切割能量平衡方程，分别计算出初始速率为 2.9 m/s 时，不同加载质量下的 PA6 纤维单丝切割断裂过程各能量值，列入表 4-5 中。切割断裂过程中消耗的总能量受切割过程中纤维单丝的形变机制及形变量大小等因数影响，主要包括两大部分：有效切割断裂能和切割断裂损耗能。

表4-5 不同加载质量下直径3 mm的PA6纤维单丝的切割能量消耗

切割性能参数	加载质量 /kg			
	1.1	2.1	3.1	4.1
输入总能量 /（N·m）	4.464	8.590	12.811	16.933
储存能量 /（N·m）	0.228	0.252	0.305	0.299
系统动能 /（N·m）	1.193	5.082	8.333	11.972
有效切割断裂能量 /（N·m）	1.667	1.726	2.166	2.127
切割断裂损耗能量 /（N·m）	1.376	1.530	2.007	2.535
切割断裂总能量 /（N·m）	3.271	3.508	4.478	4.961

图 4-14 为不同加载质量下直径 3 mm 的 PA6 纤维单丝的切割能量变化曲线。图 4-14（a），切割断裂损耗能及有效切割断裂能均随着加载质量的增大而逐渐上升，断裂损耗能量增加显著，在较小的加载质量下损耗能量小于有效断裂能量，而加载质量为 4.1 kg 时，损耗能量大于有效断裂能量。

图 4-14（b）为切割过程中两种主要消耗的能量占切割消耗总能量之比的变化，提高加载质量有效切割断裂能量比减小，而切割断裂损耗能比则增加。说明加载质量提高对切割过程中塑性形变影响最大，有利于提高纤维单丝断裂韧性。

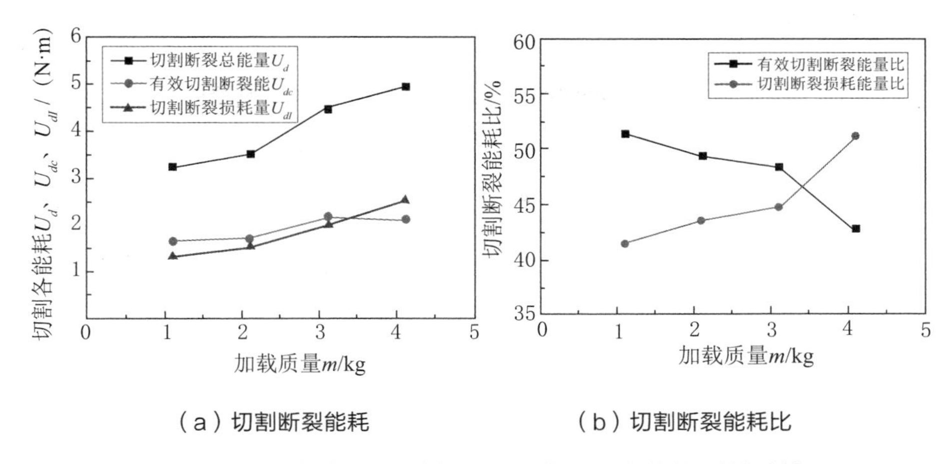

（a）切割断裂能耗　　（b）切割断裂能耗比

图 4-14　不同加载质量下直径 3 mm 的 PA6 纤维单丝的切割能量

增大加载质量，纤维单丝的切割断裂强度增加，作用时间下降。根据其形变机制分析可知，作用时间越小，粘弹性形变量越小，但断裂强度的增加粘弹性形变量也会增大，故提高加载质量 PA6 纤维单丝的形变机制两者耦合作用的结果。而根据应力—应变理论，切向应力越大，纤维单丝普弹性形变也越大，割刀下降的位移增大，有效切割断裂能增大。因此，增大加载质量，合成纤维单丝所受冲击力增大，塑性形变加大，PA6 纤维单丝的切割断裂损耗能增加。

4. 加载质量对断裂形变机制的影响

作用时间对合成纤维粘弹性形变影响显著，强迫高弹形变需要在大应力的条件下发生，同时受作用时间的影响。不同加载质量下，尽管初始速率相同，但割刀与纤维单丝的作用时间并不相同。由图 4-13 知，增大加载质量，作用时间减小，应力增大。根据冲量定量，初始速率相同时，加载质量越大，初始动量越大，纤维单丝获得的冲量就越大，冲量是冲力在作用时间内的积分，作用时间减小，作用力增大。

合成纤维断裂过程中，加载质量增大，加载应力增大、作用时间减小。应力增大有利于满足强迫高弹形变的条件，表现大应力大形变量的行为特征。而作用时间的减小，提高了加载速率，合成纤维切割形变中出现粘弹性滞后现象，加载质量对合成纤维的断裂机制的影响仍是粘弹性和强迫高弹性形变的耦合作用，强迫高弹性形变更显著。

4.2.3 合成纤维单丝直径对断裂行为的影响

合成纤维属于粘弹性材料，纤维直径是影响切割断裂性能的重要因素之一。本章前几节内容讨论的直径 3 mm 的 PA6 试验试样的切割性能变化规律，直径大能够更清楚地观察到切割参数对纤维单丝切割断裂性能的变化规律和断口形貌的特征区域。为了验证试验结果，也为了研究纤维单丝直径对切割性能的影响，选取了直径为 2.4 mm 和 1.5 mm 的 PA6 纤维单丝，测试了不同初始速率及不同加载质量下，两种直径的 PA6 纤维单丝切割性能变化，并与直径 3 mm 的 PA6 纤维单丝的试验结果放在一起进行对比分析，探索试样直径对断裂性能的影响。

1. 合成纤维单丝直径对切割断裂强度的影响

① 不同初始速率下纤维直径对断裂强度的影响

当加载质量为 2.1 kg 时，直径 1.5 mm 的 PA6 纤维单丝临界初始速率为 0.9 m/s，直径 2.4 mm 试样临界初始速率为 1.7 m/s。图 4-15（a）所示为不同初始速率下三种直径的 PA6 纤维单丝的切割断裂强力变化，三种断裂强力均随着初始速率的提高呈非线性增加，在较低的初始速率下断裂强力缓慢增长，在某一个速率下断裂强力不再增加，保持一个相对稳定的值。相同初始速率下，被切断纤维单丝的直径越大，切割断裂强力就越大。

根据切割应力式（2-2）计算出三种直径试样的切割断裂强度如图 4-15（b）所示，三种直径在较低的速率下，切割断裂强度相对较小，随着速率的提高而增大，速率增大到某一个值时，断裂强度有跳跃式增长，继续增大速率断裂强度将维持一个较为稳定的值。

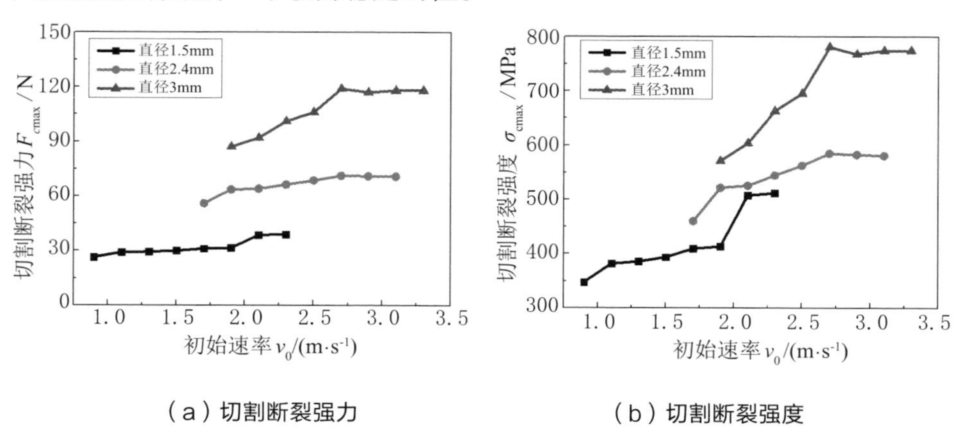

（a）切割断裂强力　　（b）切割断裂强度

图 4-15　不同初始速率下三种直径的 PA6 纤维单丝的切割断裂强度

图 4-16（a）为作用时间变化曲线，三种直径的 PA6 纤维单丝作用时间均随初始速率的提高而降低，降低越来越慢，相同速率下，三种直径纤维单丝的作用时间差别不大。初始速率对作用时间的影响显著，而直径对作用时间的影响较小。

图 4-16（b）为三种直径 PA6 纤维单丝切割断裂过程割刀下降位移曲线，直径 2.4 mm 和 3 mm 的 PA6 纤维单丝割刀下降位移随初始速率的变化趋势基本一致，先下降再上升并趋于稳定。直径 1.5 mm 的 PA6 纤维单丝变化曲线则是先下降再上升，又继续下降。

较小的两种直径临界初始速率小，切割阻力较小、作用时间较大。由式（2-18）可知，普弹性形变量仅与切割应力有关，而切割阻力随初始速率提高而缓慢增加，故普通弹性形变量略有增加。而直径 1.5 mm 的 PA6 纤维单丝的切割位移变化曲线在初始速率较低（0.9 ～ 1.7 m/s）的条件下，先下降再上升并维持较为稳定的值，与直径为 2.4 mm 和 3 mm 两种试样的位移变化一致，但速率大于 1.9 m/s 时切割位移呈继续下降趋势，因为当初始速率大于 1.9 m/s，切割阻力维持较为稳定的值，普弹性形变量也随着维持较为稳定的值，作用时间却随着速率的提高继续减小，高弹和粘弹性形变量也随着减小。

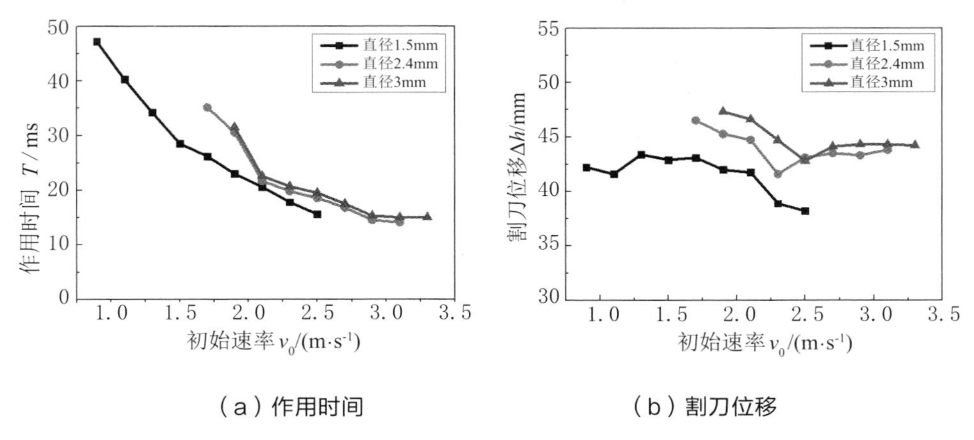

（a）作用时间　　（b）割刀位移

图 4-16　不同初始速率下三种直径的 PA6 纤维单丝的切割位移及作用时间

② 不同加载质量下纤维直径对断裂强度的影响

直径 2.4 mm 的 PA6 纤维单丝初始速率取 2.9 m/s，直径 1.5 mm 的纤维单丝的初始速率为 2.1 m/s 时切割阻力已趋于稳定，因此选取了切割性能稳定的一个中间速率即 1.9 m/s。

图 4-17，不同加载质量下三种直径 PA6 纤维单丝切割断裂强力及强度变化。图 4-17（a），三种直径的切割断裂强力总体变化趋势一致，随着加载质量的增加呈增大趋势。图 4-17（b），三种不同直径的切割断裂强度曲线，纤维直径对断裂强度的影响比较显著。相同加载质量下，试样直径小则其切割断裂强力和强度均小，但与直径不成比例。

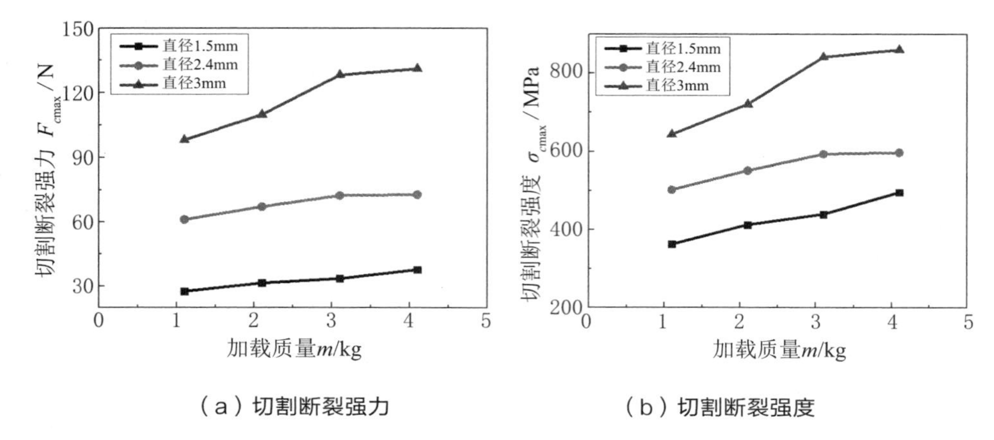

（a）切割断裂强力　　（b）切割断裂强度

图 4-17　不同加载质量下三种直径的 PA6 纤维单丝的切割断裂强力及强度

图 4-18 为不同加载质量条件下，三种直径的 PA6 纤维单丝切割断裂的作用时间和割刀位移的变化曲线。图 4-18（a），加载质量为 1.1 kg 时，初始速率 2.9 m/s 为直径 3 mm 的试样的临界速率，切割结束时割刀的速率几乎为零，因此切断直径 3 mm 的纤维单丝作用时间比切断直径 2.4 mm 试样大，其他三种加载质量下，切断直径 3 mm 纤维单丝的作用时间略大。直径 1.5 mm 的纤维单丝初始速率为 1.9 m/s，作用时间的变化趋势与其他两种直径一致，随着加载质量增加而减小，作用时间较大是其初始速率较低的缘故。

图 4-18（b），直径 2.4 mm 和 3 mm 的两种纤维单丝的割刀位移整体走势一致，随着加载质量的增大，先大幅增大，后维持一个较为稳定的值，与切割断裂强力走势一致（如图 4-17（a）所示）。直径为 1.5 mm 纤维单丝的割刀位移的走势与其他两种直径纤维试样不同，加载质量增加，割刀位移先上升再下降。由断裂强力和作用时间曲线来看，直径 1.5 mm 的纤维试样的断裂强力较小、作用时间长，较小的加载质量时，与其他两种直径的纤维单丝的割刀位移走势一致；但较大加载质量下，直径 2.4 mm 和 3 mm 的 PA6

作用时间变化较小、断裂强力大，强迫高弹形变显著，故割刀位移继续增大，直径 1.5 mm 的 PA6 作用时间大，粘弹性滞后显著，割刀位移降低。

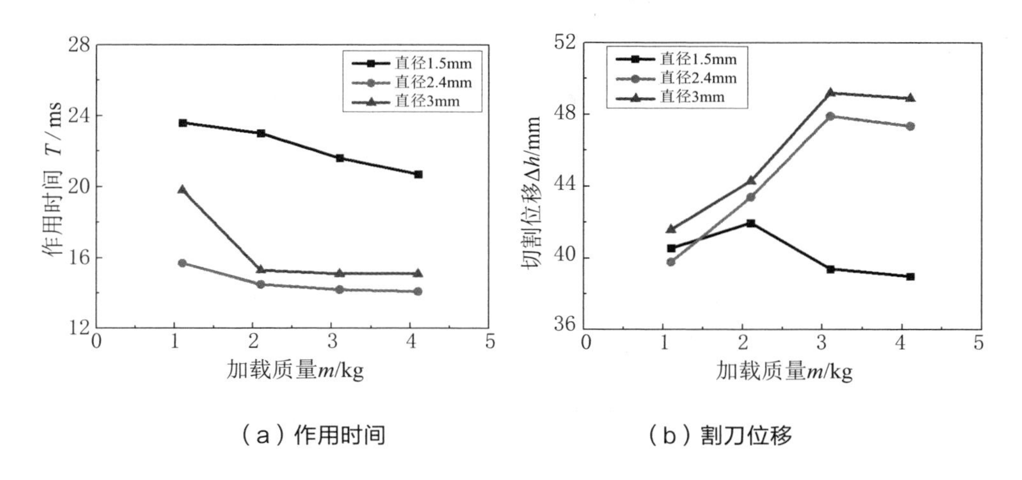

（a）作用时间　　（b）割刀位移

图 4-18　不同加载质量下三种直径的 PA6 纤维单丝的切割位移及作用时间

2. 合成纤维单丝直径对切割断裂能量的影响

① 不同初始速率下纤维直径对断裂能量的影响

不同初始速率下，三种直径 PA6 纤维单丝试样切割能量消耗通过计算列入表 4-6 中。

图 4-19 为三种直径的 PA6 纤维单丝在不同初始速率下，切割断裂过程中各能量消耗变化曲线。图 4-19（a），较小初始速率下，有效切割断裂能量随初始速率提高略微下降，试样直径小曲线走势平坦，直径大曲线下降较显著。增加速率则能耗维持在一个较为稳定的范围内，略有波动。纤维单丝直径不同，有效切割断裂能量变化拐点对应的速率不相同，试样直径大拐点对应的速率较大，直径小拐点对应的速率较小。

图 4-19（b），三种直径 PA6 纤维单丝的断裂损耗能与有效切割断裂能的变化相反。

图 4-19（c），切割断裂总能量变化，提高初始速率有利于降低总体切割能量的消耗，在现实生活生产中，可以采用较高的切割速率，达到降低切割能耗，节能减排的效果。

表4-6 不同初始速率下三种直径的PA6纤维单丝切割断裂能量

初始速率／（m/s）	切割断裂总能量／(N·m)			有效切割断裂能／(N·m)			切割断裂损耗能／(N·m)		
	直径3mm	直径2.4mm	直径1.5mm	直径3mm	直径2.4mm	直径1.5mm	直径3mm	直径2.4mm	直径1.5mm
0.9			1.834			0.380			1.354
1.1			1.654			0.383			1.171
1.3			1.619			0.398			1.121
1.5			1.590			0.409			1.081
1.7		3.090	1.558		0.839	0.416		2.050	1.043
1.9	4.178	2.867	1.536	1.642	0.814	0.454	2.324	1.854	0.983
2.1	4.011	2.473	1.478	1.619	0.698	0.438	2.175	1.574	0.940
2.3	3.979	2.382	1.462	1.583	0.694	0.441	2.175	1.488	0.921
2.5	3.931	2.353		1.619	0.749		2.099	1.405	
2.7	3.543	2.337		1.789	0.829		1.501	1.309	
2.9	3.508	2.337		1.726	0.823		1.530	1.314	
3.1	3.527	2.311		1.743	0.823		1.530	1.288	
3.3	3.496			1.738			1.506		

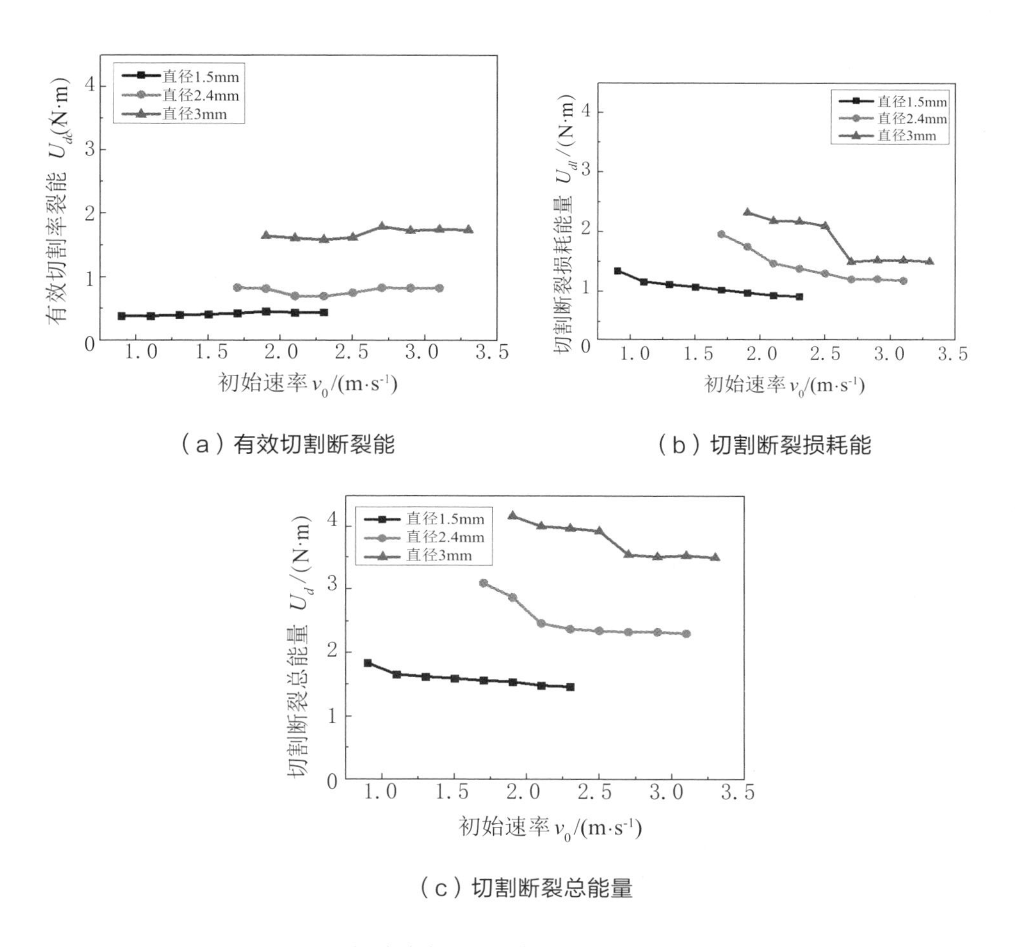

（a）有效切割断裂能

（b）切割断裂损耗能

（c）切割断裂总能量

图 4-19　不同初始速率下三种直径的 PA6 纤维单丝的切割能耗

图 4-20（a），不同初始速率，三种直径的 PA6 纤维单丝有效切割断裂能比例变化，总体变化趋势一致。提高初始速率，切割断裂过程中的有效切割断裂能比增大，有利于纤维单丝的断裂。纤维单丝直径对有效切割断裂能量的比例影响显著，相同初始速率下，直径越大有效切割断裂能比越大。在试验范围内，初始速率较低时，三种直径纤维单丝的有效切割断裂能比均随速率提高而提高，经过拐点速率后均趋于稳定。

图 4-20（b）为切割断裂损耗能比变化，提高初始速率，切割断裂损耗能比值降低，直径 1.5 mm 对应的切割断裂损耗能比最大。试验速率范围内，直径对切割能量的消耗影响显著：直径较大时有效切割断裂能量比值较大，有利于断裂；直径较小时切割断裂损耗能比值大，塑性形变大，切割断裂韧性高。

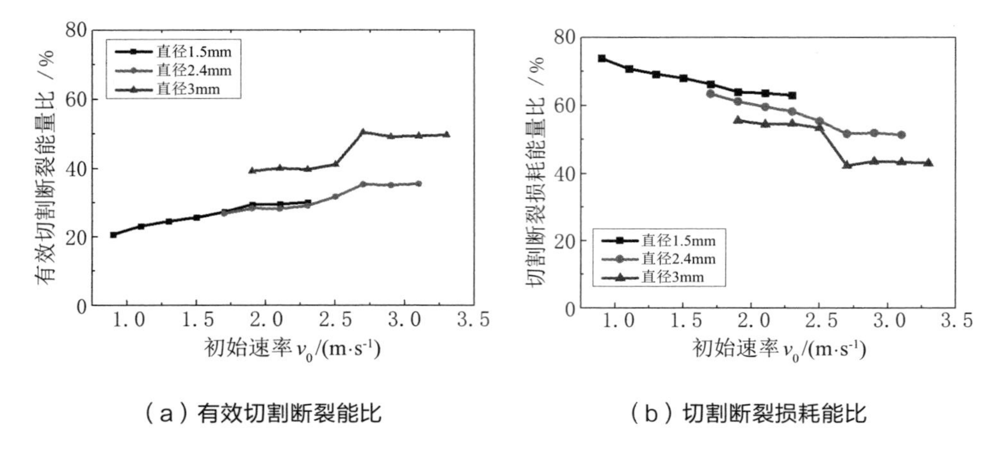

（a）有效切割断裂能比　　（b）切割断裂损耗能比

图 4-20　不同初始速率下三种直径的 PA6 纤维单丝的切割能耗比

② 不同加载质量下纤维直径对断裂能量的影响

图 4-21，不同加载质量下三种直径 PA6 纤维单丝的切割断裂能量消耗变化。有效切割断裂能、切割断裂损耗能、切割断裂总能量均随加载质量的提高呈上升趋势。相同切割条件下，纤维试样的直径大，消耗的能量也大。图 4-21（c）切割断裂总能量的总体走势与图 4-21（b）切割断裂损耗能的走势一致，说明切割断裂损耗能在总切割断裂能量中占的比例较大。

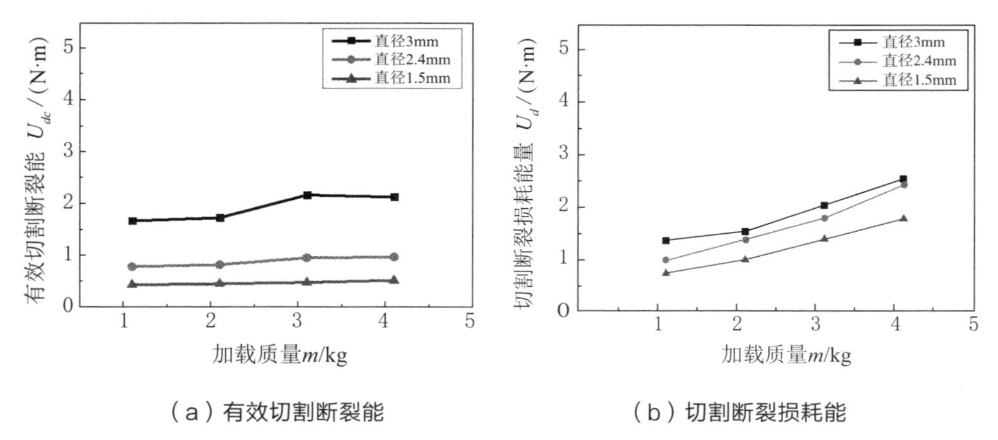

（a）有效切割断裂能　　（b）切割断裂损耗能

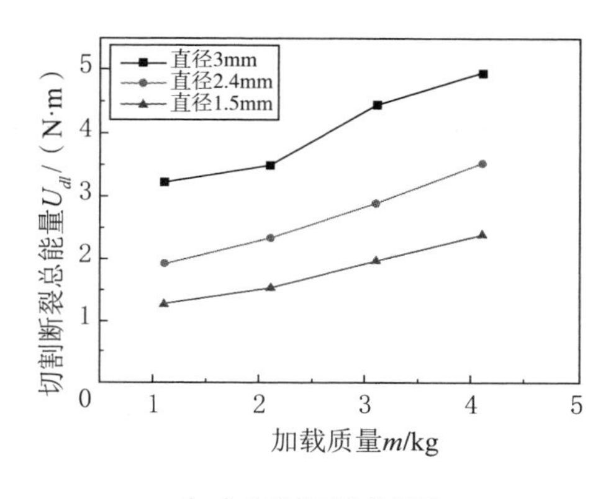

（c）切割断裂总能量

图 4-21 不同加载质量下三种直径的 PA6 纤维单丝的切割能耗

图 4-22，不同加载质量下，三种直径的 PA6 纤维单丝在切割断裂过程中，两种主要能量消耗比例变化曲线。图 4-22（a），三种直径的有效切割断裂能比变化趋势一致，直径 3 mm 纤维单丝的有效切割断裂能比最大。图 4-22（b），直径为 1.5 mm 纤维单丝切割断裂损耗能比最大。因此，不同加载质量下，PA6 纤维单丝直径对切割断裂能量的影响显著，直径越小切割断裂过程中粘弹性滞后越大。

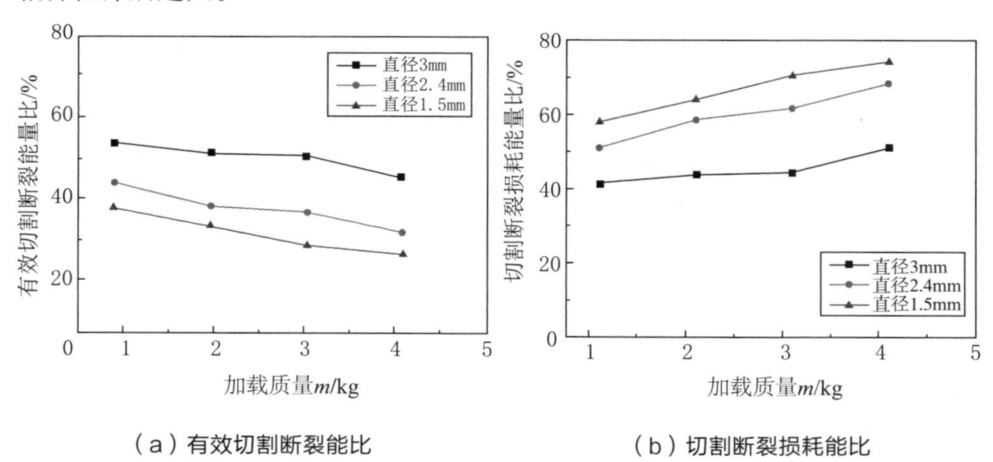

（a）有效切割断裂能比　　（b）切割断裂损耗能比

图 4-22 不同加载质量下三种直径的 PA6 纤维单丝的切割能耗比

3. 合成纤维直径对断裂机制的影响

PA6 纤维单丝在不同切割参数下，断裂机制主要为粘弹性和强迫高弹形变两种，强迫高弹形变主要是大外力引起的大的形变量，粘弹性则主要是纤维分子链段的应变速率与加载速率的匹配引起的滞后。由于 PA6 纤维材料属于高聚物，切割断裂过程中纤维单丝直径对断裂机制影响显著。

不同切割参数下，纤维直径对作用时间影响较小，切割应力影响较大，断裂机制主要考虑应力的影响。直径 3 mm 和 2.4 mm 的 PA6 纤维单丝，切割强度大、作用时间变化较小、有效断裂能量比大，断裂形变主要为强迫高弹形变。直径 1.5 mm 的 PA6 纤维单丝，断裂强度小、作用时间变化较大、断裂损耗能量比大，断裂形变以粘弹性滞后为主。

4.2.4 合成纤维弹性模量对断裂行为的影响

弹性模量是影响断裂性能的另一个重要参数，不同弹性模量的合成纤维单丝在相同切割参数下的切割性能亦不相同。在上一节内容里，主要讨论了不同参数对 PA6 纤维单丝试样切割性能的影响规律及纤维单丝不同形变机制，PBT 和 PP 两种合成纤维单丝在不同初始速率及加载质量条件下切割断裂性能如下。

1. 合成纤维弹性模量对切割断裂强度的影响

① 不同初始速率下合成纤维弹性模量对切割断裂强度的影响

为了与 PA6 纤维的切割断裂过程相对比，直径 1.5 mm 的 PBT 和 PP 两种纤维单丝的切割试验条件与直径 1.5 mm 的 PA6 一致。表 4-7 为不同初始速率条件下直径为 1.5 mm 的 PA6、PP 和 PBT 三种类型的纤维单丝的切割断裂性能汇总表。

表 4-7 不同初始速率下直径 1.5 mm 的 PBT、PA6、PP 纤维单丝断裂性能

断裂性能参数		初始速率 /（m/s）									
		0.7	0.9	1.1	1.3	1.5	1.7	1.9	2.1	2.3	2.5
断裂强度 /MPa	PBT	314	329	335	350	350	350	350	345		
	PA6		348	382	386	394	414	510	509	512	
	PP				496	509	512	528	599	579	578
作用时间 /ms	PBT	51.0	35.4	29.0	24.4	20.3	19.2	16.0	15.6		
	PA6		47.2	40.3	34.2	28.5	26.2	23.0	20.6	17.8	
	PP				36.2	29.8	26.7	23.6	21.9	20.5	17.4
割刀位移 /mm	PBT	30.0	30.2	31.2	31.5	31.8	30.8	30.5	29.5		
	PA6		42.3	41.0	43.4	43.1	42.9	42.0	41.8	39.9	
	PP				42.9	41.7	42.3	43.1	43.2	42.4	41.3

图 4-23（a）、（b）、（c）为不同初始速率下三种合成纤维单丝的切割断裂强力、作用时间以及割刀位移变化。

图 4-23（a），三种纤维单丝切割断裂强度均随初始速率的提高而增加，后趋于稳定。相同初始速率下，PP 纤维单丝切割断裂强度最大，PBT 断裂强度最小。由拉伸试验可知，PP 的弹性模量和拉伸断裂强度均最低，而 PBT 的弹性模量与拉伸断裂强度最高。因此，切向约束切割过程中 PBT 刚度大，弹性形变小，切割阻力小；PP 刚度较小，切割过程中塑性形变大，切割阻力较大；PA6 纤维单丝的切割断裂强度受切割速率的影响显著，PA6 韧性好，切割过程中粘弹性形变大，切割阻力变化大。

图 4-23（b），三种纤维单丝的作用时间随速率增加均呈下降趋势。相同初始速率条件下，直径 1.5 mm 的三种纤维单丝，PBT 作用时间、割刀位移、切割断裂强度均最小。因为 PBT 弹性模量大，割刀刃口下纤维局部刚度大，切割过程中形变小，有利于脆性断裂。PP 弹性模量最小，局部刚度小，切割过程中容易发生塑性形变，PA6 韧性好粘弹性形变大，而且与 PP 弹性模量相差不大，作用时间和形变量相差不大，但切割断裂强度相差较大。

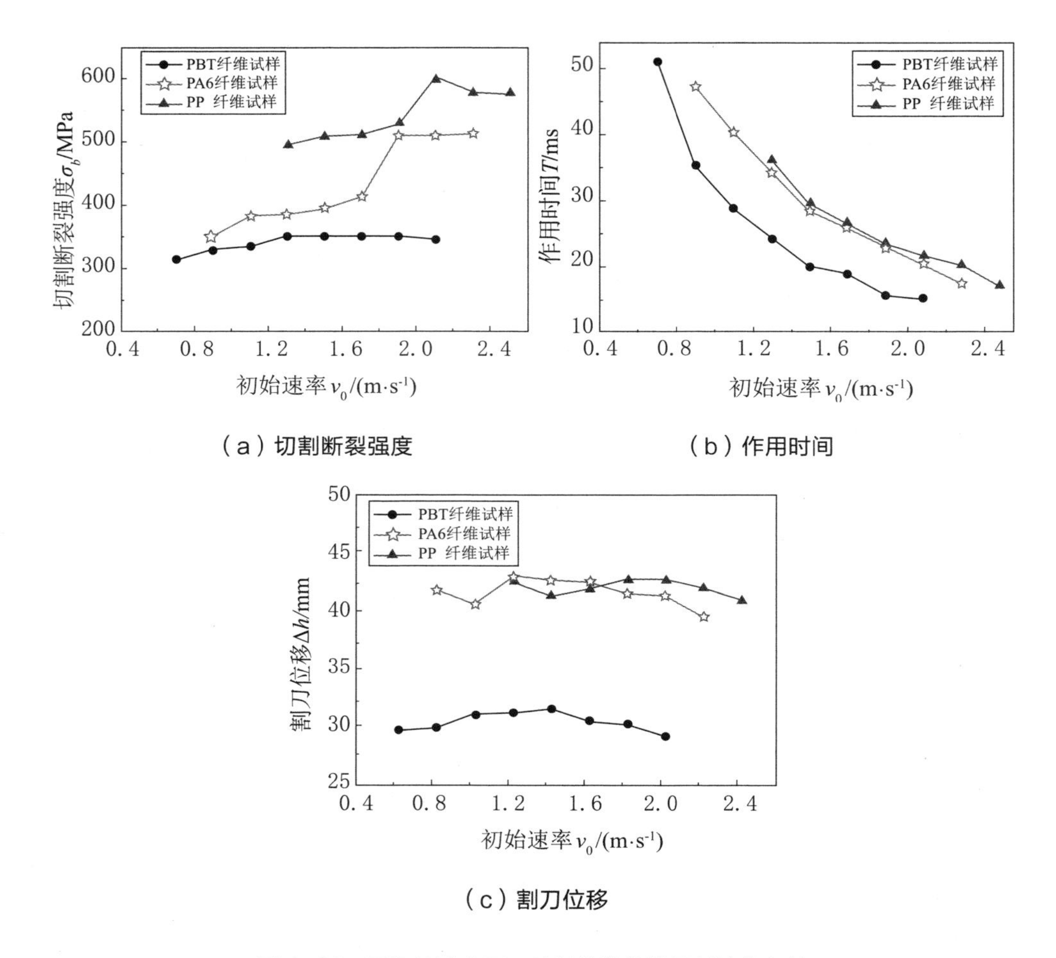

（a）切割断裂强度

（b）作用时间

（c）割刀位移

图 4-23　同初始速率下三种纤维单丝的切割性能参数

② 不同加载质量下合成纤维弹性模量对切割断裂强度的影响

通过计算得到切割断裂强度、割刀与纤维单丝的作用时间及整个切割过程中割刀下降的位移，三种参数在不同加载质量下的变化值列入表 4-8 中。

表4-8 不同加载质量下直径1.5 mm的PBT、PA6、PP纤维单丝断裂性能

断裂性能参数		加载质量 /kg			
		1.1	2.1	3.1	4.1
断裂强度 /MPa	PBT 纤维	354	359	415	406
	PA6 纤维	304	344	370	416
	PP 纤维	422	542	565	583
作用时间 /ms	PBT 纤维	18.5	16.1	15.7	15.3
	PA6 纤维	23.1	21.6	20.8	19.7
	PP 纤维	30.5	24.0	21.6	21.3
割刀位移 /mm	PBT 纤维	29.6	28.5	28.5	27.6
	PA6 纤维	41.9	40.6	39.5	40.0
	PP 纤维	42.8	42.4	40.6	42.9

图 4-24（a），PBT、PA6 和 PP 三种纤维单丝的切割断裂强度均随割刀加载质量增加而增大，PP 的断裂强度最大，加载质量对 PA6 和 PP 断裂强度影响显著，对 PBT 影响较小。较小加载质量下，PA6 纤维单丝断裂强度小于 PBT 的断裂强度；较大加载质量下，PA6 纤维单丝的切割断裂强度超过 PBT 的断裂强度。

合成纤维单丝的切割断裂强度与材料的弹性模量密切相关，同时受断裂过程中的形变机制影响显著，而作用时间和割刀位移的变化与形变机制密切相关。图 4-24（b）、（c），三种合成纤维单丝，弹性模量最小的 PP 纤维试样的作用时间和割刀位移最大，在切割断裂过程中，塑性形变量最大，切割阻力最大。

因此，合成纤维单丝的弹性模量对断裂形变机制影响显著，弹性模量越大，断裂形变越小，作用时间和割刀位移也越小，切割阻力较小。弹性模量越小，断裂形变大，作用时间和割刀位移大，切割阻力越大。

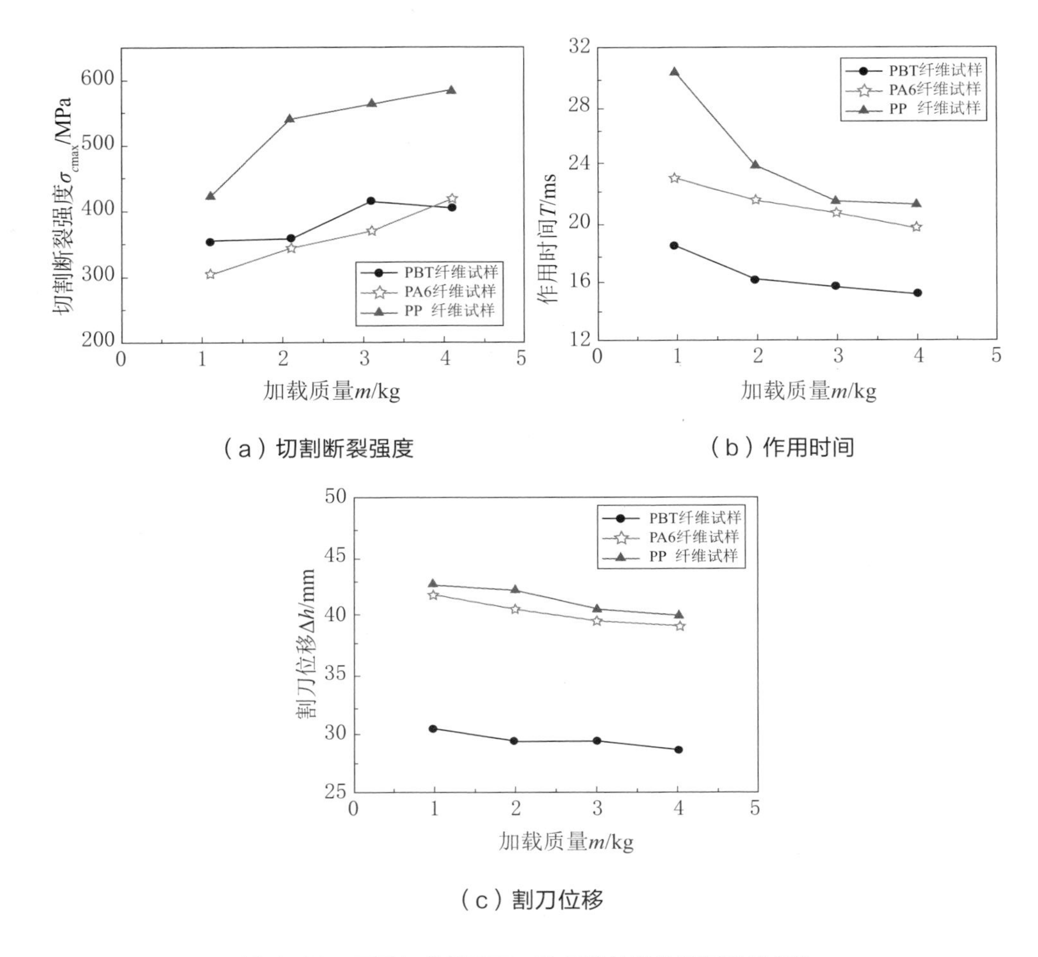

（a）切割断裂强度　（b）作用时间

（c）割刀位移

图 4-24　不同加载质量下三种纤维单丝的切割性能参数

2. 合成纤维弹性模量对切割断裂能量的影响

① 不同初始速率下合成纤维弹性模量对切割断裂能量的影响

不同弹性模量的合成纤维单丝在不同的初始速率下的断裂强度、作用时间以及下降位移均不相同，将试验测试的数据代入断裂能量平衡方程中各能量公式，经过积分等计算得到切割能量，列入表 4-9 中，并将表中的数据绘制在不同的坐标系中进行对比分析。

表4-9　不同初始速率下直径1.5 mm的PBT、PA6、PP纤维单丝切割断裂能量

初始速率 /(m/s)	切割断裂总能量 /（N·m）			有效切割断裂能 /（N · m）			切割断裂损耗能 /（N · m）		
	PBT	PA6	PP	PBT	PA6	PP	PBT	PA6	PP
0.7	0.966								
0.9	0.886	1.834	2.427	0.291	0.38		0.575	1.354	
1.1	0.862	1.654	2.310	0.287	0.383	0.526	0.499	1.171	1.801
1.3	0.852	1.619	2.266	0.282	0.398	0.517	0.480	1.121	1.693
1.5	0.812	1.607	2.187	0.278	0.409	0.528	0.474	1.098	1.637
1.7	0.780	1.578	1.865	0.270	0.416	0.542	0.441	1.062	1.544
1.9	0.742	1.560	1.837	0.267	0.455	0.548	0.413	1.006	1.217
2.1	0.698	1.458	1.723	0.253	0.438	0.550	0.389	0.920	1.187
2.3		1.442		0.237	0.441	0.544	0.361	0.901	1.079
2.5									

图 4-25（a）、（b）、（c），综合来看，切割断裂过程中有效切割断裂能小于切割断裂损耗能，切割断裂总能量中断裂损耗能量占主体。三种纤维单丝有效切割断裂能均随初始速率的提高略有上升，PP 纤维单丝的切割断裂总能量最大。

图 4-25（a），PP 纤维单丝的切割断裂强度、有效切割断裂能均最大，PBT 纤维单丝的切割断裂强度略大于 PA6 纤维单丝，但 PA6 的有效切割断裂能略大于 PBT，因为 PA6 纤维单丝在切割过程中割刀下降位移比 PBT 试样大 40% 左右。

图 4-25（b），三种纤维单丝的切割断裂损耗能量大于有效切割断裂能量，切割断裂损耗能的变化趋势确定了切割总能量的变化趋势。

图 4-25（c），切割总能量曲线与切割断裂损耗能曲线随初始速率增加的变化趋势一致均减小。从节能减排的角度出发，降低切割总能量应考虑降低切割断裂损耗能。同样，提高材料的断裂韧性，主要考虑提高其断裂损耗能量。

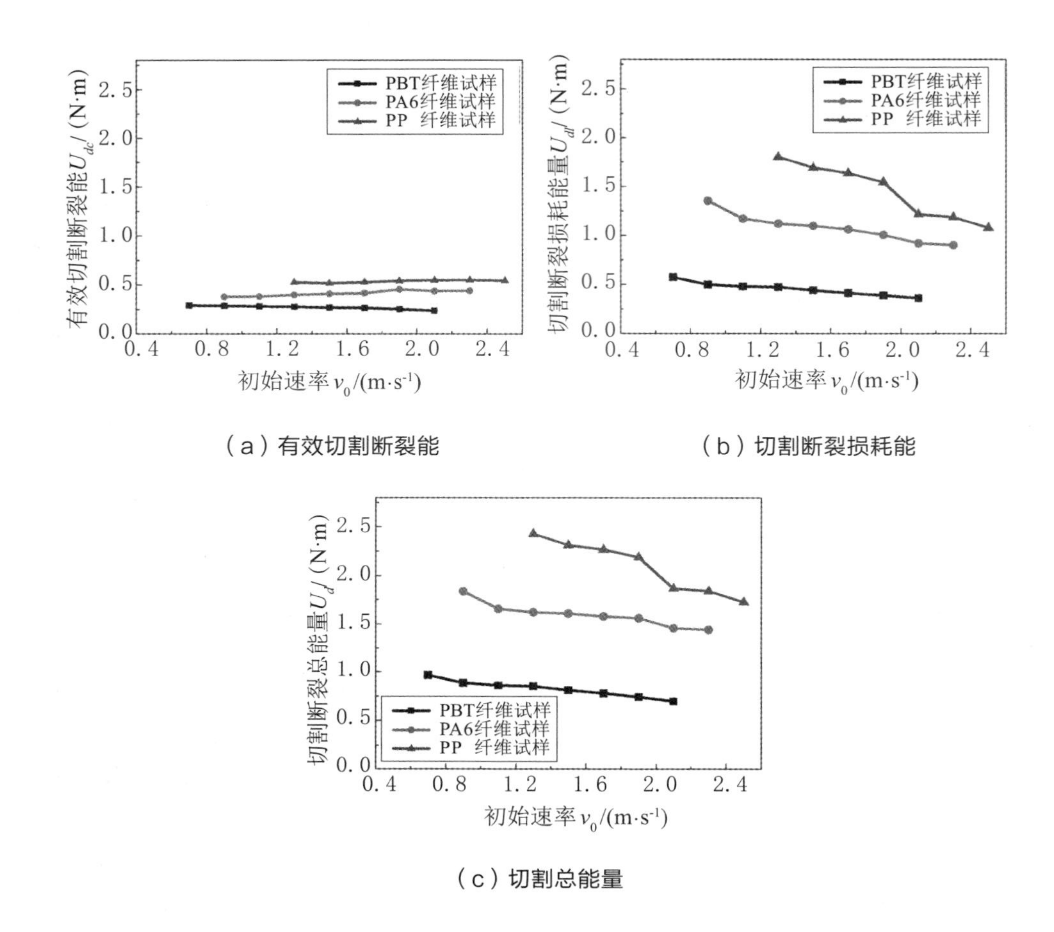

（a）有效切割断裂能

（b）切割断裂损耗能

（c）切割总能量

图 4-25　不同初始速率下三种纤维单丝的切割能耗

图 4-26 为 PBT、PA6、PP 三种纤维单丝在不同初始速率下，有效切割断裂能及断裂损耗能在切割总能量中所占的比例。图 4-26（a）、（b），PBT 纤维单丝的有效切割断裂能比最大、切割断裂损耗能量比最小，三种合成纤维单丝中，弹性模量最大的是 PBT，切割断裂韧性最小，而 PP 纤维单丝切割断裂韧性最大。

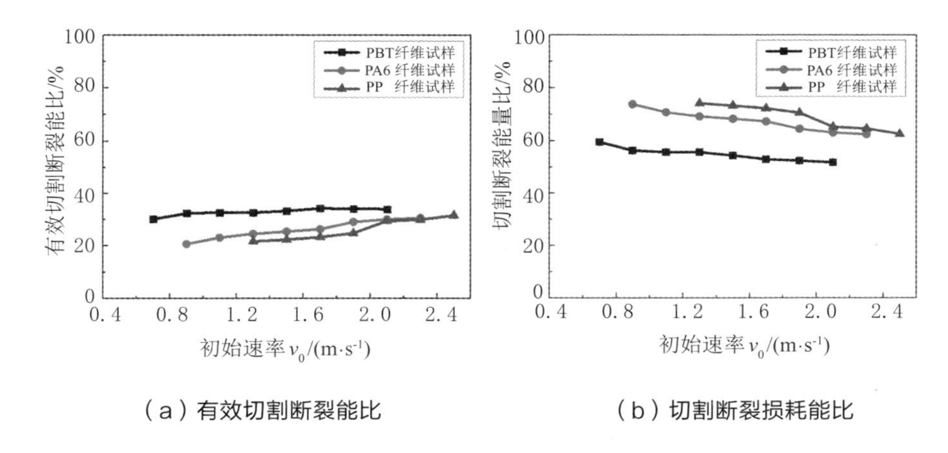

（a）有效切割断裂能比　　（b）切割断裂损耗能比

图 4-26　不同初始速率下三种纤维单丝的切割能耗比

三种纤维单丝的切割总能量差别显著，PP 纤维单丝的切割总能量比 PBT 大一倍多。相同切割条件下，PP 塑性形变大，切割断裂损耗能量大，总能量也大。PBT 的有效切割断裂能比最大，为 30% 左右，而 PP 的切割断裂损耗能比最大，最高达到了 80%。从横坐标来看，PBT 纤维单丝临界初始速率为 0.7 m/s，PA6 纤维单丝临界初始速率为 0.9 m/s，而 PP 纤维试临界初始速率为 1.1 m/s，临界初始速率是三种材料切割断裂总能量大小的一个唯象学方面的有力证据。

② 不同加载质量下合成纤维弹性模量对切割断裂能量的影响

将不同加载质量下，PBT、PA6 以及 PP 三种纤维单丝试样在整个切割过程中消耗的切割总能量、有效切割断裂能和切割断裂损耗能通过计算，汇总在表 4-10 中。

表4-10　不同加载质量下直径1.5 mm的PBT、PA6、PP纤维单丝切割断裂能量

加载质量/kg	切割断裂总能量 /(N・m)			有效切割断裂能 /(N・m)			切割断裂损耗能 /(N・m)		
	PBT	PA6	PP	PBT	PA6	PP	PBT	PA6	PP
1.1	0.694	1.358	2.105	0.248	0.431	0.595	0.346	0.827	1.410
2.1	0.742	1.560	2.187	0.253	0.454	0.542	0.389	1.006	1.544
3.1	0.897	1.679	2.454	0.302	0.478	0.619	0.495	1.101	1.736
4.1	0.998	1.894	2.738	0.292	0.499	0.595	0.606	1.295	2.042

图 4-27（a），加载质量增加，三种合成纤维单丝的有效切割断裂能均增大，相同试验条件下，PP 纤维单丝的有效切割断裂能最大，PA6 次之，PBT 最小。

图 4-27（b），三种合成纤维单丝的切割断裂损耗能随加载质量增大而呈非线性增大，弹性模量较大的 PBT 变化不显著。

图 4-27（c），加载质量增加，三种合成纤维单丝的切割断裂总能量变化与切割断裂损耗能一致，断裂损耗能在总能量中占比例较大，对切割总能量影响显著。

加载质量对断裂损耗能的影响规律与初始速率的影响规律相反，提高初始速率减小纤维单丝的切割粘弹性和塑性形变，而增大加载质量塑性形变增大。

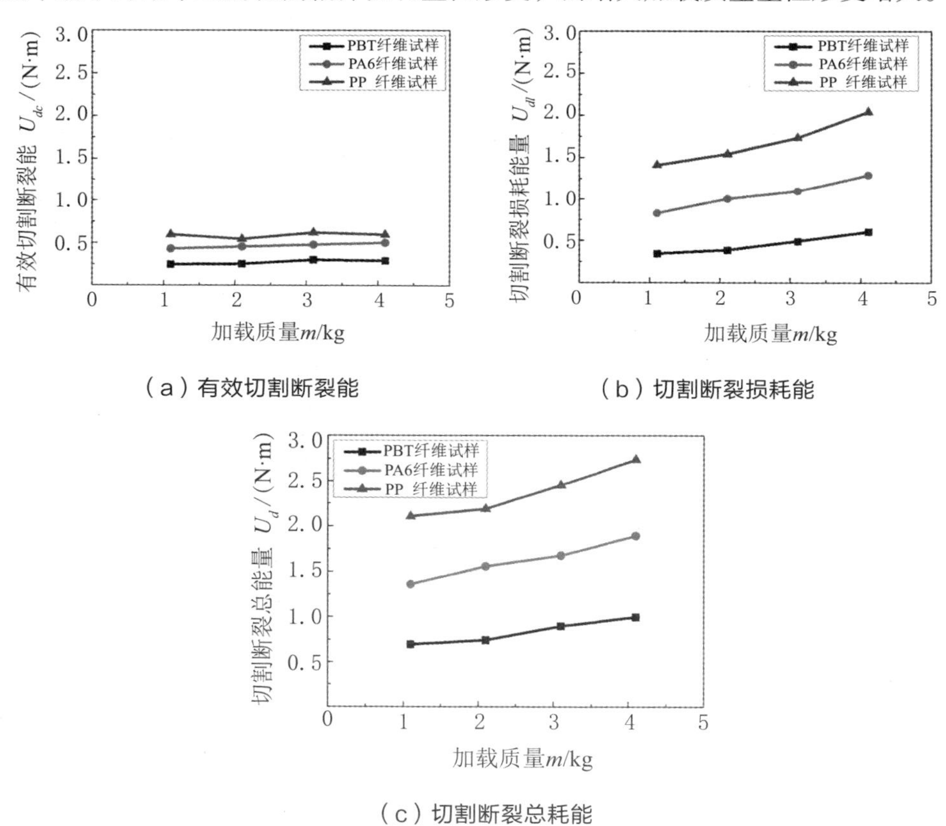

（a）有效切割断裂能

（b）切割断裂损耗能

（c）切割断裂总耗能

图 4-27　不同加载质量下三种纤维单丝的切割能量消耗

图 4-28，三种纤维单丝有效切割断裂能比和切割断裂损耗能比随加载质

量的变化。三种纤维单丝的有效切割断裂能比均随加载质量的增加略有下降，其中 PBT 纤维单丝的有效切割断裂能比最大，切割断裂损耗能比最小。

PBT 纤维单丝的弹性模量最大，属于硬而强的材料，切割断裂过程中塑性形变小，切割阻力小，切割断裂强度小，切割断裂损耗能和切割总能量小，相同切割参数下容易断裂。切割断裂损耗能在切割总能量中所占的比例越大，纤维单丝在切割的过程中塑性和粘弹性形变越大，切割总能量也越大，纤维单丝表现为延性断裂趋势。

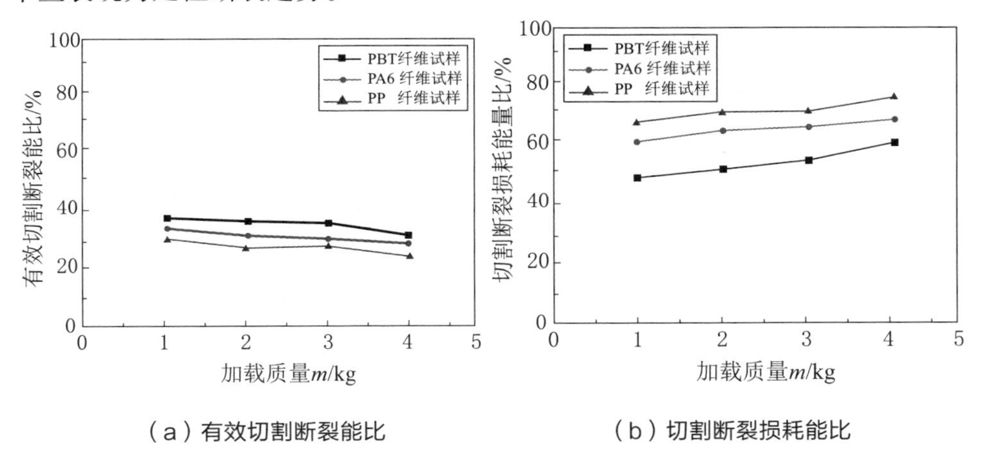

（a）有效切割断裂能比　　（b）切割断裂损耗能比

图 4-28　不同加载质量下三种纤维单丝的切割能耗比

3. 合成纤维弹性模量对断裂形变机制的影响

根据合成纤维切割过程的断裂机制分析，主要是粘弹性和强迫高弹性形变。影响两种形变机制的主要因素为外加载荷的大小以及加载速率，外加载荷即切割阻力，而加载速率在切割过程中是一个变量，用作用时间来表达，作用时间越短，加载速率越大。

PBT 纤维单丝弹性模量最大，作用时间最短，切割消耗的总能量最低，但有效切割能量比最大，塑性形变量最小，切割断裂过程中粘弹性和强迫高弹形变均较小，切割参数对其影响不显著。PP 纤维单丝弹性模量最小，作用时间最长，切割阻力最大，断裂损耗能量比最大，切割断裂过程中粘弹性和强迫高弹形变大，切割参数对其影响显著。

因此，三种合成纤维单丝，弹性模量对切割断裂形变机制影响显著，弹性模量越小，其粘弹性和强迫高弹形变越大，切割断裂韧性越好。

4.3 本章小结

本章讨论了绳丝间摩擦力作用下，切割参数对合成纤维单丝的断裂强度、断裂能量的影响，并从唯象学的角度初步探讨了各切割参数对合成纤维单丝断裂行为及作用机制的影响，得到如下结论。

1. 绳丝间的摩擦力作用下的切割强度和断裂过程

合成纤维单丝在绳丝间摩擦力作用下，切割阻力—时间曲线呈 J 型非线性增长；断裂过程可以分为三个阶段：切割形变阶段、切割阶段和脆断阶段，其中切割形变阶段包括普通弹性形变和弹塑性形变。

2. 不同切割参数下，合成纤维单丝的断裂强度不同

在切割参数试验范围内，断裂强度随初始速率和加载质量的升高而增大，直径 3 mm 的 PA6 纤维单丝在初始速率为 2.7 m/s 时，断裂强度约 770 MPa；加载质量为 3.1 kg 和 4.1 kg 时，断裂强度约 900 MPa。合成纤维单丝的强度与弹性模量成反比，弹性模量最小的 PP 纤维单丝，断裂强度越大。

3. 不同切割参数对断裂损耗能量影响最显著

切割断裂总能量与割刀初始速率、合成纤维直径及弹性模量成反比，而与加载质量成正比。初始速率从 1.9 m/s 提高为 3.3 m/s，直径 3 mm 的 PA6 纤维单丝切割损耗能量比从 57% 下降到 42%；增大加载质量损耗能量比从 44% 提高到 53%；减小纤维直径，切割损耗能量比反而提高，最高达到 76%。纤维单丝的弹性模量与切割损耗能量比成反比，PBT 试样损耗能量比最高为 60%，而 PP 损耗能量比最高约为 80%。

4. 绳丝间切向摩擦力作用增加了合成纤维单丝的作用时间和切割断裂韧性，对冲击力起到缓冲作用

合成纤维单丝在绳丝间摩擦力与无编织状态下切割，切割阻力—位移曲线差别显著。绳丝间摩擦力作用下，直径 3 mm 的 PA6 纤维单丝切割阻力最大 108 N，而无编织状态下切割阻力高达 150 N。绳丝间摩擦力作用下，合成纤维单丝的切割断裂韧性更好，直径 3 mm 的 PA6 纤维单丝，初始速率 1.9 m/s 时切割断裂总能量为 4.2 N·m；无编织状态下的切割断裂总能量仅 0.6 N·m。

5. 不同场景的实际应用

在实际应用中，斜拉桥、矿井提升等为了吸收振动和冲击能量，增加绳索的防护安全性，采用编织条件下张紧方式。为了提高切割效率、降低切割功耗，达到节能减排目的，应采用试样两端无约束，底部支撑的方式。

5 切割参数对合成纤维单丝断裂形变的作用机制

本书第 3 和第 4 章分别从宏观力学角度，分析和研究了无 / 模拟编织状态下，不同切割参数对合成纤维单丝的断裂行为的影响规律，发现无 / 有绳丝间摩擦力作用下合成纤维单丝均表现为不同程度的延性断裂。为了进一步探讨不同参数对合成纤维单丝断裂过程中各种形变的作用机制，本章根据纤维单丝断口的微观形貌特征，结合断裂的宏观力学规律，探讨不同参数下合成纤维单丝断裂机制，以及绳丝间摩擦力对合成纤维单丝切割断裂机制的影响。

5.1 合成纤维单丝切割断口微观形貌

将不同切割参数下合成纤维单丝断口收集整理并保存在试样袋里，在常温下静置一周，断口表面的弹性形变完全回复，只留下永久的粘弹性和塑性形变。

1. 合成纤维单丝切割断口的 SEM 形貌特征

本书第 3、4 章，根据合成纤维的宏观力学性能特征，将切割断裂过程分为三个阶段：切割形变阶段、切割阶段和脆断。这三个阶段具有不同的力学特点，断口微观形貌必然具有不同的特征。

① 整体断口形貌

图 5-1，绳丝间摩擦力作用下，初始速率为 2.9 m/s，加载质量为

2.1 kg，直径 3 mm 的 PA6 纤维单丝的切割断口 SEM 图像。纤维单丝断口表面沿切割方向有四个具有不同形貌特征的区域，区域之间界限比较明显，用曲线作为不同区域之间的界限标记。结构对称的锋利割刀从接触纤维单丝到把纤维完全切断的过程，割刀相当于一个集中应力源，纤维单丝在应力的作用下，伴随着割刀切入纤维单丝发生各种形变，纤维单丝新断面沿割刀运动方向扩展，扩展到临界状态时，试样突然断裂。

图 5-1　PA6 纤维单丝的断口 SEM 图像

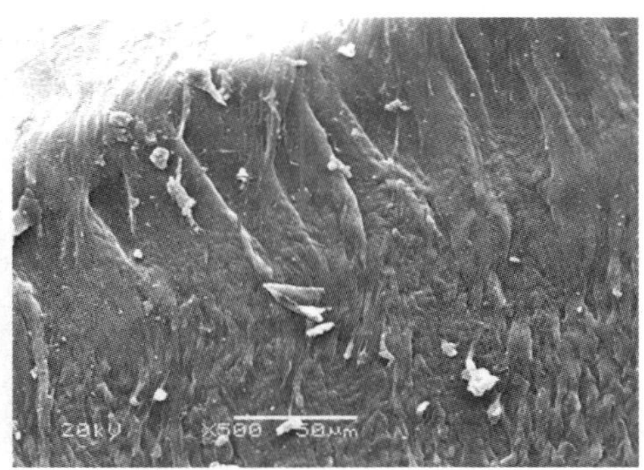

图 5-2　PA6 纤维单丝切割形变区 SEM 图像

② 切割形变阶段微观形貌特征

与宏观的切割阻力—位移曲线相对应，切割形变阶段包括初始普通弹性形变和压缩形变。图 5-2 为纤维断口形变区的 SEM 图像，纤维断口边缘处呈光滑的圆角带，圆角带略低于断口内部截面。边缘内部堆积有条状和块状的组织碎片，纤维塑性形变严重。由于高分子材料具有粘弹性，割刀刃口下的纤维，在压应力和自身刚度的支撑下形成一对剪应力，刃口两侧的纤维晶体在局部剪应力作用下，产生滑移。纤维在割刀压应力作用下，法向产生压缩形变，以割刀刃口下的纤维为中心，两侧纤维材料被拉长，薄晶转变为沿应力方向排列的微纤维束。随着压应力的进一步增大，纤维发生滑移和撕裂，割刀切入纤维内部，同时伴随着纤维碎片的产生。

③ 切割阶段微观形貌特征

图 5-3 为切割区纤维断口的 SEM 形貌，断面较光滑，纤维单元被拉长发生塑性形变，纤维单元分布均匀，塑性形变的方向与切割方向一致，断面上有零星的纤维组织碎片，该阶段切割阻力快速增大。

当割刀施加于纤维单丝的压应力进一步增大，纤维单丝张力也在增加，纤维单丝局部刚度增大，对割刀向上法向支持力增大，割刀的切割阻力也进一步增大。纤维单丝新断面沿应力方向稳定扩展，割刀刃口向下运动，形成稳定扩展的新断面。此时，纤维对刃口两侧压力增大，对割刀的摩擦力沿刃口两侧向上，纤维受到刃口两侧的摩擦力方向与割刀受到的摩擦力方向相反，与切割阻力方向一致，对断口表面的纤维单元产生一个拉力作用，纤维单元被拉长，发生塑性和粘弹性形变。

纤维单丝新断面稳定扩展，割刀与纤维单丝同步向下运动，纤维单丝两端张力不断加大，新断面面积不断增加。当新断面扩展到临界状态时，断面急速扩展，进入脆断阶段。断面急速扩展速率大于割刀下降的速率，割刀刃口与纤维单丝新表面分离不再接触，割刀对纤维的侧面压力及摩擦力为零，断面扩展过程中塑性形变的片状脱落和被搓成条状的切屑失去动力堆积滞留，成为切割面与脆断的一个明显的界面，如图 5-4 所示。

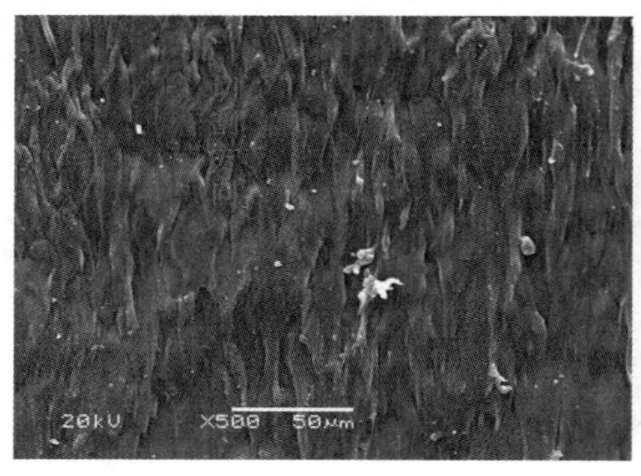

图 5-3　PA6 纤维单丝切割区 SEM 图像

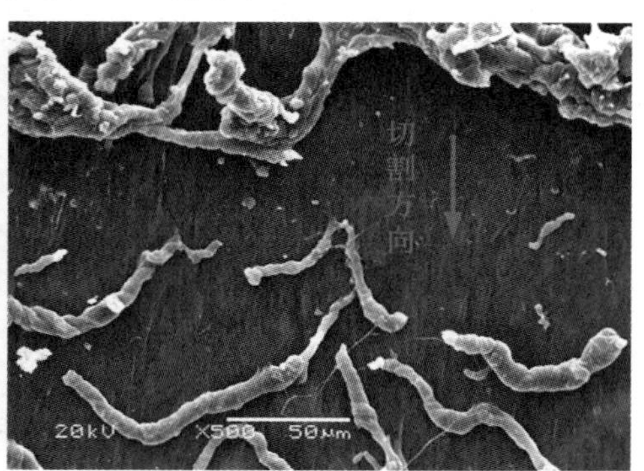

图 5-4　PA6 纤维单丝脆断界面 SEM 图像

④ 脆断阶段微观形貌特征

断面急速扩展阶段又称为脆断。图 5-5（a），脆断断面上纤维单元颗粒分布均匀，没有塑性形变，断面平整，表面粗糙，由于割刀与断面之间没有相互作用力，断面上的颗粒呈圆球状，脆断特征明显。

急速扩展使得纤维单丝断裂新表面面积进一步增大，剩余的断面急剧减小。由拉伸应力计算公式可知，纤维单丝在切割过程中所受的拉伸应力σ与断面的面积 A 成反比，随着纤维单丝新断面面积的增加，沿纤维单丝长度方向的拉伸应力不断增大，当应力达到拉伸断裂许用应力时，纤维单丝剩余面积，无法承受拉伸应力，试样沿切割方向的两断面突然分离，纤维单丝完全断裂。

图 5–5（b），PA6 纤维单丝断口最终拉断区域的 SEM 图像。该区域的纤维断面呈棉花团状的凸起和凹坑，凸起和凹坑之间分布较多细丝，断面参差不齐，没有横向形变和切割痕迹，说明割刀的下降速度仍小于新断面的扩展速度。

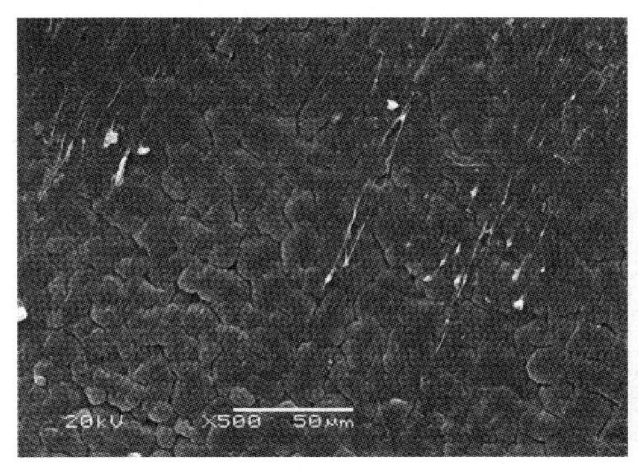

（a）脆断区 SEM 图像

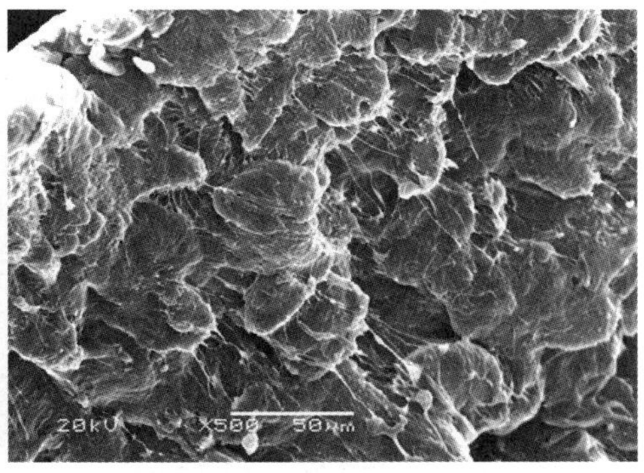

（b）拉断区 SEM 图像

图 5–5　PA6 纤维单丝裂纹脆断区与拉断区 SEM 图像

2. 合成纤维切割断口的三维形貌特征

合成纤维单丝断口的 SEM 图像，能够清晰观察到纤维断口在切割过程中，纤维与割刀相互作用时不同形变机制留下的各种特征形貌。但特征形貌是二维的，无法表达各特征形貌的高低、表面粗糙度等信息，这些信息能够辅助分析纤维断口 SEM 图像，更准确判断纤维的断裂机制。为此，利用三维形貌仪检测纤维单丝切割断口三维形貌。

图 5–6（a），直径 3 mm 的 PA6 纤维单丝切割断口的三维形貌图像。割刀切入处的断口表面像倒了圆角一样，表面光滑与拉伸轴呈 45°，与金属材料拉伸塑性断裂最后阶段的剪切唇非常相似，是典型的切断型断裂。割刀切入处断口表面低于切割平面，是拉伸压缩阶段割刀刃口对纤维法向压缩，纤维单丝发生粘弹性和塑性形形变成的切割形变区域。中间大面积比较平整部分为切割形成的区域，表面比较光滑，为割刀切入纤维时留下的切割面。断面脆断阶段，断口区域颗粒分布均匀，颗粒之间有一定的间隙。边缘参差不齐是拉断留下的痕迹，断面非常的粗糙，像小树林立。从断口的三维形貌图可以看出三个阶段的痕迹，说明根据切割阻力变化曲线的划分阶段是合理的。

图 5-6（b）为合成纤维单丝断面中心位置沿切割方向的轮廓曲线，新断面急速扩展的脆断和拉断区域存在不同深度的微裂纹，可能是张应力引起的。合成纤维单丝在形变和切割阶段，受到割刀的压应力作用，一般不会引起微裂纹，而脆断和拉断阶段，割刀与纤维单丝不接触，合成纤维单丝仅受切向张应力的作用。

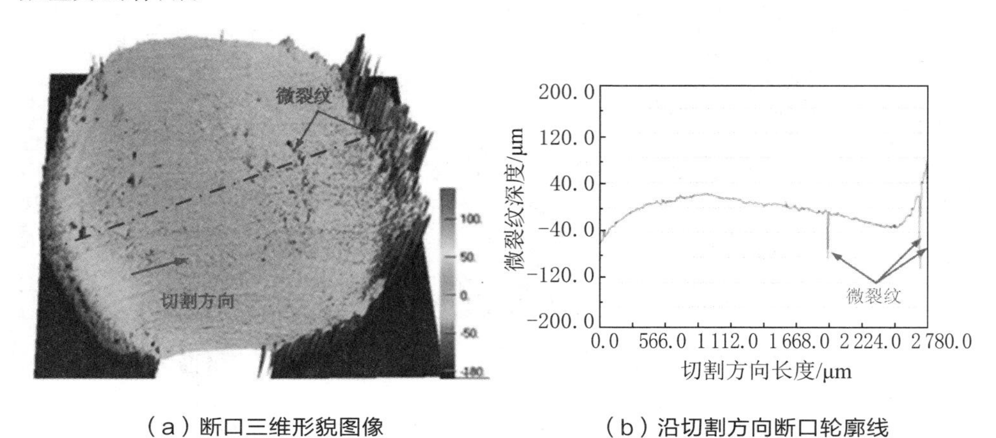

（a）断口三维形貌图像　　（b）沿切割方向断口轮廓线

图 5-6　PA6 纤维单丝断口三维形貌及切割方向轮廓线

切割阻力是纤维试样切割过程中抵抗割刀切削时产生的阻力，主要来源于克服被切割材料的弹塑性形变的抗力以及克服切屑对割刀的摩擦力。由断口微观形貌的不同切割阶段特征知，合成纤维断裂过程中弹塑性形变主要在切割形变阶段，切割阶段主要为克服切屑对割刀的摩擦力。一般高聚物断裂过程不可逆耗散的能量主要包括塑性形变、粘弹性形变、形成新的断裂面等消耗的能量，这部分能量将转化为热能或者表面能等。纤维单丝在断裂过程中消耗切割断裂能主要包括三个方面的能量：割刀与纤维单丝摩擦消耗的能量、纤维单丝发生各种形变消耗的能量及纤维单丝形成新表面消耗的能量。

由不同切割阶段断口微观形貌特征可知，合成纤维断裂过程中发生弹塑性形变主要在切割形变阶段，消耗的切割能量主要为各种形变能，切割阶段主要为克服切屑对割刀的摩擦力，消耗的能量主要为割刀与纤维单丝摩擦消耗的能量，以及纤维单丝断裂形成新表面消耗的能量，而脆断阶段是断裂过程中存储的弹性能等能量的释放过程。

因此，纤维断口微观形貌的特征变化主要分析切割形变阶段和切割阶段的变化规律，切割区与脆断界限处切屑堆积区作为补充，脆断区的形貌特征不做分析。

5.2　初始速率对合成纤维单丝断裂形变的作用机制

5.2.1　无编织状态下合成纤维单丝断口微观形貌特征

1. 断口整体形貌特征

图5-7为直径3 mm的PA6纤维在初始速率0.9 m/s、1.7 m/s及2.3 m/s时的整体断口SEM图像。可以观察到切割形变区A、切割区B、脆断区D以及有切屑堆积呈U型的脆断界线C。初始速率0.9 m/s时纤维单丝的断口表面最光滑，1.7 m/s时有少量条状的物质在脆断界线滞留堆积，2.3 m/s时大量的被搓成条状的切屑，大面积分散在整个切割断面，在脆断界线滞留堆积。

(a) v_0=0.9 m/s时纤维断口SEM图像

(b) v_0=1.7 m/s时纤维断口SEM图像

（c）v_0=2.3 m/s 时纤维断口 SEM 图像

图 5-7 不同初始速率下直径 3 mm 的 PA6 纤维单丝断口 SEM 图像

2. 切割形变区形貌特征

图 5-8 为切割形变区的 SEM 图像。图 5-8（a），v_0=0.9 m/s 时纤维粘性滑移层较厚，形变区沿单丝直径方向长度为 115μm，整个滑移层像一层厚厚的膜覆盖在切入口处，长度方向上有一个明显的阶痕。图 5-8（b），v_0=1.7 m/s 时纤维弹塑性滑移层较薄，长度为 204μm，整个滑移层像一层膜覆盖在切入口处，有两个浅浅的阶痕。图 5-8（c），v_0=2.3 m/s 时长度 254μm，有两个明显的阶痕，第一阶和第二阶滑移层厚，第三阶撕裂严重。提高初始速率，形变区长度增加。

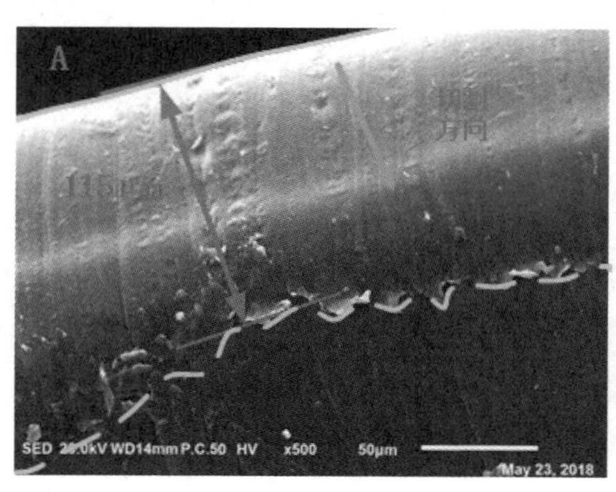

（a）v_0=0.9 m/s 时断口形变区 SEM 图像

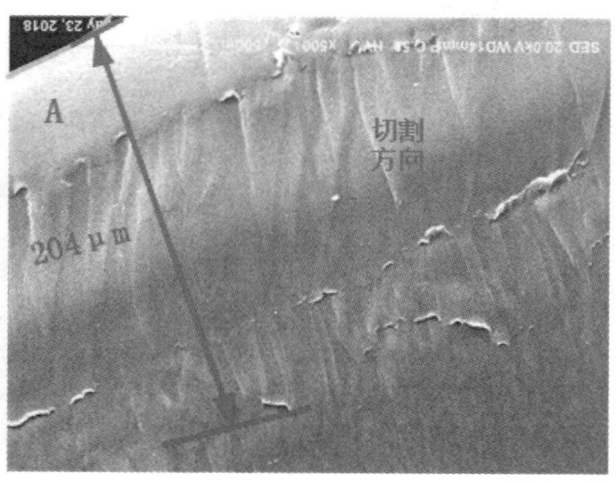

（b）v_0=1.7 m/s 时断口形变区 SEM 图像

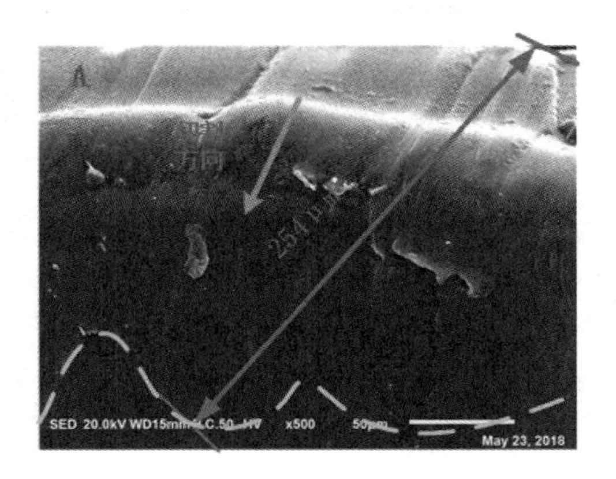

（c）v_0=2.3 m/s 时断口形变区 SEM 图像

图 5-8　不同初始速率下直径 3 mm 的 PA6 纤维单丝断口形变区 SEM 图像

3. 切割区及脆断界面形貌特征

图 5-9、图 5-10、图 5-11 中（a）为不同初始速率下切割区的 SEM 图像，断面较光滑，纤维断口表面的纤维单元被拉长发生塑性形变，形变方向与切割方向一致。v_0=0.9 m/s 时，放大 500 倍的切割区比较光滑，观察到与切割方向一致的塑性形变的痕迹，没有切屑。v_0=1.7 m/s 时，切割区形貌与 0.9 m/s 时非常相似，表面上分布有零星点状切屑。v_0=2.3 m/s 时，表面形貌有明显的塑性形变的痕迹，而表面有条状切屑。

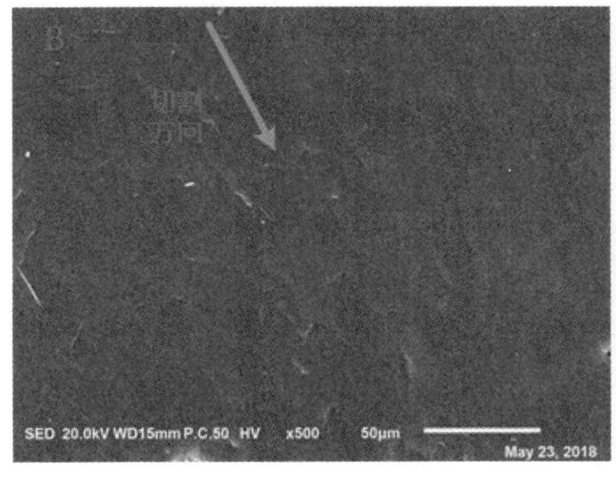

（a）切割区 SEM 图像

（b）脆断界面 SEM 图像

图 5-9　v_0=0.9 m/s 时直径 3 mm 的 PA6 纤维单丝断口切割区及脆断界面 SEM 图像

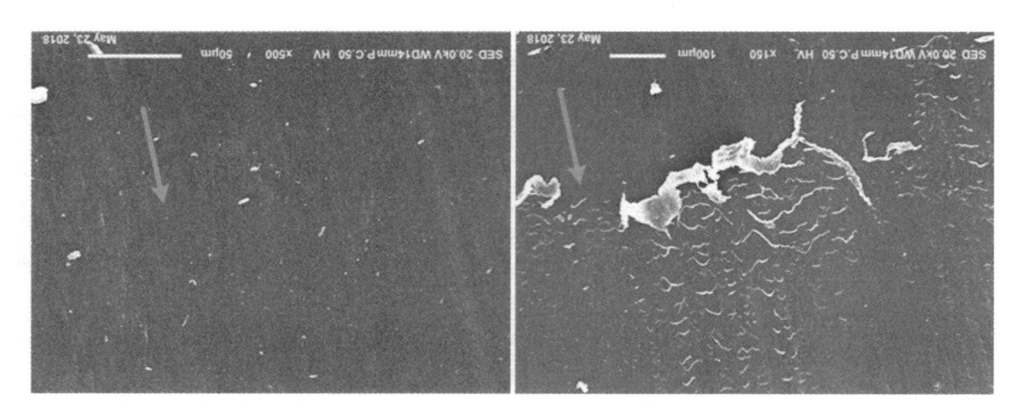

（a）切割区 SEM 图像　　　　　　（b）脆断界面 SEM 图像

图 5-10　v_0=1.7 m/s 时直径 3 mm 的 PA6 纤维单丝断口切割区及脆断界面 SEM 图像

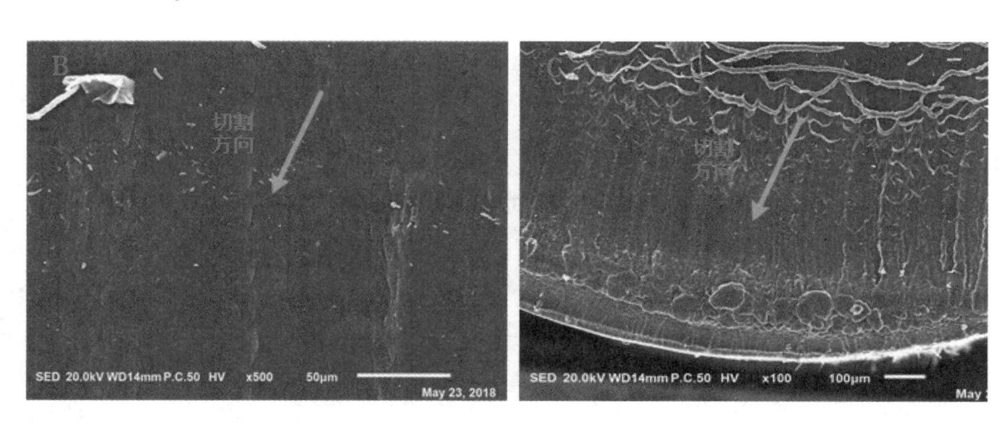

（a）切割区 SEM 图像　　　　　　（b）脆断界面 SEM 图像

图 5-11　v_0=2.3 m/s 时直径 3 mm 的 PA6 纤维单丝断口切割区及脆断界面 SEM 图像

图 5-9、图 5-10、图 5-11 中（b）为切割区与脆断区的界线，脆断界线呈 U 型且有大量的切屑堆积滞留。提高初始速率，合成纤维单丝断口表面的切屑明显增多，切屑的形态由块状变为条状。脆断是新断面失稳扩展阶段，新断面急速扩展速率高于割刀切割速率，切屑失去割刀提供的摩擦力作用而滞留。

宏观断裂理论力学分析，低速切割纤维单丝时，切割阻力曲线呈多个幅度较小的波峰和波谷交替变化，提高初始速率，波峰和波谷的个数减少而幅度增大。波峰是能量聚积的过程，而波谷则是能量释放的过程，所以新断面扩展过程是能量释放的过程。峰谷的幅度大，能量聚集和释放大，初始速率大，峰谷幅度大，切割阻力大，割刀与纤维单丝作用时间短，纤维单丝链段速率跟不上割刀速率，断口表面撕裂痕迹明显。纤维单丝断面扩展速率快，来不及脆断已完全断裂，所以切割区域面积较大，脆断区越来越小，甚至可以忽略。

5.2.2　绳丝间摩擦力作用下合成纤维单丝断口微观形貌特征

1. 断口整体形貌特征

图 5-12，初始速率为 1.9 m/s、2.9 m/s 和 3.3 m/s 时，直径 3 mm 的 PA6 纤维单丝断口的 SEM 图像，代表了试验范围内的低、中、高三种速率。

切割形变区 A 和切割区 B 均有较大的塑性形变，脆断区 D 和拉断区 E 没有塑性形变。断口中 A 和 B 区灰暗，D 和 E 区光亮，与金属材料的塑脆性断口相似。割刀刃口呈直线，但脆断界线呈一定弧度的曲线，因为合成纤维单丝具有一定的弹性，试样在割刀作用下新断面的扩展伴随着弹塑性形变，切割结束后普通弹性形变恢复，所以脆断界线呈弧形，弧度越大，弹性形变也越大。

与无编织状态下脆断界线相比，界线曲度较小。纤维单丝在切向摩擦力作用下，合成纤维单丝整体发生弹性形变，割刀刃口下局部刚度大，切割阻力较小；合成纤维单丝不受切向约束作用时，切割阻力较大，局部普通弹性形变较大，试样断裂后普通弹性完全恢复，脆断界面曲度较大。

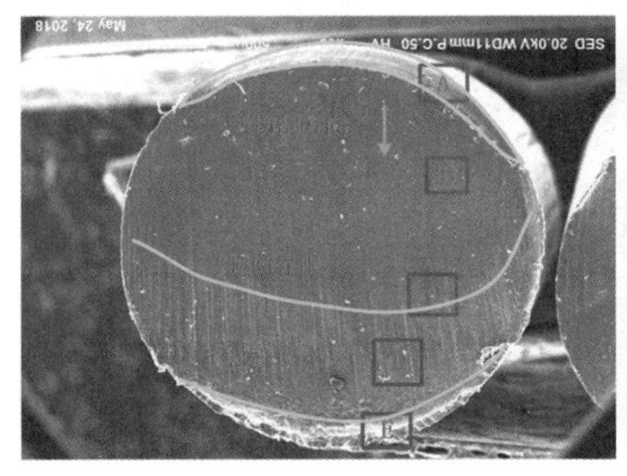

（a）v_0=1.9 m/s 时 SEM 图像

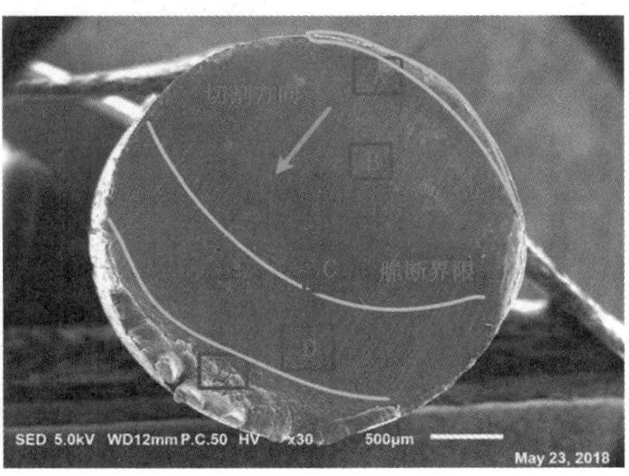

（b）v_0=2.9 m/s 时 SEM 图像

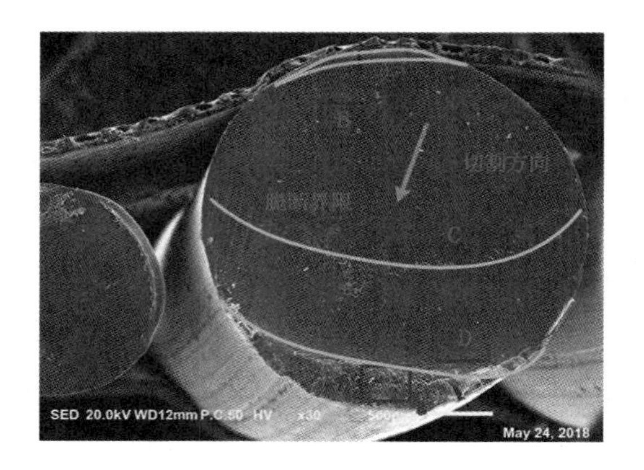

（c）v_0=3.3 m/s 时 SEM 图像

图 5-12　不同初始速率下直径 3 mm 的 PA6 纤维单丝断口 SEM 图像

2. 切割形变区形貌特征

图 5-13（a）为初始速率 1.9 m/s 时直径 3 mm 的 PA6 纤维单丝切割形变区微观形貌。在压应力作用下，刃口两侧的纤维发生粘弹性和塑性形变，纤维晶体滑移变薄转变为沿应力方向排列的微纤维束，像一层薄膜状的物质覆盖切割形变区，宽度约 185 μm。

图 5-13（b），初始速率为 2.9 m/s 时，切割形变区有一层不均匀薄膜状的物质覆盖在切入口处，切割形变区宽度 138 μm。图 5-13（c），初始速率为 3.3 m/s 时，纤维单丝两侧局部塑性形变不明显，看不到一层薄膜状的物质，表面有一些零星类似切屑似的团状物质。

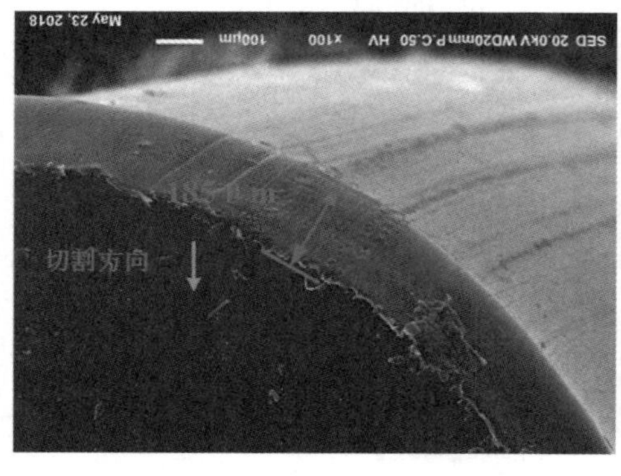

（a）v_0=1.9 m/s 时 A 区 SEM 图像

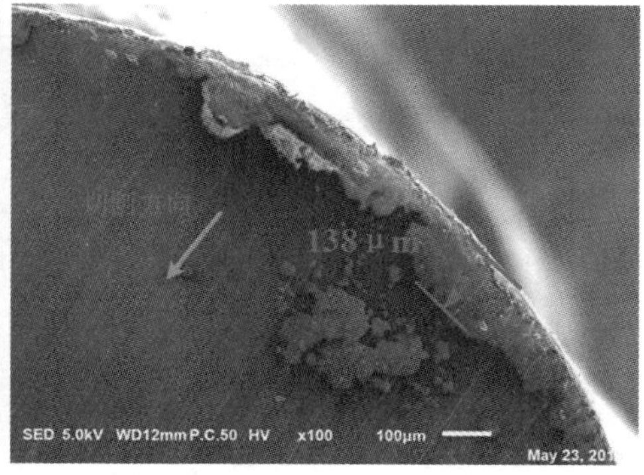

（b）v_0=2.9 m/s 时 A 区 SEM 图像

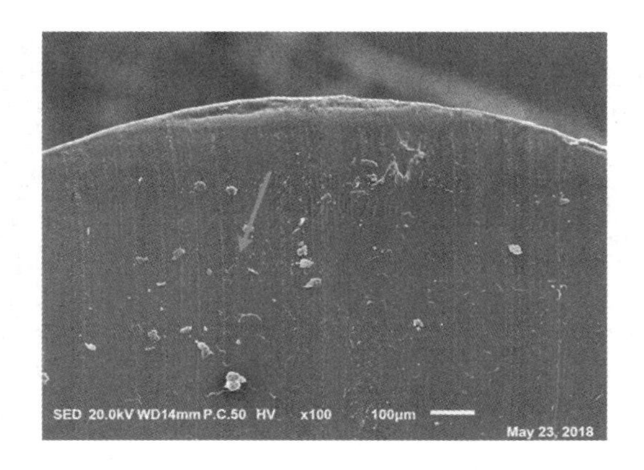

（c）v_0=3.3 m/s 时 A 区 SEM 图像

图 5-13 不同初始速率下直径 3 mm 的 PA6 纤维单丝断口 A 区 SEM 图像

3. 切割区及脆断界面形貌特征

初始速率变化不仅影响切割形变区塑性形变，对切割区也有一定的影响。图 5-14、图 5-15、图 5-16 为初始速率 1.9 m/s、2.9 m/s、3.3 m/s 时合成纤维单丝断口形貌切割区及脆断界面的 SEM 图像。

（a）切割区 SEM 图像

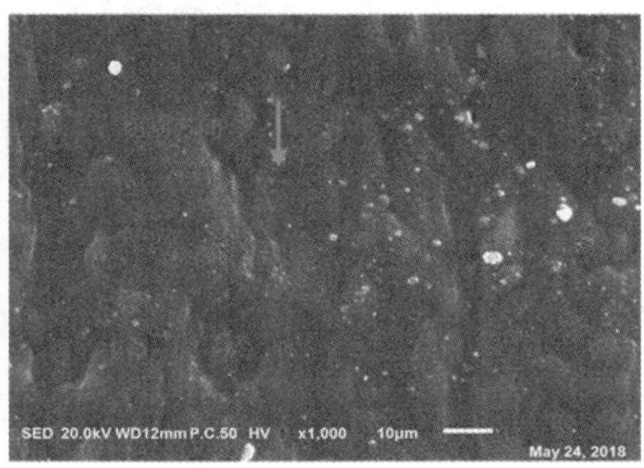

（b）脆断界面 SEM 图像

图 5-14 v_0=1.9 m/s 时直径 3 mm 的 PA6 纤维单丝的切割区及脆断界面 SEM 图像

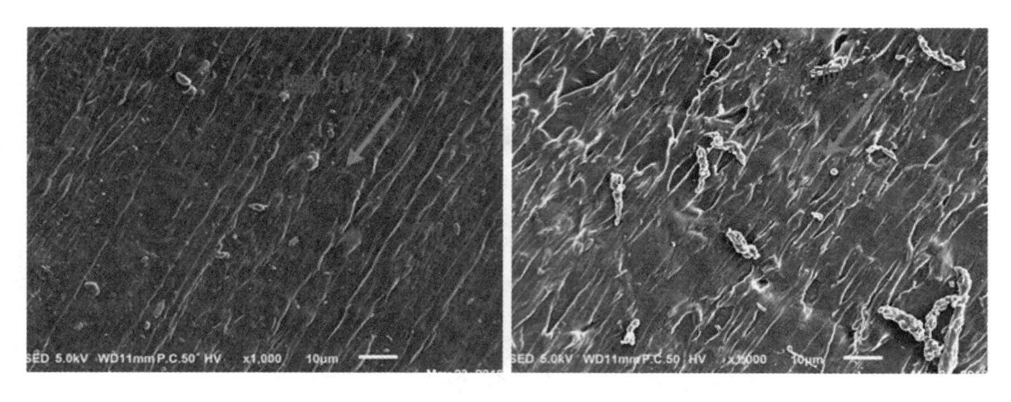

（a）切割区 SEM 图像　　　　（b）脆断界面 SEM 图像

图 5-15　v_0=2.9 m/s 时直径 3 mm 的 PA6 纤维单丝的切割区及脆断界面 SEM 图像

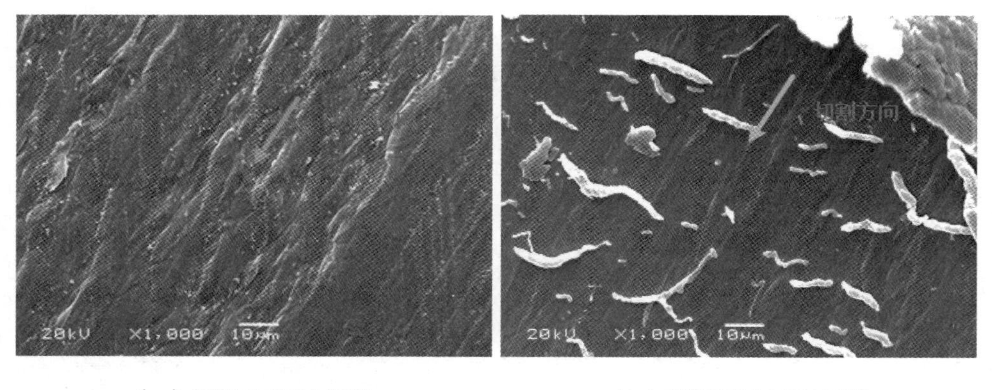

（a）切割区 SEM 图像　　　　（b）脆断界面 SEM 图像

图 5-16　v_0=3.3 m/s 时直径 3 mm 的 PA6 纤维单丝的切割区及脆断界面 SEM 图像

图 5-14、图 5-15、图 5-16 中（a）为切割区的 SEM 图像，初始速率较低时，切割区表面平整，而速率较高时，表面不平整，有零星点状或块状纤维碎屑分布。

图 5-14、图 5-15、图 5-16 中（b）为切割区向急速扩展区发展的脆断界面。脆断界面上，v_0=1.9 m/s 时有少量较小的点状切屑，而 v_0=2.9 m/s 时脆断界面上有较多条状切屑分布，v_0=3.3 m/s 时界面上发现大量切屑被搓成条状堆积在界面上，界线明显。

5.2.3 合成纤维单丝断裂形变机制

纤维单丝断裂过程实质上是产生新自由表面的过程，割刀的初始速率对新断面扩展的速率影响显著。合成纤维新断面产生和扩展包括纤维单丝最初的形变和切割及脆断，形变主要发生在切割形变区，不同初始速率下，存在不同的作用机制，而切割区的塑性主要是割刀刃口两侧对纤维单丝的压力和摩擦力造成的形变。

1. 无编织状态下初始速率对合成纤维单丝断裂的作用机制

根据切割形变区 SEM 图像的特征形貌，提高初始速率，沿切割方向纤维组织塑性形变增大，切割区纤维组织更粗大，整个断口表面分布较多的切屑。切割形变阶段发生较大的不可逆的塑性形变，主要是由强迫高弹和粘弹性形变两种机制耦合作用，强迫高弹形变是大外力作用引发的，而纤维组织撕裂则是纤维单丝形变速率落后于加载速率的滞后现象，是分子链段在运动时受到内摩擦力作用的结果。

提高初始速率，纤维单丝的分子链段形变速率滞后于加载速率，发生弹塑性滑移形变时组织撕裂形成切屑，由于割刀对刃口下纤维产生挤压作用，切屑厚度方向存在不同的残余应变，使切屑翻转从而引起切屑卷曲。而割刀两侧对切断的纤维产生摩擦作用，摩擦力带着卷曲的切屑沿新断面扩展方向移动，卷曲的切屑在摩擦力的作用下被搓成条状。在本试验范围内初始速率越大，产生切割阻力也越大，切割形变区强迫高弹形变也越大，表面滑移区纤维形变长度大。同时，分子链的形变速率滞后于加载速率而出现纤维被撕裂，容易产生切屑，且切割阻力及摩擦力较大，带动切屑滑动，所以初始速率越大形成切屑越多，条状切屑散布在整个切割区。

为此，结合切割断裂过程的宏观力学性能综合分析，由不同初始速率下切割的力学性能和切割能量分析可知：当初始速率较大时，有效切割能量较高而断裂损耗能量较低，断裂由延性向脆性演变，切割阶段微观形貌特征结论一致。

综合分析，无编织状态下初始速率对合成纤维延性断裂的作用规律为：提高初始速率，强迫高弹形变虽然形变量大，但其形成过程中损耗的能量低于粘弹性形变的能量损耗，作用机制为强迫高弹形变，整个切割过程属于延性向脆性演变。

2. 绳丝间摩擦力作用下初始速率对合成纤维单丝断裂的作用机制

根据切割形变阶段的微观形貌特征，提高初始速率，沿切割方向塑性形变减小，切割稳定阶段断口表面不平度增大，脆断界面切屑滞留增多，整个切割过程合成纤维断裂由延性向脆性断裂的演变。

初始速率越低，作用时间越长，纤维单丝的加载速率低，合成纤维分子链段形变速率能够跟上加载速率，纤维单丝组织局部塑性流动性较好，塑性形变充分，表面均匀性好且平坦光滑。结合第 4 章的切割阻力变化分析，初始速率较低时切割阻力较小，割刀作用于纤维单丝的摩擦力较小，零星脱落的切屑被摩擦力搓擦痕迹不明显。

提高初始速率，割刀与纤维之间的作用时间减少，纤维单丝分子链段运动速率滞后于加载速率，纤维内部薄晶转变为沿应力排列的微纤维束来不及在整个形变体内均匀地扩展而被撕裂，塑性流动性变差，形变不均匀，切割时脱落的碎片较多。同时，割刀作用于纤维的切割力增大，纤维与割刀之间的摩擦力也增大，碎片在摩擦力作用下被搓成条状，当初始速率为 3.3 m/s 时，切割形变区看不到塑性流动的痕迹，表面出现块状切屑。

结合宏观力学性能，提高初始速率切割断裂过程中，损耗的切割能量也随之减小，合成纤维由延性断裂向脆性断裂演变，宏观力学性能规律与微观断口形貌特征一致。

因此，初始速率较低时，割刀作用于纤维单丝的加载速率较低，纤维单丝分子链段的运动速率跟得上加载速率，发生部分粘性流动。提高初始速率，作用时间减小，加载速率提高，纤维单丝的局部刚度提高，产生较大的切割力，降低割刀切入纤维时引起的纤维单丝局部粘弹性和塑性形变，切割形变较小，有利于纤维单丝的脆性断裂。

3. 两种切割条件下初始速率对合成纤维单丝断裂的作用机制对比

初始速率对无 / 有绳丝间摩擦力作用下合成纤维单丝断裂过程的作用机制并不相同。宏观力学方面，无切向摩擦力作用，切割阻力随时间变化曲线出现严重非线性的波峰—波谷振荡现象，随着初始速率的提高，振荡幅度增大而频率降低，当初始速率达到一定值时，切割阻力曲线不再振荡，呈单值非线性增大，而有切向摩擦力作用，切割阻力随时间变化曲线始终呈单值非线性增大。

合成纤维单丝的切割断裂过程中应变包括弹性应变和塑性应变，切割应力出现不同程度的松弛现象。无切向摩擦力作用下弹性形变能量直接释放，应力松弛显著；有切向摩擦力作用下切割过程中，合成纤维处于张拉状态，部分弹性形变逐步转变为塑性形变，应力松弛较小。提高初始速率，降低应力的作用时间，无切向摩擦力作用下应力松弛显著改善，切割阻力曲线逐步向有切向摩擦力切割状态演变，呈现单值非线性增大。

总之，无切向摩擦力作用下，合成纤维单丝切割断裂过程，作用时间短（为 1.5 ～ 5 ms）、切割阻力大，切割形变区主要集中在割刀刃口下的局部区域，形变区随初始速率的增大而增大，断裂机制为强迫高弹形变，切割阻力对形变机制影响显著，作用时间影响较小。切向摩擦力作用下，合成纤维单丝切割断裂过程，作用时间长（为 15 ～ 45 ms）、切割阻力较小，在切向摩擦力作用下，纤维单丝整体发生形变，切割形变区随初始速率的增大而减小，断裂机制为粘弹性形变，作用时间对断裂机制的影响更显著。

5.3 加载质量对合成纤维单丝断裂形变的作用机制

5.3.1 无编织状态下合成纤维单丝断口微观形貌特征

1. 断口整体形貌特征

图 5-17 为加载质量为 1.1 kg 和 4.1 kg，初始速率为 0.9 m/s 时，直径 3 mm 的 PA6 纤维单丝整体断口 SEM 图像。两种加载质量下断口表面光滑切屑少，三个分区明显。加载质量 4.1 kg 时，纤维切割形变区形变明显，割刀初始切入处纤维变成扁平，塑性形变更严重，而加载质量为 1.1 kg 时纤维断口截面仍为圆形。

（a）m=1.1 kg 时 SEM 图像　　（b）m=4.1 kg 时 SEM 图像

图 5-17　不同加载质量时直径 3 mm 的 PA6 纤维单丝的整体断口 SEM 图像

2. 断口切割形变区形貌特征

图 5-18 为两种加载质量下的切割形变区。图 5-18(a)，加载质量 1.1 kg 时，形变区长度较小且边缘有轻微撕裂痕迹，形变区中间位置有一个阶痕。图 5-18（b），加载质量为 4.1 kg 时，形变区沿切割方向塑性流动性好表面光滑，形变区与切割区界线不明显，塑性形变大。

3. 脆断区及脆断界面形貌特征

图 5-19 为两种加载质量下脆断区的 SEM 图像。图 5-19（a），加载质量 1.1 kg 时，脆断表面仅有零星切屑。图 5-19（b），加载质量 4.1 kg 时，脆断区布满细小的条状切屑。

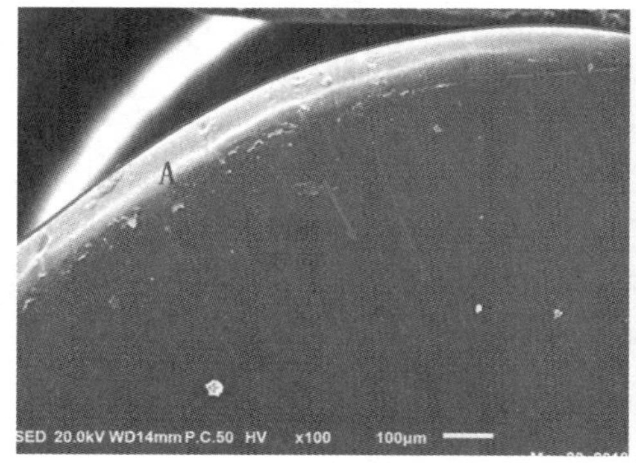

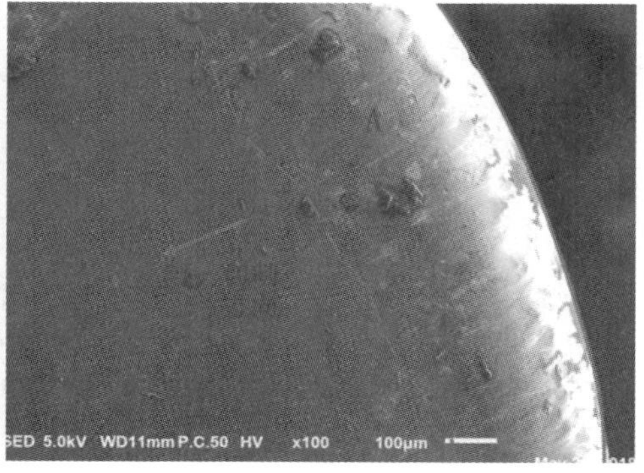

（a）m=1.1 kg 时 A 区 SEM 图像　　（b）m=4.1 kg 时 A 区 SEM 图像

图 5-18　不同加载质量时直径 3 mm 的 PA6 纤维单丝断口 A 区 SEM 图像

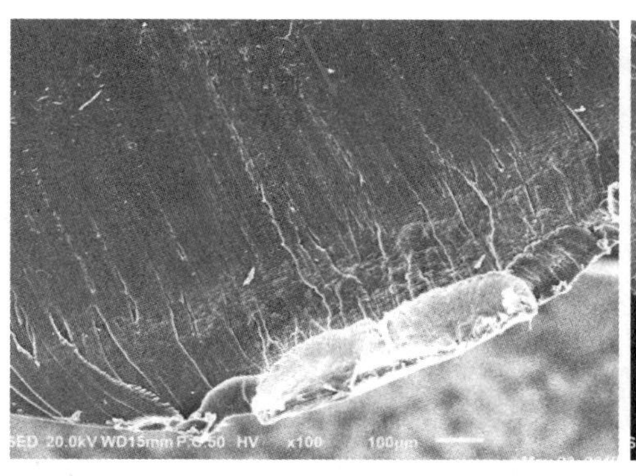

(a) m=1.1 kg 时 D 区 SEM 图像

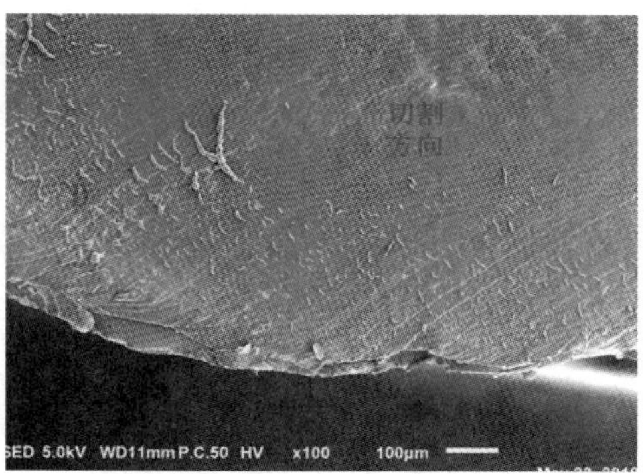

(b) m=4.1 kg 时 D 区 SEM 图像

图 5-19 不同加载质量时直径 3 mm 的 PA6 纤维单丝断口 D 区 SEM 图像

5.3.2 绳丝间摩擦力作用下合成纤维单丝断口微观形貌特征

1. 断口整体形貌特征

图 5-20，加载质量为 2.1 kg 及 4.1 kg，直径 3 mm 的 PA6 纤维单丝的断口 SEM 图像。不同初始速率下，整体断口形貌能够明显区分四个不同的特征区域：切割形变区、切割区及断面急速扩展脆断区和表面凸凹不平拉断区，图中 D 和 E 区为脆断区断口形貌，均有明显的脆断和拉断特征。加载质量为 4.1 kg 时，拉断形变较严重。

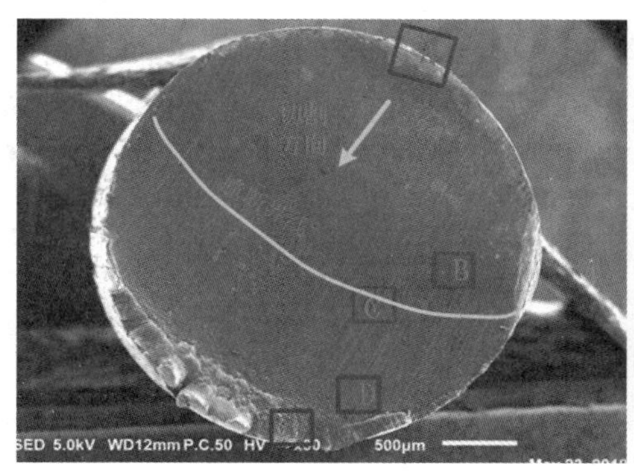

(a) m=2.1 kg 时 SEM 图像

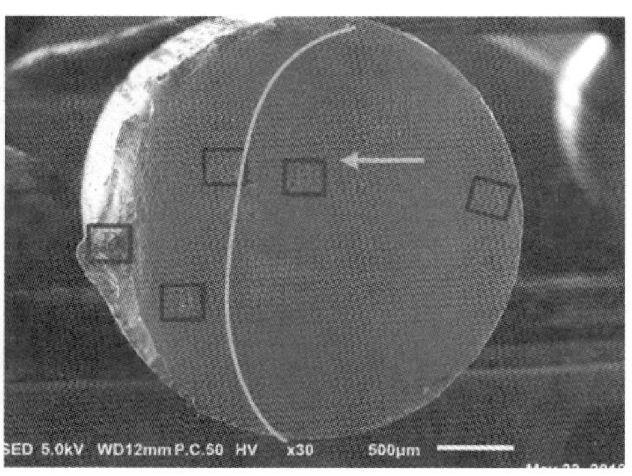

(b) m=4.1 kg 时 SEM 图像

图 5-20 不同加载质量时直径 3 mm 的 PA6 纤维单丝的整体断口 SEM 图像

2. 切割形变区形貌特征

图 5-21 为切割形变 A 区的 SEM 图像，为保证形变区的整体形貌，放大倍数为 100 倍。图 5-21（a），加载质量为 2.1 kg 时，形变区界限参差不齐，没有拉伸撕裂的痕迹，表面粗糙，有一层不太连续的膜状纤维覆盖在切入口处。图 5-21（b），加载质量为 4.1 kg 时，形变区界限不明显，有明显的塑性流动痕迹。

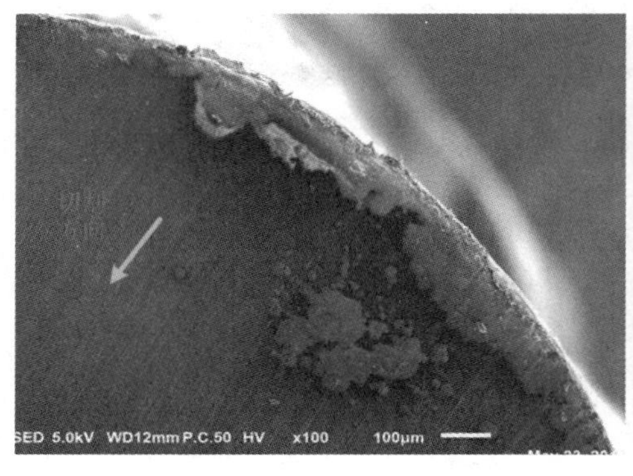

（a）m=2.1 kg 时 A 区 SEM 图像

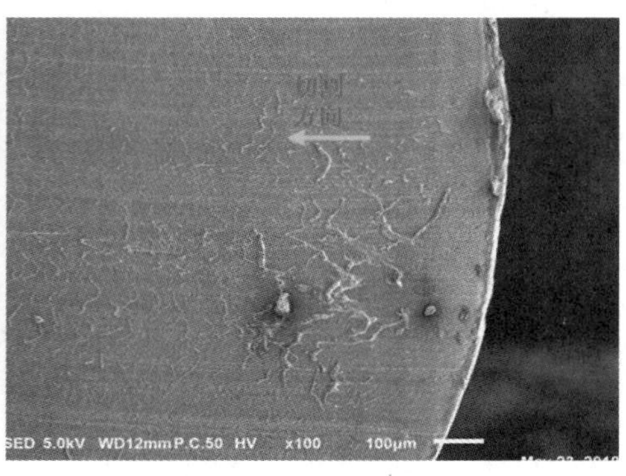

（b）m=4.1 kg 时 A 区 SEM 图像

图 5-21　不同加载质量时直径 3mm 的 PA6 纤维单丝断口 A 区 SEM 图像

3. 切割区形貌特征

图 5-22 为切割阶段 B 区的断口形貌图像，断口形貌呈现条形水流状花纹，花纹流动沿切割方向。图 5-22（a），加载质量为 2.1 kg 时，可见塑性形变的纤维内部颗粒组织且表面有零星切屑。图 5-22（b），加载质量为 4.1 kg 时，与切割方向垂直方向上分布大量的类似水波纹的切屑，整个切割区呈粘性流动态，纤维组织内部颗粒界限不明显。

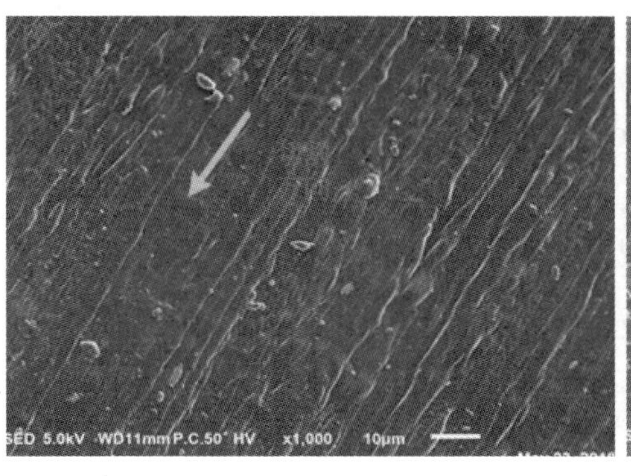

（a）m=2.1 kg 时 B 区 SEM 图像

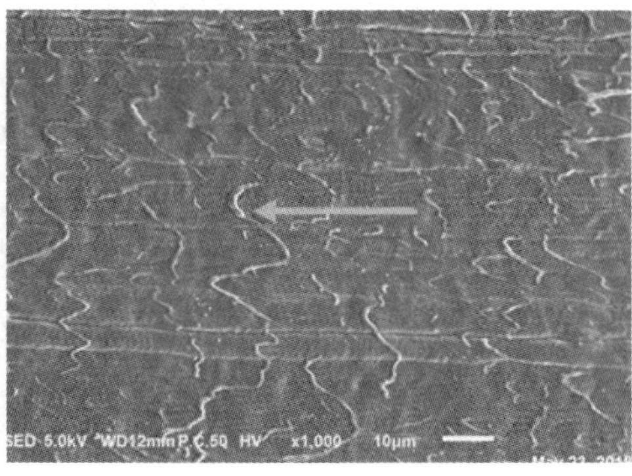

（b）m=4.1 kg 时 B 区 SEM 图像

图 5-22　不同加载质量时直径 3 mm 的 PA6 纤维单丝断口 B 区 SEM 图像

4. 脆断界线形貌特征

图 5-23，C 区为断面扩展的临界区域。图 5-23（a），加载质量为 2.1 kg 时，临界区的条状切屑明显增多，纤维颗粒组织形变严重，颗粒界限淡化，呈现粘流特点，脆断界限对应的切割阻力达到最大值，切割过程中摩擦和形变释放的热量也较大，纤维单丝出现软化趋势。

图 5-23（b），加载质量为 4.1 kg 时，临界区出现较大的条状切屑，且出现较多直径大小不一浅浅的孔洞，主要是张应力引起的微裂纹体中的微纤发生断裂，微裂纹体破裂造成的。

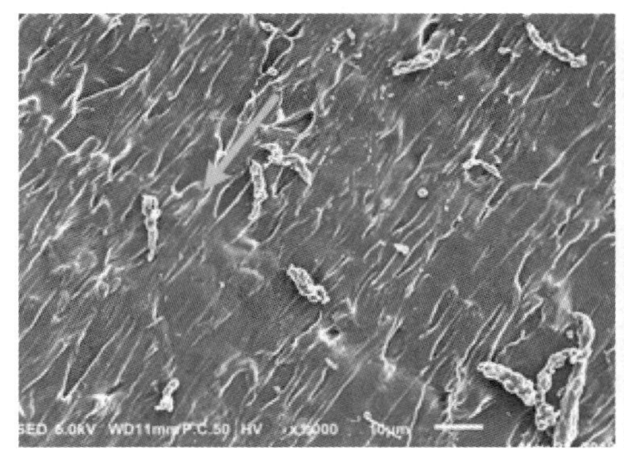

（a）m=2.1 kg 时 C 区 SEM 图像

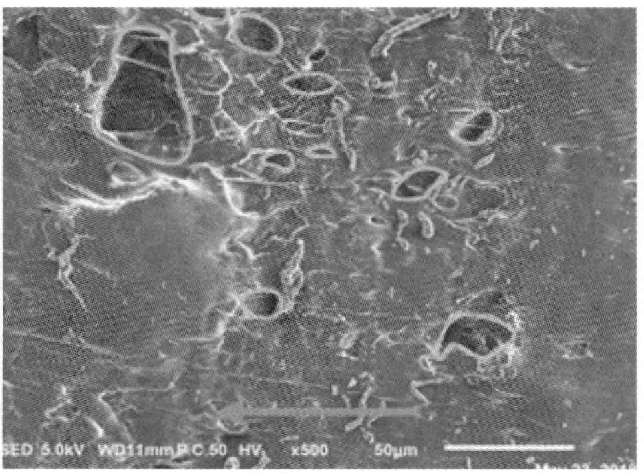

（b）m=4.1 kg 时 C 区 SEM 图像

图 5-23　不同加载质量时直径 3 mm 的 PA6 纤维单丝断口 C 区 SEM 图像

5.3.3 合成纤维单丝切割断裂形变机制

1. 无编织状态下加载质量对合成纤维单丝切割断裂的作用机制

合成纤维单丝常温下呈玻璃态，外力大小是影响强迫高弹形变的主要因素之一。PA6 纤维单丝切割断裂过程伴随着应力松弛。加载质量 4.1 kg 时，割刀施加给纤维单丝作用力较大，割刀刃口下纤维所受的局部应力超过了屈服应力，发生强迫高弹形变。加大外力对松弛过程的影响与升高温度相似：加载质量 1.1 kg 时，切割形变区宽度较小、边缘有轻微撕裂痕迹；加载质量 4.1 kg 时，切割形变区长度较大，塑性流动性好。

合成纤维单丝在无编织状态下，初始速率对断裂的作用机制为强迫高弹形变，增大加载质量，作用时间进一步减小，切割阻力进一步增大，满足强迫高弹形变产生条件。无编织状态下，提高加载质量和初始速率，合成纤维单丝断裂机制均为强迫高弹形变。

2. 绳丝间摩擦力作用下加载质量对合成纤维单丝切割断裂的作用机制

不同加载质量下的切割断裂性能试验，初始速率均为 1.9 m/s，割刀与纤维单丝的作用时间随加载质量的提高而减少。加载质量成倍增加，系统的初始动量也成倍增大，合成纤维在切割过程中获得的切割力较大。

加载质量为 2.1 kg 时，切割形变区无强迫高弹性特点，临界区的条状切屑明显增多，纤维颗粒形变严重，颗粒界限淡化，呈现粘流特点。增大加载质量，断口表面光滑平坦塑性流动性好，切割应力增大，降低了纤维单丝分子链段松弛时间，粘弹性形变增大。

总之，绳丝间摩擦力作用下，初始速率对纤维单丝断口切屑影响很大，初始速率大，断口表面切屑多，而加载质量对切屑影响很小。绳丝间摩擦力作用下，初始速率和加载质量对切割断裂作用机制不相同，初始速率对粘弹性形变影响显著，加载质量对强迫高弹形变影响显著。因此，增大初始速率引起切屑增多，主要是粘弹性滞后造成的。

3. 两种状态下加载质量对合成纤维单丝在断裂的作用机制对比

增大加载质量，两种状态下的合成纤维单丝的断裂机制均为强迫高弹形变，但由于绳丝间切向摩擦力作用，合成纤维单丝的空间形变随割刀刃口的位置变化受到了限制，切割断裂过程中必然呈现出拉断与剪断的复合。在断裂机制上，纤维的粘弹性形变抗力必然是最重要的影响因素之一，切割形变区强迫高弹形变较小，脆断区出现大小不一浅浅的孔洞，主要是拉应力引起的微裂纹体中的微纤发生断裂，微裂纹体破裂造成的。

5.4　弹性模量对合成纤维单丝断裂形变的作用机制

5.4.1　无编织状态下合成纤维单丝断口形貌特征

1. 不同弹性模量纤维单丝在不同初始速率下的断口形貌

图 5-24 为直径 1.5 mm 的 PBT 纤维单丝三种初始速率下断口整体放大 50 倍的 SEM 图像。低、中速时断口截面的整体形貌比较平坦，表面没有割刀刃口微观形貌划过的痕迹，而高速时断口形貌中纤维组织沿切割方向存在明显的塑性流动和撕裂痕迹，整个表面塑性流动和撕裂不均匀。

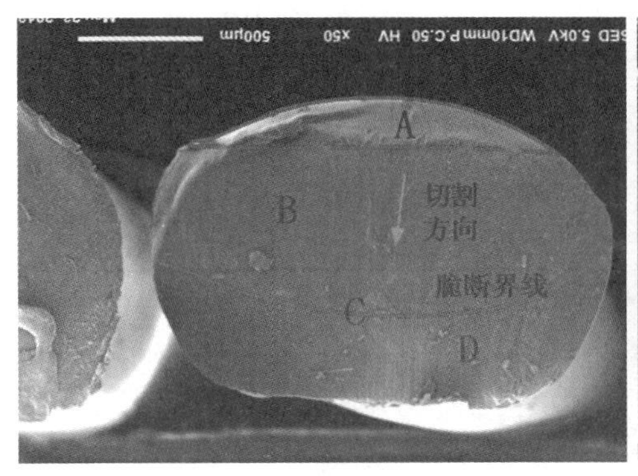

（a）v_0=0.9 m/s 时 SEM 图像

（b）v_0=1.5 m/s 时 SEM 图像

（c）v_0=2.1 m/s 时 SEM 图像

图 5-24　三种初始速率下直径 1.5 mm 的 PBT 纤维单丝断口整体 SEM 图像

低速和中速时，断口整体形貌中亦可看到三个分区即切割形变区 A、切割区 B、脆断区 D，各区域之间明显的界限。高速条件下纤维断口截面的整体形貌只能看到切割形变区 A 以及切割区 B，几乎观察不到脆断区。

图 5-25 为直径 1.5 mm 的 PA6 纤维单丝在本试验范围内的低、中、高三种初始速率下断口整体放大 50 倍 SEM 图像。低、中速时断口整体形貌比较平坦，表面有割刀刃口微观形貌划过的痕迹，高速时纤维组织沿切割方向存在明显塑性流动和撕裂痕迹。

进一步观察，低、中速时断口表面清楚地观察到三个分区，各区域之间界限明显，而高速时纤维断口只有 A 区和 B 区。不同初始速率下，断口的各分区所占的比例并不相同，提高初始速率，切割形变区域的面积逐渐增加，脆断区的面积却逐渐减少。

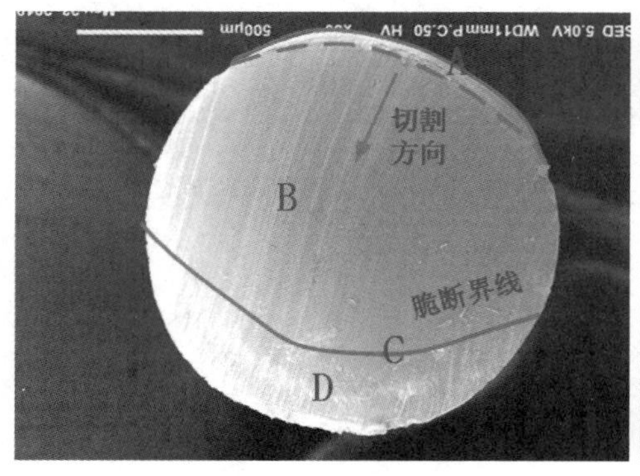

（a）v_0=0.9 m/s 时 SEM 图像

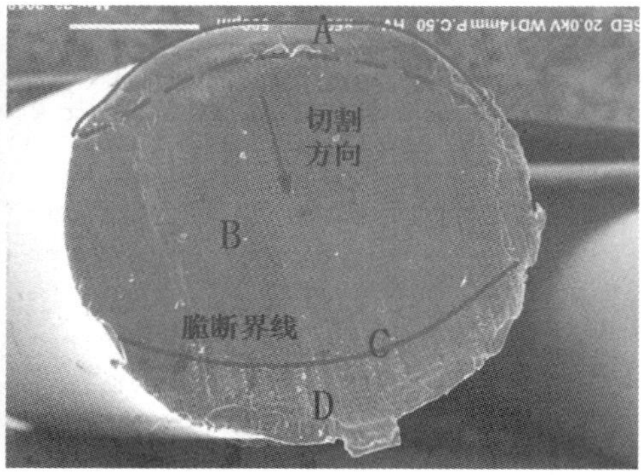

（b）v_0=1.5 m/s 时 SEM 图像

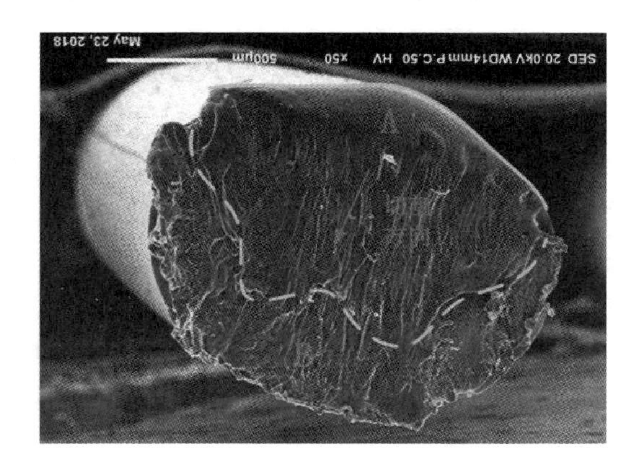

（c）v_0=2.1 m/s 时 SEM 图像

图 5-25 三种初始速率下直径 1.5 mm 的 PA6 纤维单丝断口整体 SEM 图像

图 5-26 为直径 1.5 mm 的 PP 纤维单丝在低、中、高三种初始速率下的 SEM 图像，均为延性断裂，低、中速时断口整体形貌比较平坦。

图 5-26（a），初始速率为 0.9 m/s 时，断口中央沿切割方向出现一条较大的裂缝。图 5-26（b）、（c），初始速率为 1.5 m/s 和 2.1 m/s 时，断口表面没有出现开裂。初始速率为 2.1 m/s 时断口整体形貌有塑性流动和撕裂痕迹，塑性流动不好且撕裂不均匀。

三种初始速率下，PP 纤维单丝的断口整体形貌中均可清楚地观察到三个分区，且各区域间界限明显。提高初始速率，切割形变区面积增加，而脆断区的面积却逐渐减少。

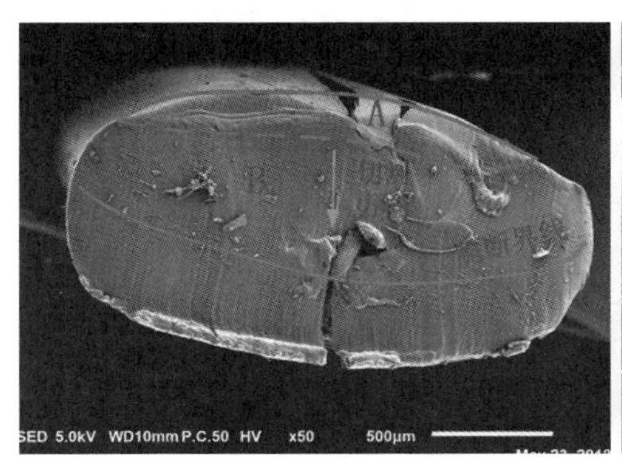

（a）v_0=0.9 m/s 时 SEM 图像

（b）v_0=1.5 m/s 时 SEM 图像

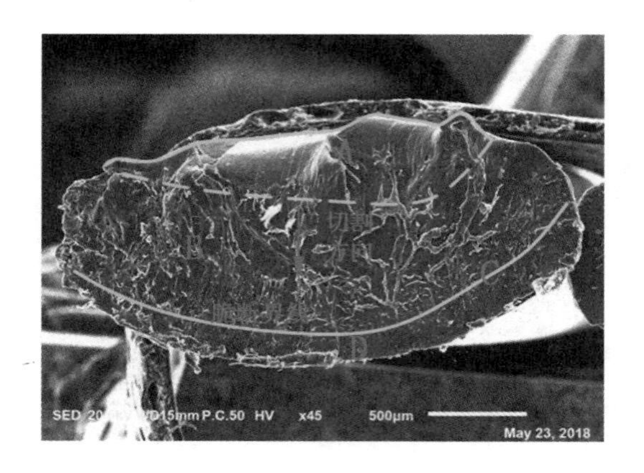

（c）v_0=2.1 m/s 时 SEM 图像

图 5-26 三种初始速率下直径 1.5 mm 的 PP 纤维单丝断口整体 SEM 图像

图 5-27 为三种纤维单丝切割形变 A 区放大 100 倍的 SEM 图像。PBT 纤维单丝的 A 区在低、中速时光滑但不平坦，边缘比较规整，高速时表面不光滑。

PA6 纤维单丝 A 区平坦光滑且边缘比较规整，塑性流动性好。而 PP 纤维单丝的 A 区在三种速率下的形貌均表现为既不平坦也不光滑，撕裂边缘不规整，试样边界破坏严重，出现开裂、压溃等现象。三种材料中 PP 试样的各向异性显著，塑性流动性最差，三种合成纤维单丝的不同形貌特征与其力学性能有着密切的关系。

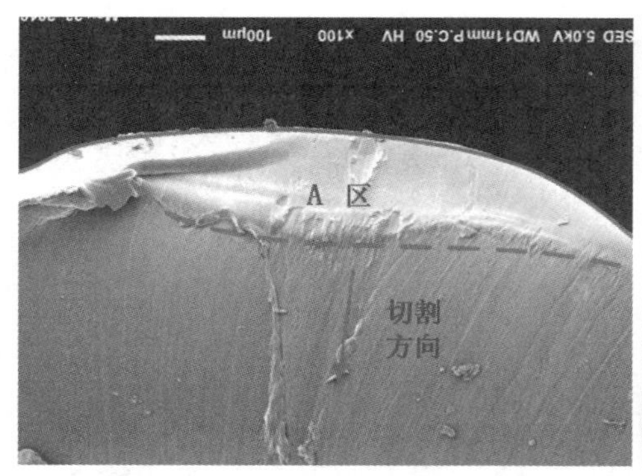

（a）v_0=0.9 m/s 时 PBT 试样 A 区 SEM 图像

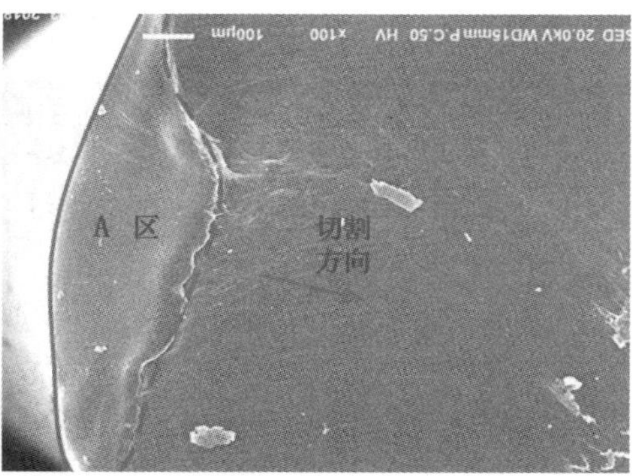

（b）v_0=1.5 m/s 时 PBT 试样 A 区 SEM 图像

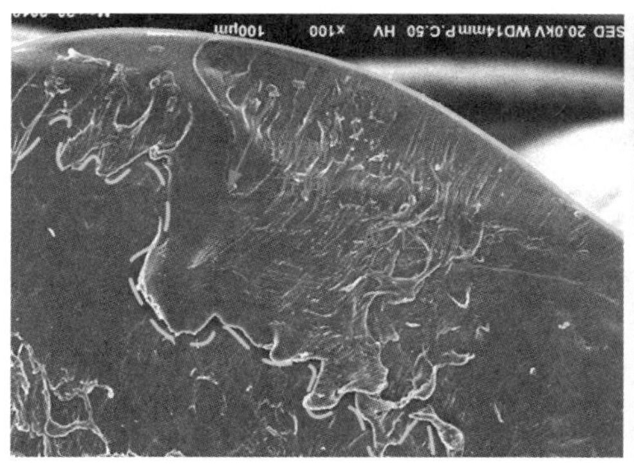

(c) v_0=2.1 m/s 时 PBT 试样 A 区 SEM 图像

(d) v_0=0.9 m/s 时 PA6 试样 ASEM 图像区

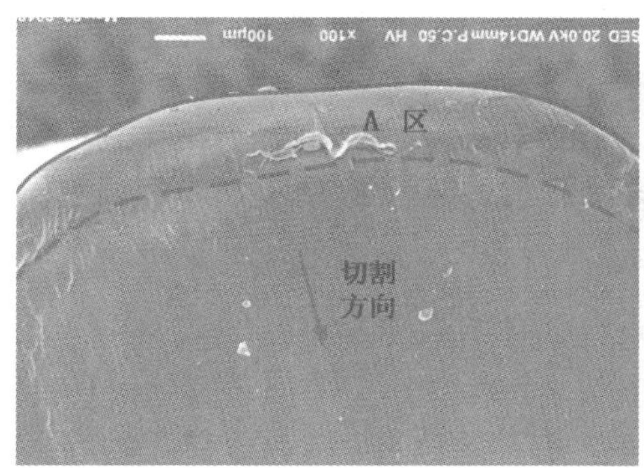

(e) v_0=1.5 m/s 时 PA6 试样 A 区 SEM 图像

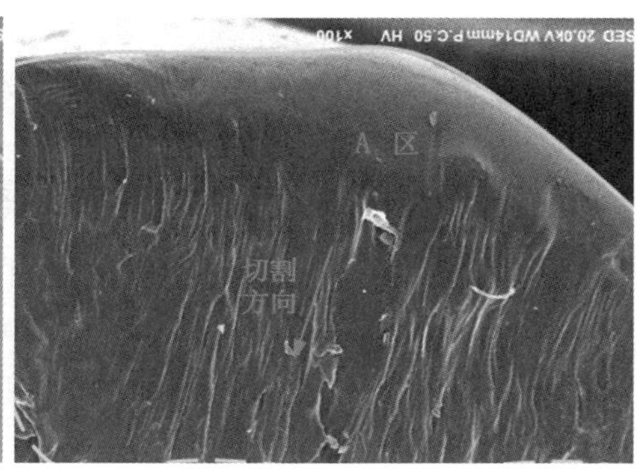

(f) v_0=2.1 m/s 时 PA6 试样 ASEM 图像区

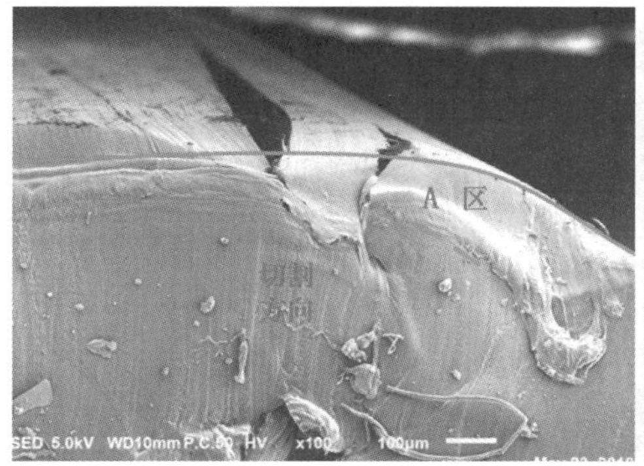

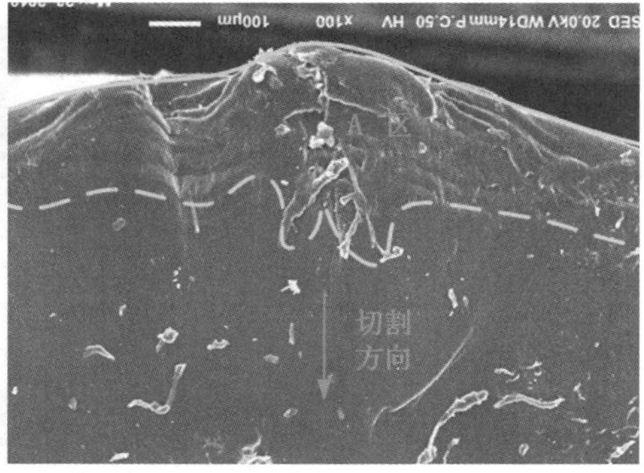

(g) v_0=0.9 m/s 时 PP 试样 A 区 SEM 图像

(h) v_0=1.5 m/s 时 PP 试样 A 区 SEM 图像

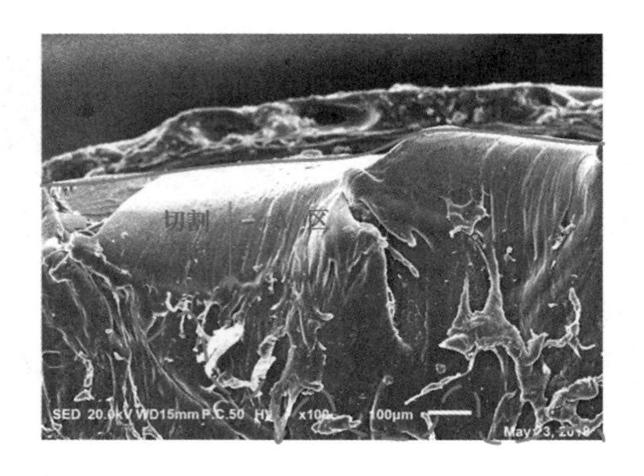

（i）v_0=2.1m/s 时 PP 试样 A 区 SEM 图像

图 5-27　三种初始速率下直径 1.5 mm 的 PA6、PBT、PP 纤维单丝断口 A 区 SEM 图像

2. 不同弹性模量纤维单丝在不同加载质量下的断口形貌

图 5-28 为直径 1.5 mm 的 PBT 纤维单丝在两种加载质量下断口及切割形变区 A 区的 SEM 图像，断口截面形状均由圆形变为椭圆形。

图 5-28（a），加载质量为 1.1 kg 时，断面没有明显的撕裂痕迹，表面有脱落的块状切屑。图 5-28（b），加载质量为 4.1 kg 时，纤维组织沿切割方向呈不规则撕裂状。

图 5-28（c），加载质量为 1.1 kg 时，切割形变区 A 区表面比较平整，在形变区终止界线处可以看到纤维组织有轻微的撕裂痕迹。图 5-28（d），加载质量为 4.1 kg 时，形变区表面不平整且撕裂严重，形变区结束界线不规则。

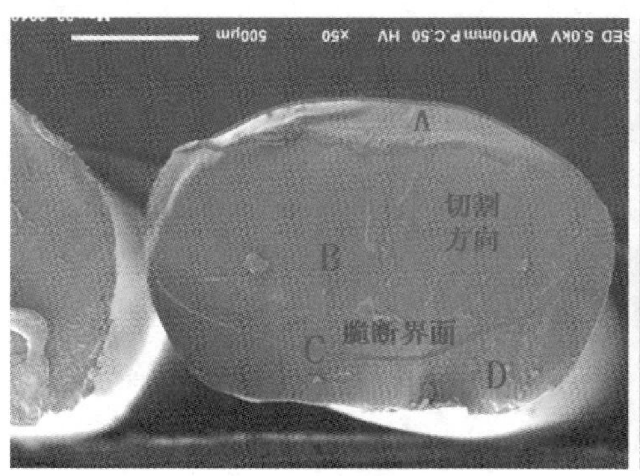

（a）m=1.1 kg 时断口整体 SEM 图像

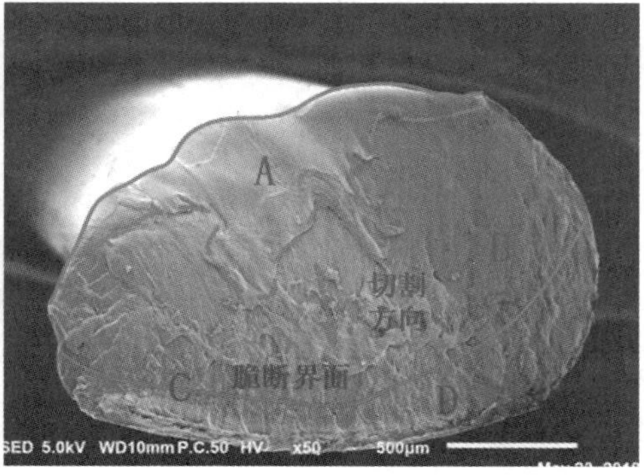

（b）m=4.1 kg 时断口整体 SEM 图像

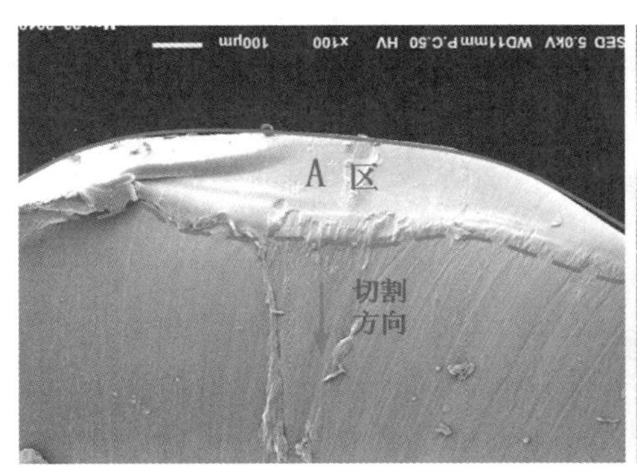

（c）m=1.1 kg 时 A 区 SEM 图像

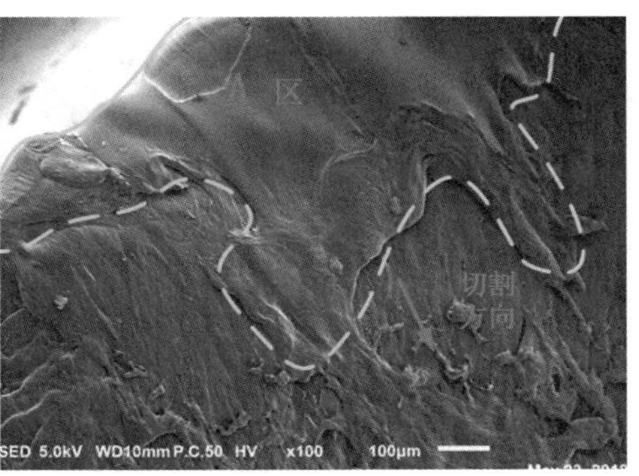

（d）m=4.1 kg 时 A 区 SEM 图像

图 5-28 不同加载质量下直径 1.5 mm 的 PBT 纤维单丝的断口 SEM 图像

图 5-29（a）、（b）为直径 1.5 mm 的 PA6 纤维单丝在不同加载质量下的 SEM 图像。加载质量为 4.1kg 时，试样的圆形截面变为椭圆形，尤其是切割形变区边缘不再是圆弧状。

图 5-29（c）、（d）为 A 区放大 100 倍的 SEM 图像，实线为形变的起始边界，虚线为结束界线。图 5-29（c），加载质量为 1.1 kg 时，形变区域呈月牙形且面积较小，结束界线比较规则。图 5-29(d)，加载质量为 4.1 kg 时，形变区域面积增大，形变起始边界曲线不再为圆弧状，表面光洁但不平整，结束界线亦不再为圆弧状，可见纤维组织滑移流动的痕迹，分布有块状切屑。

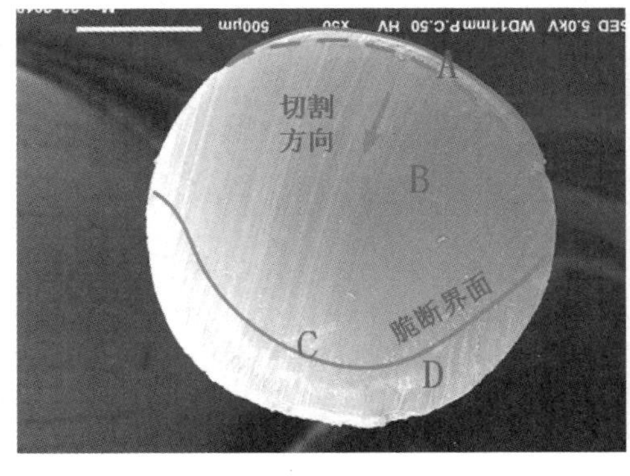

（a）m=1.1 kg 时断口整体 SEM 图像

（b）m=4.1 kg 时断口整体 SEM 图像

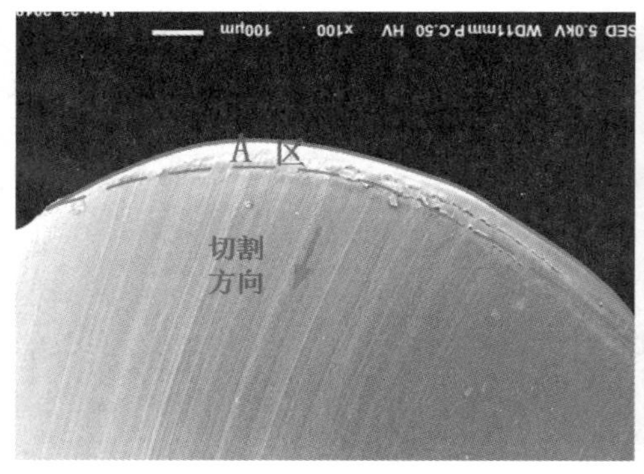

(c) m=1.1 kg 时 A 区 SEM 图像

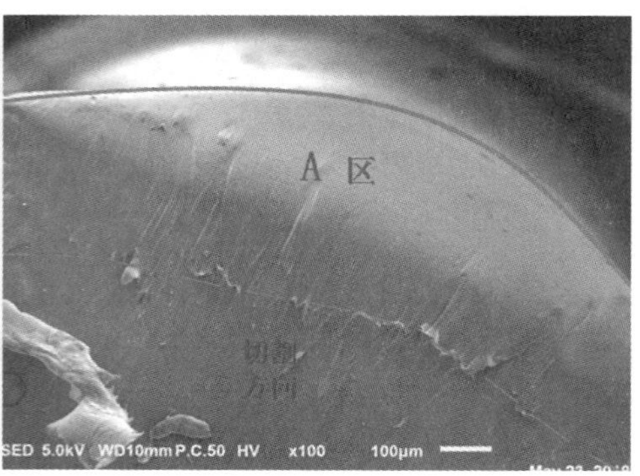

(d) m=4.1 kg 时 A 区 SEM 图像

图 5-29 不同加载质量下直径 1.5 mm 的 PA6 纤维单丝的断口 SEM 图像

图 5-30 为直径 1.5 mm 的 PP 纤维单丝在两种加载质量下断口的 SEM 图像。图 5-30(a)，加载质量为 1.1 kg 时，纤维断口中央沿切割方向出现了较大的裂缝，整体形貌较为平整，断口中部零散分布大小不一的块状切屑。图 5-30(b)，加载质量为 4.1 kg 时，断面中央出现了一个较大的凹坑，整体形貌不平整，沿切割方向塑性形变严重，有较大块状切屑。

放大 100 倍的切割形变区，图 5-30(c)，加载质量为 1.1 kg 时，区域可见较小的块状切屑，断口边缘处局部撕裂。图 5-30(d)，加载质量为 4.1 kg 时，区域中心出现一个较大的凹坑，纤维组织塑性形变严重。

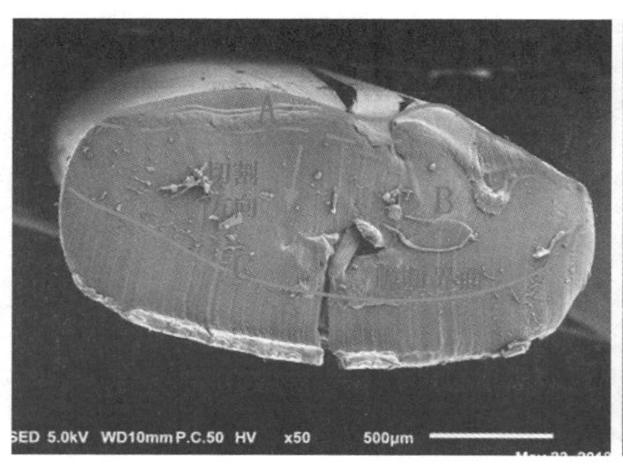

(a) m=1.1 kg 时断口整体 SEM 图像

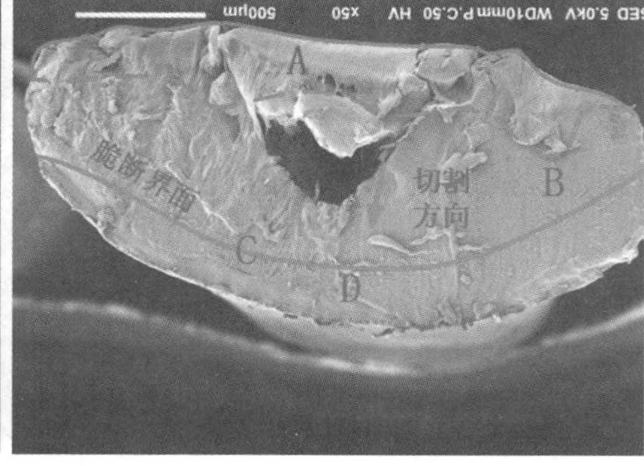

(b) m=4.1 kg 时断口整体 SEM 图像

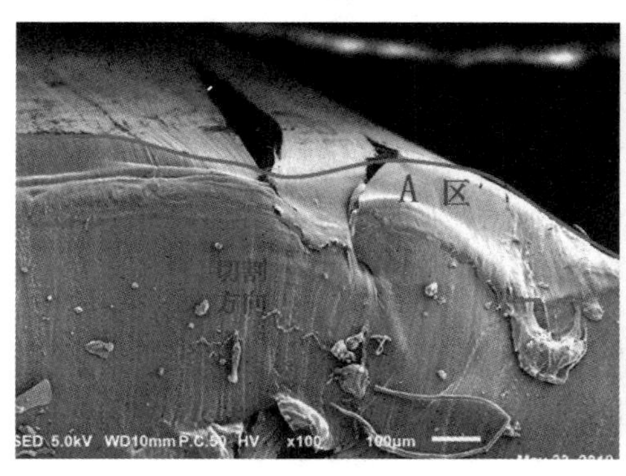

(c) m=1.1 kg 时 A 区 SEM 图像

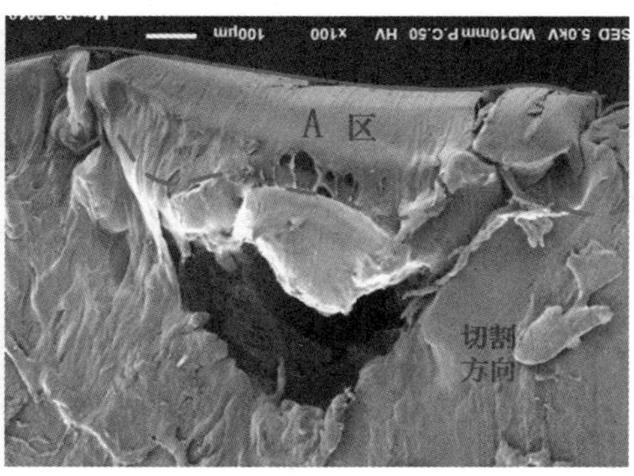

(d) m=4.1 kg 时 A 区 SEM 图像

图 5-30 不同加载质量下直径 1.5 mm 的 PP 纤维单丝的断口 SEM 图像

5.4.2 绳丝间摩擦力作用下合成纤维单丝断口微观形貌特征

1. 不同弹性模量纤维单丝在不同初始速率下的断口形貌

图 5-31 分别为直径 1.5 mm 的 PBT、PA6 和 PP 三种不同弹性模量纤维单丝，在低、中、高初始速率下的整体断口形貌 SEM 图形。三种弹性模量的合成纤维单丝断口沿切割方向均存在 A、B、D、E 四个区，但由于材料的性能不同，不同区域具有不同形貌特征。PBT 和 PP 两种纤维单丝断口 A 区界线不明显，而 PA6 断口 A 区界线明显。初始速率较低时，PP 断面中央出现横贯裂缝。

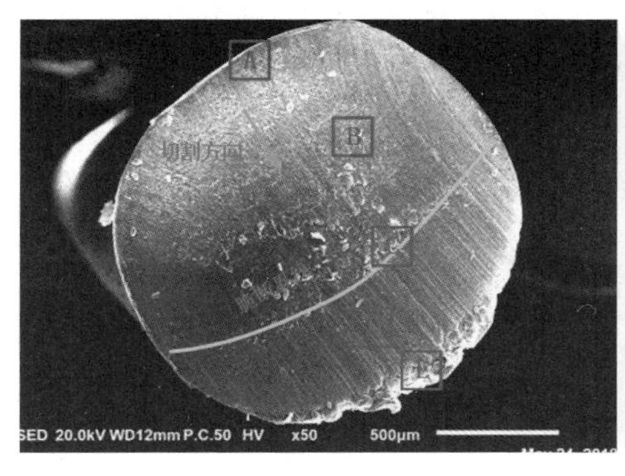

(a) v_0=0.9 m/s 时 PBT 试样断口 SEM 图像

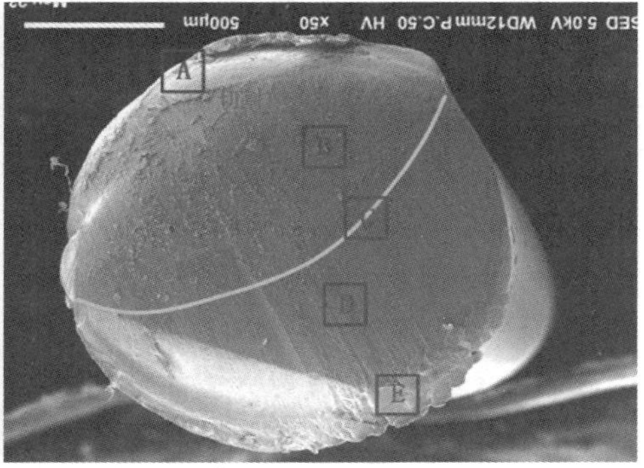

(b) v_0=1.7 m/s 时 PBT 试样断口 SEM 图像

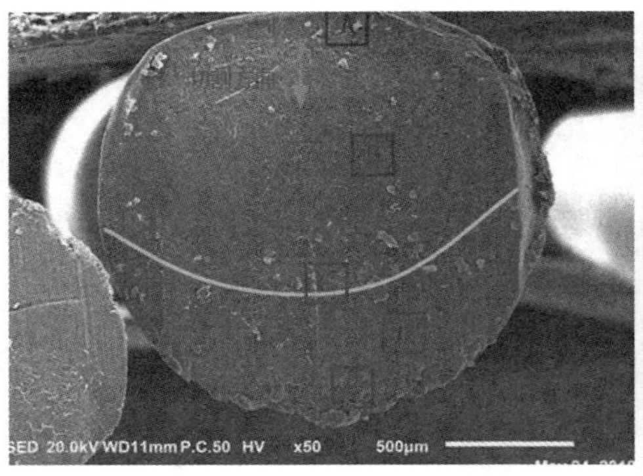

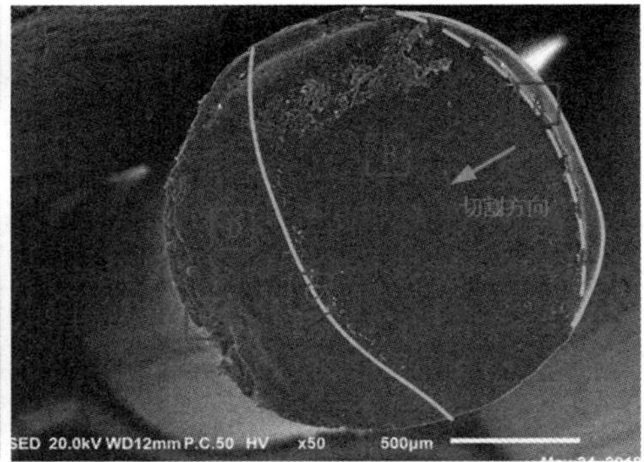

（c）v_0=2.3 m/s 时 PBT 试样断口 SEM 图像　（d）v_0=0.9 m/s 时 PA6 试样断口 SEM 图像

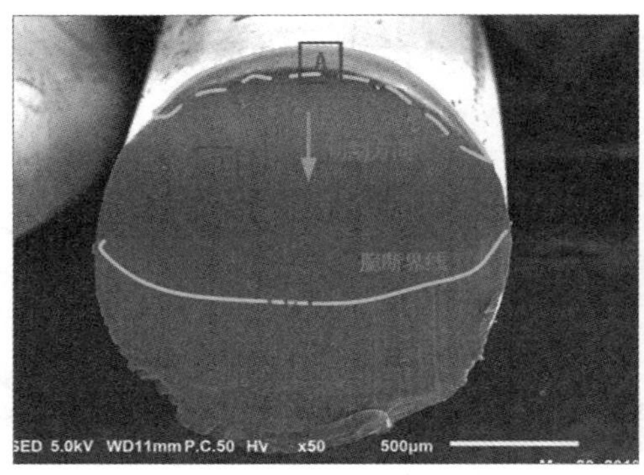

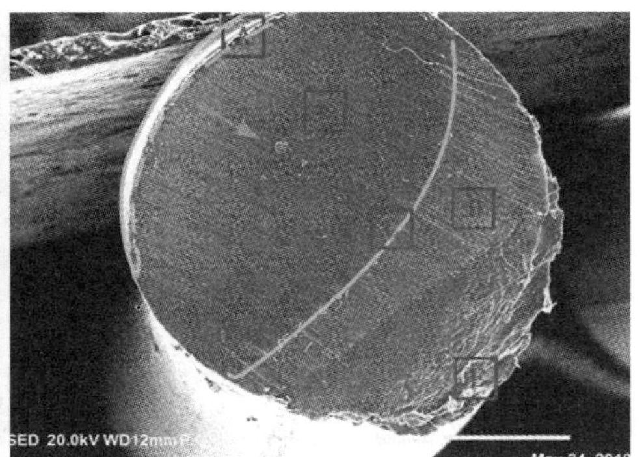

（e）v_0=1.7 m/s 时 PA6 试样断口 SEM 图像　（f）v_0=2.3 m/s 时 PA6 试样断口 SEM 图像

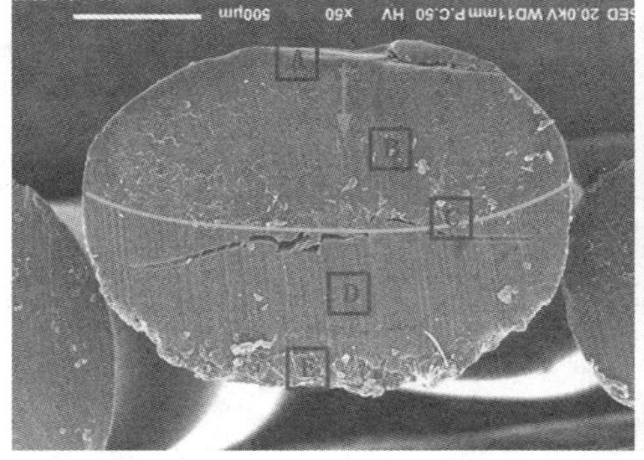

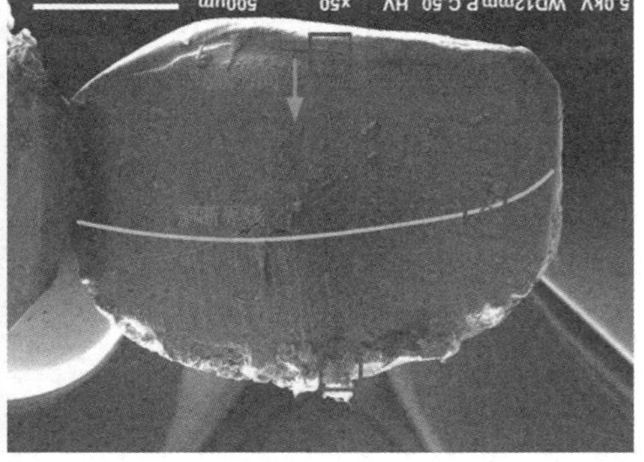

（g）v_0=0.9 m/sPP 时试样断口 SEM 图像　（h）v_0=1.7 m/s 时 PP 试样断口 SEM 图像

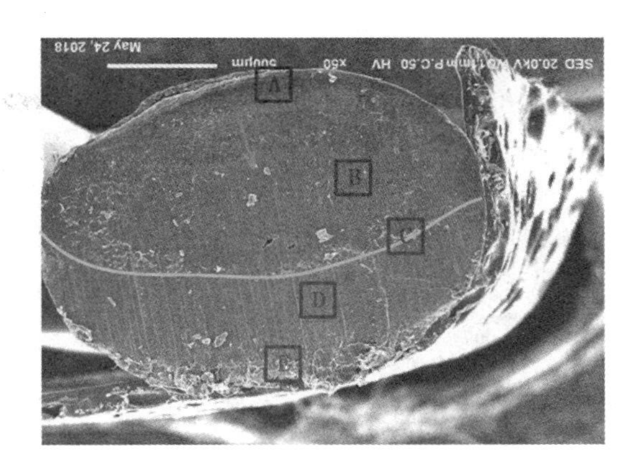

（i）v_0=2.3 m/s 时 PP 试样断口 SEM 图像

图 5-31　直径 1.5 mm 的 PBT、PA6、PP 三种纤维单丝低、中、高速时断口形貌

图 5-32（a）、（b）、（c）分别为直径 1.5 mm 的 PA6、PBT 和 PP 三种纤维单丝在初始速率较低时的切割形变区的 SEM 图像。

图 5-32（a），PBT 纤维单丝形变区表面有大量沿切割方向被拉长的纤维颗粒，纤维颗粒之间有较明显的界限。

图 5-32（b），PA6 纤维单丝切割形变区表面光滑，看不到纤维颗粒，有一层纤维组织沿切割方向均匀覆盖在切入口处，形变结束界线有撕裂痕迹。

图 5-32（c），PP 纤维单丝形变区表面比较光滑，介于 PA6 和 PBT 之间，看不到纤维颗粒和撕裂的痕迹。

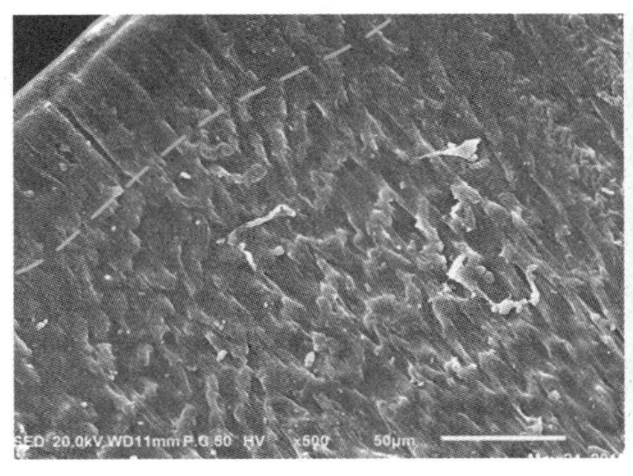

（a）PBT 纤维单丝断口 A 区 SEM 图像

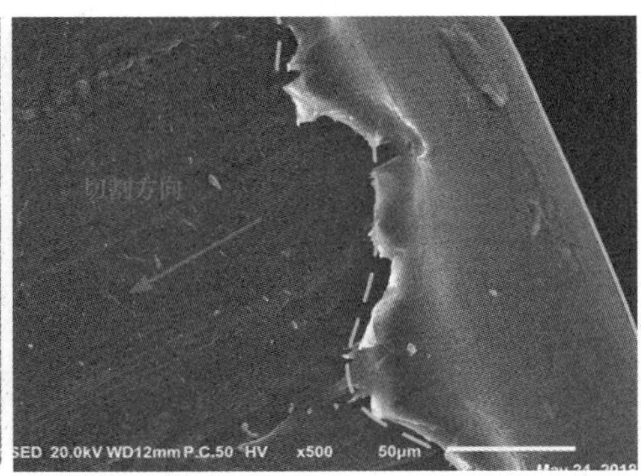

（b）PA6 纤维单丝断口 A 区 SEM 图像

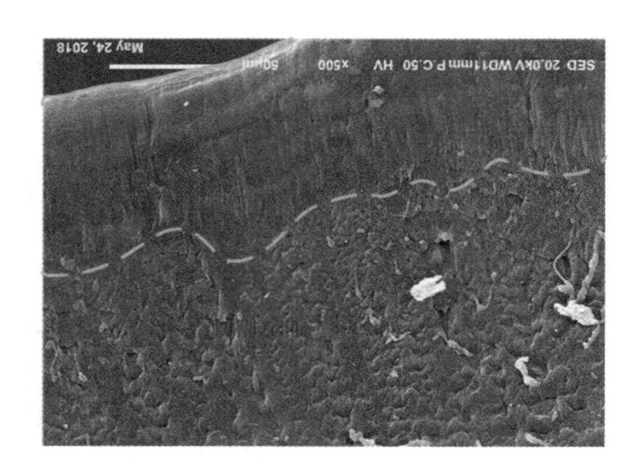

（c）PP 纤维单丝断口 A 区 SEM 图像

图 5-32　初始速率 v_0=0.9 m/s 时三种纤维单丝切割形变区 A 区 SEM 图像

图 5-33（a）、（b）、（c）分别为直径 1.5 mm 的 PA6、PBT 和 PP 三种纤维单丝脆断界面的微观形貌。

图 5-33（a），PBT 断口脆断界面的切屑呈较大的块状，边缘呈水波浪型，波纹密集。

图 5-33（b），PA6 断口脆断界面的切屑呈条状，边缘亦呈水波型，波纹稀疏。

图 5-33（c），PP 断口脆断界面的切屑亦呈块状，出现与切割方向垂直的横贯裂缝。

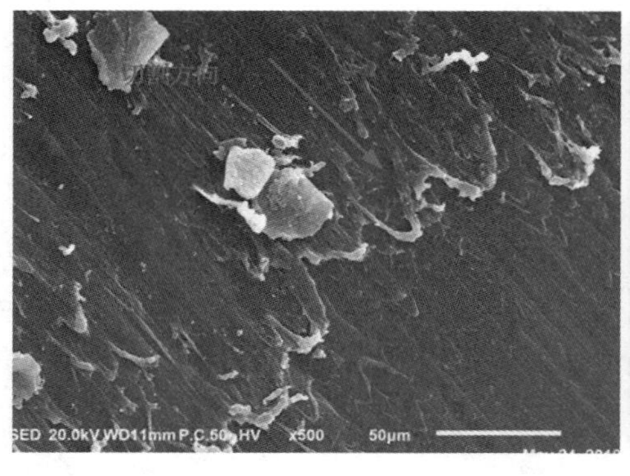

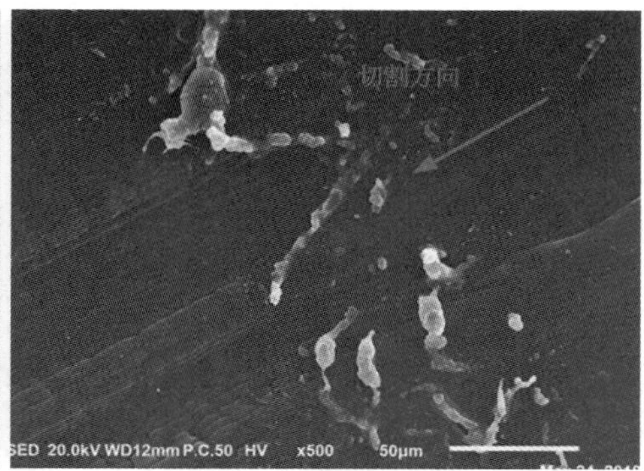

（a）PBT 纤维单丝脆断界面 SEM 图像　　（b）PA6 纤维单丝脆断界面 SEM 图像

（c）PP 纤维单丝脆断界面 SEM 图像

图 5-33　初始速率 v_o=0.9 m/s 时三种纤维单丝脆断界面 SEM 图像

2. 不同弹性模量纤维单丝在不同加载质量下的断口形貌

图 5-34 为初始速率 1.9 m/s、加载质量分别为 2.1 kg 和 4.1 kg 切割条件下，直径 1.5 mm 的 PA6、PBT 和 PP 纤维断口整体形貌。三种纤维整体断口形貌均有四个明显分区，与其他切割条件下的分区一致。同一种纤维单丝，加载质量 2.1 kg 时断口表面更光滑，加载质量 4.1 kg 时断口塑性形变大。三种材料中 PBT 纤维单丝断口切割形变 A 区面积最小，在脆断区出现一个较大的与整体断面呈约 45° 的斜面，类似拉伸断裂的剪切唇。

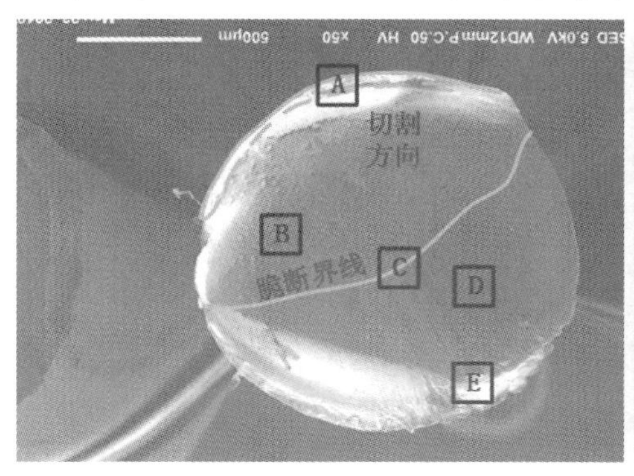

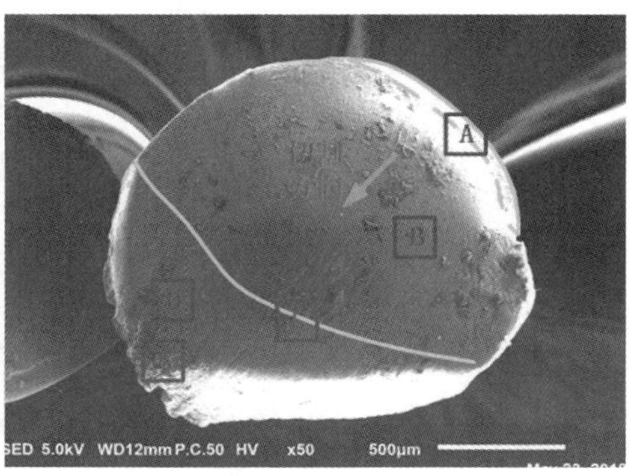

（a）m=2.1 kg 时 PBT 断口 SEM 图像　　（b）m=4.1 kg 时 PBT 断口 SEM 图像

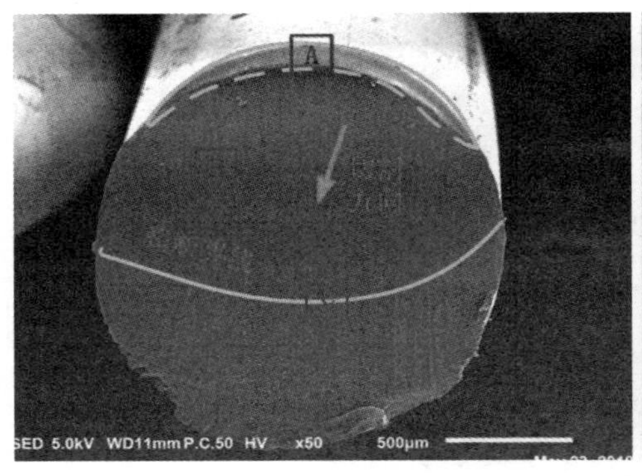

（c）m=2.1 kg 时 PA6 断口 SEM 图像

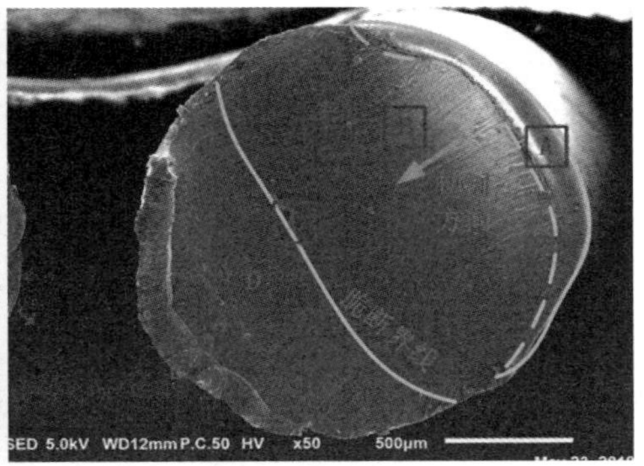

（d）m=4.1 kg 时 PA6 断口 SEM 图像

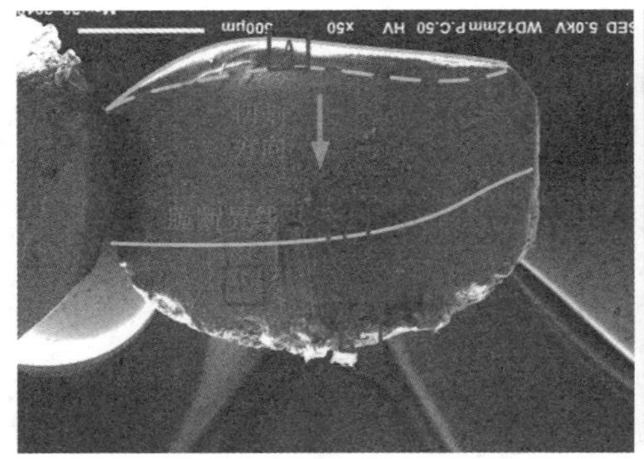

（e）m=2.1 kg 时 PP 断口 SEM 图像

（f）m=4.1 kg 时 PP 断口 SEM 图像

图 5-34 加载质量 m=2.1 kg 和 4.1 kg 时三种纤维单丝断口 SEM 图像

图 5-35 为不同加载质量时，直径 1.5 mm 的 PBT 纤维单丝切割断口的形变区和脆断界面区的 SEM 图像。加载质量为 2.1 kg 时，形变区表面分布有许多颗粒状物质，形变末端参差不齐。而加载质量为 4.1 kg 时，形变区表面沿切割方向呈水波纹状，塑性流动痕迹明显，表面颗粒粘弹性和塑性形变较大，颗粒之间界面模糊。两种加载质量下的脆断界面的微观形貌与切割形变区一致，加载质量较小时切屑呈颗粒状，而加载质量较大时切屑被拉长呈波纹状分布。

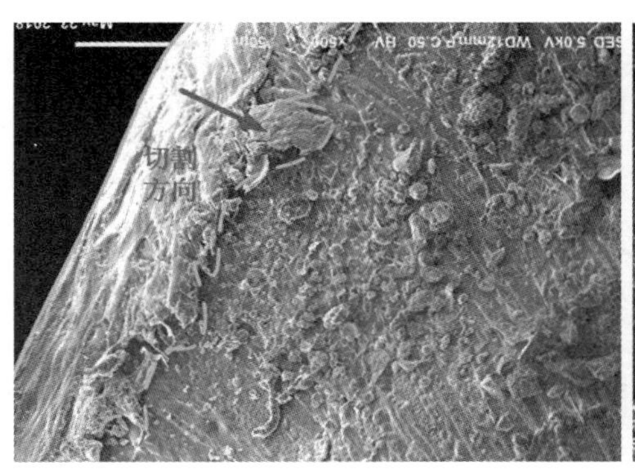

（a）m=2.1 kg 时 A 区 SEM 图像

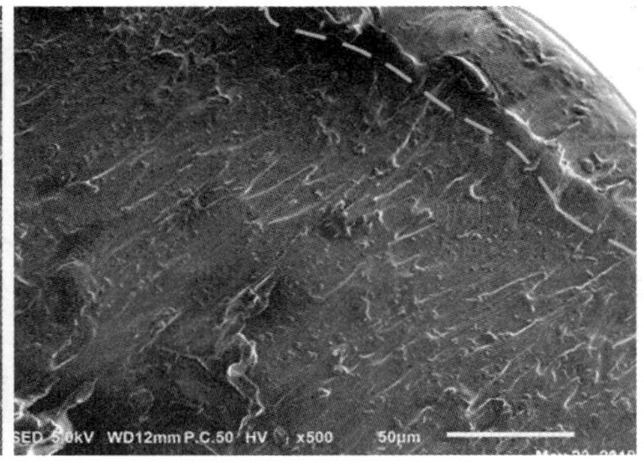

（b）m=4.1 kg 时 A 区 SEM 图像

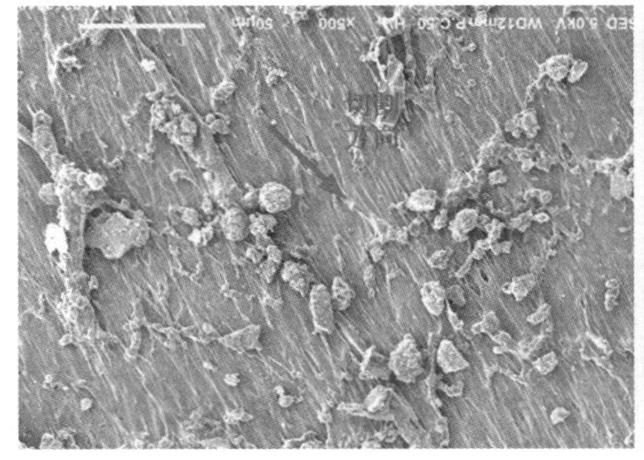

（c）m=2.1 kg 时 C 区 SEM 图像

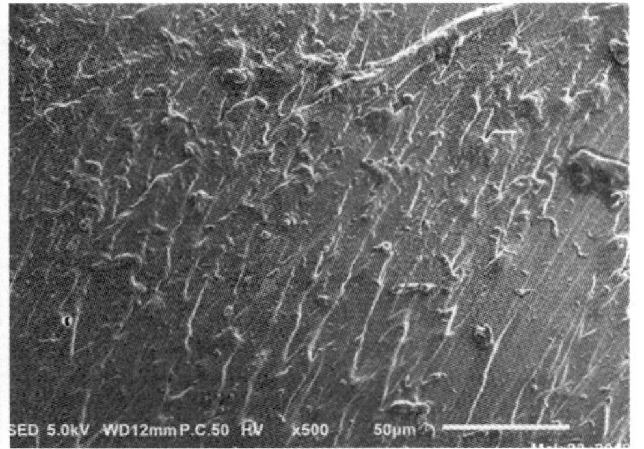

（d）m=4.1 kg 时 C 区 SEM 图像

图 5-35 不同加载质量下直径 1.5 mm 的 PBT 纤维断口 A 区和脆断界面 C 区 SEM 图像

图 5-36 为加载质量为 2.1 kg 和 4.1 kg 时，直径 1.5 mm 的 PA6 纤维单丝切割断口的形变区和脆断界面区的 SEM 图像。图 5-36（a），加载质量为 2.1 kg 时，形变区比较平坦，形变结束界线有轻微撕裂痕迹。图 5-36（b），加载质量为 4.1 kg 时，形变区域面积增大，表面平坦光滑，沿切割方向塑性流动性好，看不到纤维内部的颗粒状物质。

图 5-36 中（c）和（d）为两种不同加载质量下 PA6 纤维单丝断面脆断阶段 C 区的形貌特征图。加载质量为 2.1 kg 时，表面分布较多尺寸较小的条状切屑，而加载质量为 4.1 kg 时，脆断表面有较大的团状切屑。

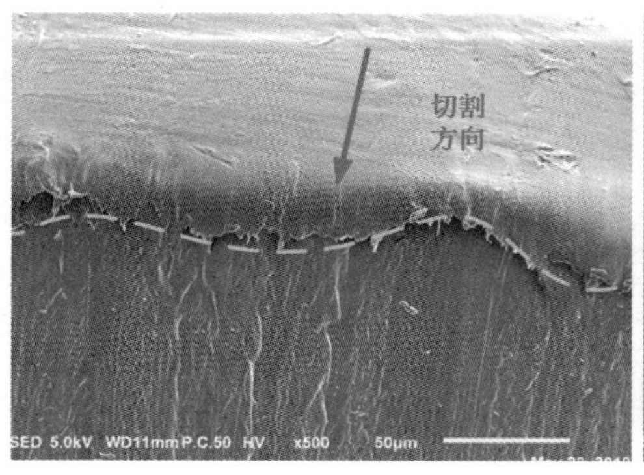

（a）m=2.1 kg 时 A 区 SEM 图像

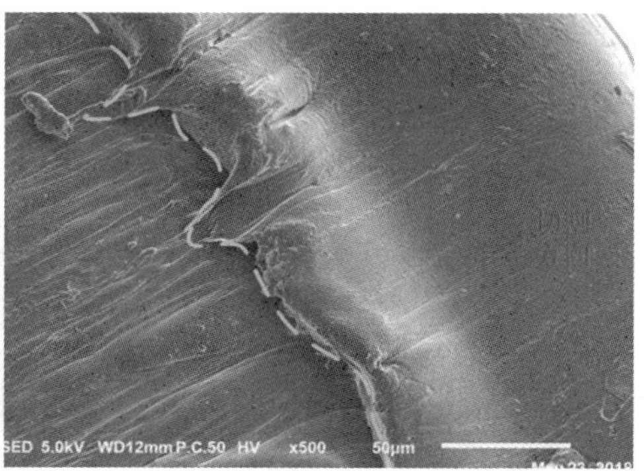

（b）m=4.1 kg 时 A 区 SEM 图像

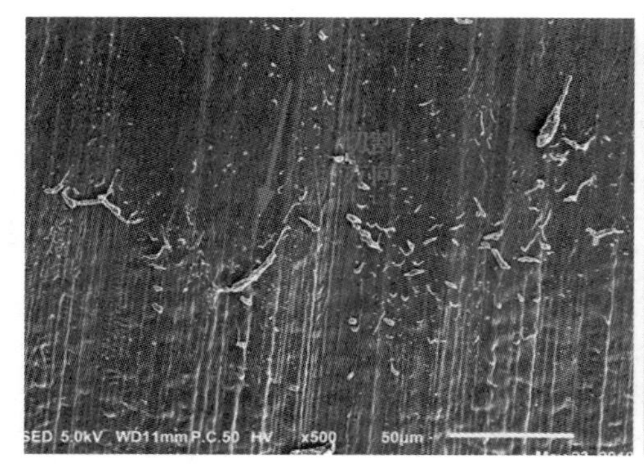

（c）m=2.1 kg 时 C 区 SEM 图像

（d）m=4.1 kg 时 C 区 SEM 图像

图 5-36 不同加载质量下直径 1.5 mm 的 PA6 试样 A 和 C 区 SEM 图像

图 5-37 为加载质量 2.1 kg 和 4.1 kg 时，直径 1.5 mm 的 PP 纤维单丝切割断口的形变区和脆断界面区的 SEM 图像。

图 5-37（a），加载质量为 2.1 kg 时，形变区表面可以观察到沿切割方向（应力方向）被拉成撕裂的微纤维束。

图 5-37（b），加载质量为 4.1 kg 时，形变区纤维的塑性形变更严重，可以观察到有一些微小的裂纹出现。

图 5-37（c），加载质量为 2.1 kg 时，脆断界面区相对平整，中心有一条较大的与切割方向垂直的裂纹。

图 5-37（d），加载质量为 4.1 kg 时，表面比较粗糙塑性形变较大，同样有一条较大的但长度较短的横向裂纹。

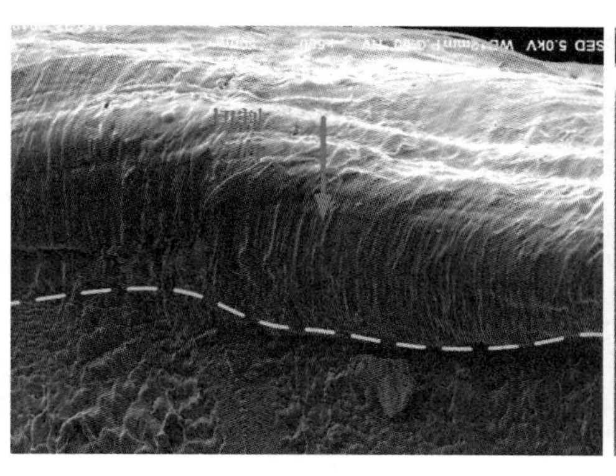

（a）m=2.1 kg 时 A 区 SEM 图像

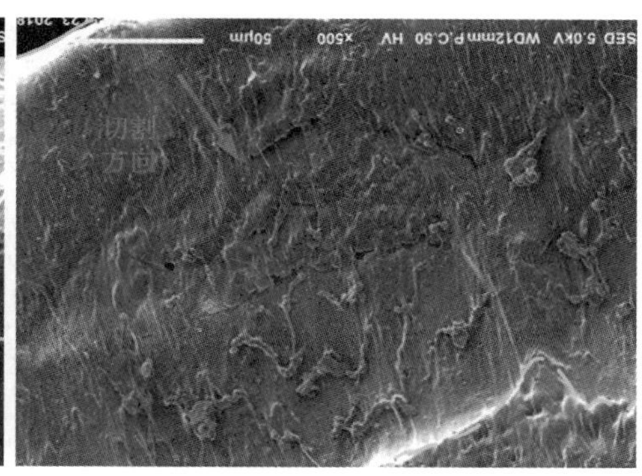

（b）m=4.1 kg 时 A 区 SEM 图像

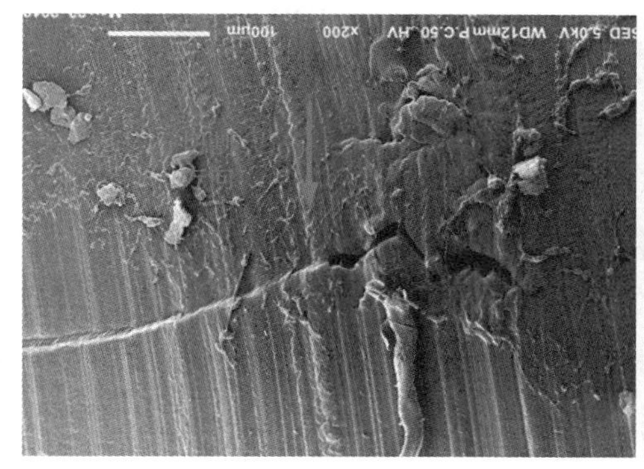

（c）m=2.1 kg 时 C 区 SEM 图像

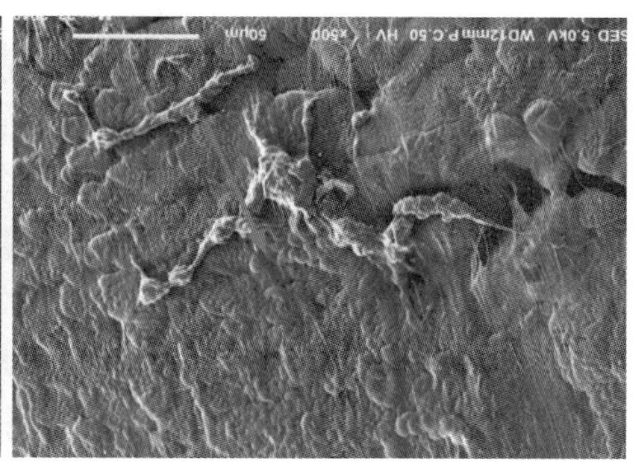

（d）m=4.1 kg 时 C 区 SEM 图像

图 5-37 不同加载质量下直径 1.5 mm 的 PP 纤维单丝 A 区和 C 区 SEM 图像

5.4.3 合成纤维单丝断裂形变机制

1. 无编织状态下弹性模量对合成纤维单丝断裂的作用机制

① 不同初始速率下弹性模量对合成纤维单丝断裂的作用机制

合成纤维单丝断裂实质上是产生新自由表面的过程，是通过新断面扩展而产生的。断面扩展速率与割刀速率关系显著，低速时纤维单丝的形变速率跟得上割刀加载速率，断口形貌比较平坦；高速时纤维单丝的形变速率滞后于加载速率，纤维内部薄晶转变为沿应力排列的微纤维束来不及在整个形变体内均匀地扩展而被撕裂，表面可以观察到沿切割方向（应力方向）被拉成撕裂的微纤维束。

提高初始速率，三种不同弹性模量的合成纤维单丝断面均由三个区域变为两个区域，表面塑性形变严重，塑性流动痕迹明显，切割形变区域均增大。初始速率高冲量大，纤维单丝所受冲击力大，强迫高弹形变大。PBT 弹性模量最大，切割形变区塑性流动性差，边界不规则，因为弹性模量大材料的刚度大，分子链形变速率小。PP 弹性模量最小，且各向异性显著，分子链横向结合强度低，低加载速率时断面中央出现了横向裂纹，中、高速率下断面完整，分子链段来不及形变就已经断裂。PA6 弹性模量适中，塑性流动性好，边界规则。

宏观断裂理论力学分析知道，不同初始速率下，PP 纤维单丝的弹性模量最小，切割阻力最大，断裂损耗能量最大，断裂过程中塑性形变最大；PBT 纤维单丝的弹性模量最大，切割阻力最小，断裂损耗能量最小，断裂过程中塑性形变最小。合成纤维单丝的宏观力学行为与切割断口的微观形貌特征一致。

因此，不同初始速率下，合成纤维单丝的弹性模量越大，切割阻力越小，作用时间越短，强迫高弹形小而粘弹性形变大，塑性形变不充分。而合成纤维单丝的弹性模量越小，对强迫高弹形变影响越显著，粘弹性滞后较小，形变更充分。

② 不同加载质量下弹性模量对合成纤维单丝断裂的作用机制

提高加载质量，纤维切割断口整体形貌塑性形变严重，尤其是切割形变区域的塑性形变。不同弹性模量的纤维单丝在相同切割条件下，韧性较好的 PA6 纤维断口整体表面更光洁，断口发生塑性形变时，纤维内部组织滑移流畅，撕裂痕迹不明显。对于弹性模量和拉伸断裂强度最大的 PBT 纤维，断口撕裂痕迹严重，因为 PBT 刚度大，塑性流动性差。而弹性模量小且拉伸形变量最小的 PP 纤维，切割断口出现较大的横向裂纹，且加载质量越大，裂纹越大。

结合三种纤维单丝的宏观力学分析，相同切割条件下，作用时间 PA6 试样最长，PP 试样次之，PBT 试样最短。PA6 纤维单丝的切割断裂强度最大，PBT 的切割断裂强度最小，切割断裂过程中撕裂明显。从能量消耗的角度分析，纤维切割过程中损耗的能量主要是塑性形变等消耗的能量，损耗的能量越大说明切割过程塑性形变也越严重。PA6 损耗的能量最大，说明 PA6 是三种试样中韧性最好的材料，塑性形变最大，但 PA6 作用时间长，纤维分子链段形变跟得上应力的速率，塑性形变比较流畅，没有撕裂的痕迹。而对于各向异性显著且塑性流动性最差的 PP 材料，切割过程不仅塑性形变严重而且还伴随着横向裂纹的产生，其弹性模量在三种材料中最小，损耗的能量却大于 PBT 试样损耗的能量。

因此，不同加载质量下，合成纤维单丝的弹性模量越大，强迫高弹形变不显著，而粘弹性滞后明显，断口切割形变区形变较小。合成纤维单丝的弹性模量越小，加载质量对形变的影响越显著。

2. 绳丝间摩擦力作用下弹性模量对合成纤维单丝断裂的作用机制

① 不同初始速率下弹性模量对合成纤维单丝断裂的作用机制

三种不同弹性模量的纤维单丝，初速速率对断裂行为的影响规律一致，均表现为随着初始速率的提高，纤维断口切割形变区域面积减小，塑性流动性差，形变区边界撕裂明显。初始速率提高，割刀与纤维单丝的作用时间减少，纤维单丝的加载速率提高，纤维单丝分子链运动速率滞后于加载速率，属于粘弹性滞后。

比较三种弹性模量的纤维单丝断口形貌，PA6 与 PBT 纤维单丝形变较大，但 PBT 弹性模量和强度大于 PA6，塑性流动性差，表面不如 PA6 平整，而 PP 试样的弹性模量最低，且各向异性显著，分子链横向结合强度低，拉伸断口呈分散的丝状，故切割过程中塑性形变流动性最差，甚至出现横向裂纹。弹性模量对材料的形变速率影响较大。在第四章中，相同切割条件下，三种材料的作用时间并不相同，PP 作用时间最长，PBT 作用时间最短，与三种试样的弹性模量的大小顺序正好相反。弹性模量大纤维单丝的刚度大，在相同的切割条件下，形变小、作用时间短。作用时间短，即加载速率大，塑性形变小且流动性差，材料趋于脆性断裂。

因此，不同初始速率下，合成纤维单丝弹性模量对断裂作用机制的影响，模拟编织与无编织状态下结论一致。

② 不同加载质量下弹性模量对合成纤维单丝断裂的作用机制

加载质量对三种纤维单丝断口微观形貌的影响，加载质量较小，切割形变小，切屑呈颗粒状，而加载质量较大时切屑被拉长呈波纹状分布，粘弹性流动显著。增大加载质量与提高初始速率对三种纤维单丝断口形貌特征的影响正好相反。提高加载质量，纤维单丝趋于延性断裂，初始速率提高，纤维单丝趋于脆性断裂。

PBT 弹性模量最大，切割形变影响不大，加载质量大时断裂趋于延性断裂，强迫高弹形变不明显，加载质量增大主要是粘弹性机制为主。而 PA6 切割形变增大，且表面更平坦光滑，强迫高弹形变和粘弹形变均显著，是两种形变机制耦合作用的结果。PP 纤维单丝弹性模型最小，断裂行为与 PA6 差别很大，因为 PP 纤维各向异性显著，表现为低加载质量时，切割形变区沿割刀方向大量的为纤维束平行排列；而大加载质量时，断面中央出现横向裂纹。

3. 两种切割条件下弹性模量对合成纤维单丝断裂的作用机制对比

不同切割初始速率时，合成纤维单丝弹性模量大，切割阻力小、作用时间短、切割断裂韧性小，初始速率对三种材料的合成纤维单丝的断裂作用机制均为强迫高弹形变，弹性模量最高的 PBT 纤维单丝切割断裂过程中，强迫高弹形变程度较小。

不同加载质量时，纤维材料的弹性模量对切割断裂中的高弹形变影响显著，弹性模量大材料的屈服强度大，材料不容易达到强迫高弹形变的条件，除了弹性模量对形变机制的影响外，材料的其他性能对断裂行为也有较大的影响，如材料的各向异性，材料的断裂韧性等。

合成纤维单丝在无编织状态下，较高的初始速率时，整体断面没有脆断区，而在切向摩擦力作用下断面的脆断区较大，说明切向摩擦力施加给合成纤维单丝的张应力是影响脆断的主要因素。有切向摩擦力作用时，合成纤维单丝断面的切割形变区面积较小，主要因为切向摩擦力作用下，切割断裂应力较低，作用时间长，加载速率较低，断裂机制为粘弹性形变。

不同加载质量，无编织状态切割时，合成纤维单丝的切割形变区塑性流动性较好，因为切割力比较大，大外力的作用降低了玻璃态高聚物分子链段运动的位垒，缩短链段运动的松弛时间，屈服后出现了较大的强迫高弹性形变。

5.5 合成纤维单丝切割断裂形变机制的分子链段运动物理模型

高聚物纤维是由许许多多结构单元组成的，每一结构单元相当于一个小分子，相互间以化学键连接，高分子主链有一定内旋转自由度，从而赋予主链一定的柔性，由于分子热运动，链的形状不断改变。链段是在高分子链上划分出来的能独立取向的最小单元，大分子链由若干个链段组成，链段之间自由连接，无规取向。

切割过程是高聚物从一种平衡状态过渡到另外一种平衡状态的过程，而松弛过程中，高聚物处于不平衡的过渡。合成纤维单丝在不同编织状态下，力学行为不同，切割参数影响形变的机制也不相同。

合成纤维切割断裂形变由分子链段运动产生，因此可以用分子链段的运动物理模型来揭示断裂形变机制。

1. 无编织状态下切割形变机制的分子链段运动物理模型

合成纤维单丝在无编织状态下受到割刀法向冲击作用，纤维单丝在切割断裂过程中仅受到剪应力作用，支撑板为纤维单丝提供法向支持力，剪切应力较大。

图 5-38 为无编织状态下，切割形变阶段纤维内部分子链在外加载荷作用下运动物理模型示意图。图 5-38（a），合成纤维单丝无编织时，试样两端处于自由状态，支撑板为合成纤维单丝提供法向向上的支撑力 N_0。

图 5-38（b），割刀施加给合成纤维单丝法向向下的切割力 F，合成纤维单丝所受向上的法向支持力增大为 $N+\Delta N$。合成纤维单丝受到法向剪切应力作用，速度梯度在垂直于分子链流线方向上，割刀刃口下合成纤维局部卷曲缠绕的分子链产生高弹形变，表现为在割刀应力下，合成纤维单丝局部分子链沿切向伸长。

图 5-38（c），当剪切应力进一步增大，大外力作用降低了玻璃态高聚物分子链段运动的位垒，缩短链段运动的松弛时间。由于作用时间非常短，且

支撑板的法向约束作用，局部大分子链达不到整体运动条件，无法解缠和滑移，发生强迫高弹形变。

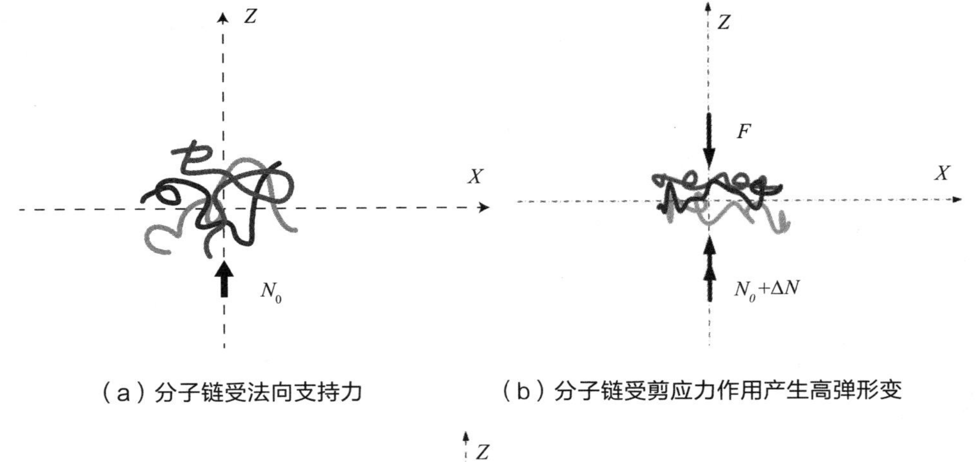

（a）分子链受法向支持力　　（b）分子链受剪应力作用产生高弹形变

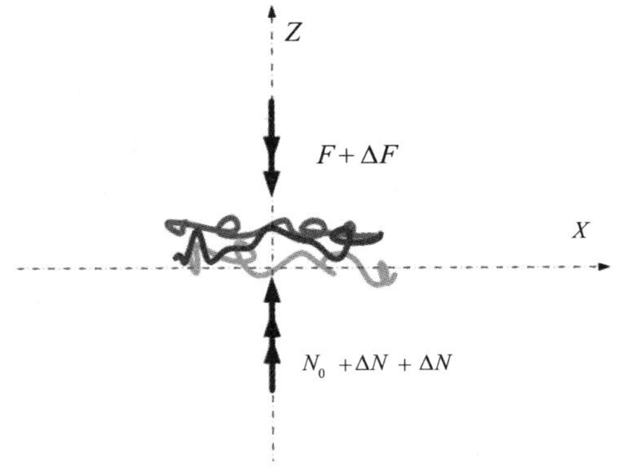

（c）分子链受剪应力作用产生强迫高弹形变

图 5-38　合成纤维单丝无编织状态下切割形变区分子链运动物理模型

2. 绳丝间摩擦力作用下切割形变机制的分子链运动物理模型

合成纤维无约束，也无外力作用时，分子链为一种无规线团构象，不存在有序性。外力作用下，首先发生链段的取向，然后发生整个分子链的取向。合成纤维单丝在切向摩擦力约束下受到法向冲击力，切割断裂过程中受到拉应力和剪应力的耦合作用。

图 5-39 为绳丝间摩擦力作用下，切割形变阶段合成纤维单丝内部分子链运动物理模型。图 5-39（a），切割前，合成纤维单丝两端受预紧力 T_0作用，

此时拉应力较小，分子链仅键长和键角发生改变，形变量较小，仅发生普通弹性形变。

图 5-39（b），割刀接触并施加给纤维单丝切割力 F，纤维单丝两端张力增大为 $T_0+\Delta T$。合成纤维单丝受拉应力时，速度梯度在拉伸方向上，纤维沿拉应力方向优先排列。因此，合成纤维内卷曲缠绕的分子链沿切向产生高弹形变，表现为分子链沿切向整体拉伸。在高弹态下，整个大分子链不能运动，一般不发生分子链的取向，只发生链段取向。

图 5-39（c），当割刀与合成纤维单丝作用时间继续增加，分子链沿纤维方向的取向度得到提高，纤维的模量和强度相应增加，切割应力也进一步增大。当作用时间接近或大于纤维单丝的松弛时间，很小的应力就能引起大分子链的解缠和滑移，整个大分子链在外力方向上进行排列，而得到大尺寸范围的取向。

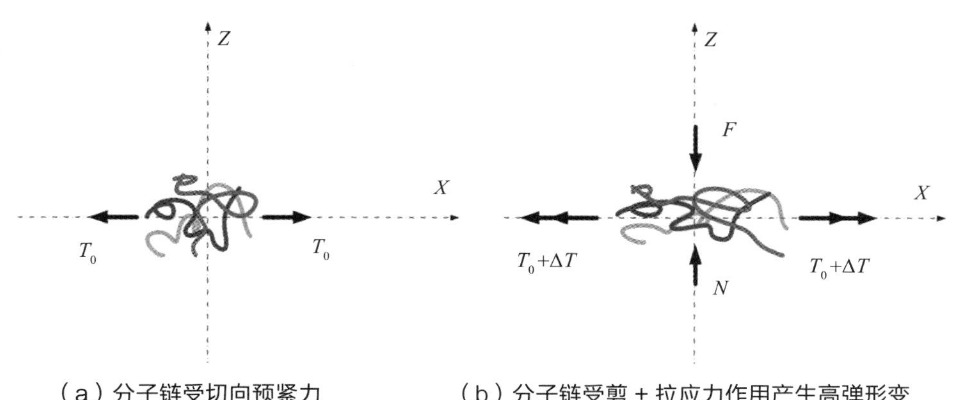

（a）分子链受切向预紧力　　（b）分子链受剪 + 拉应力作用产生高弹形变

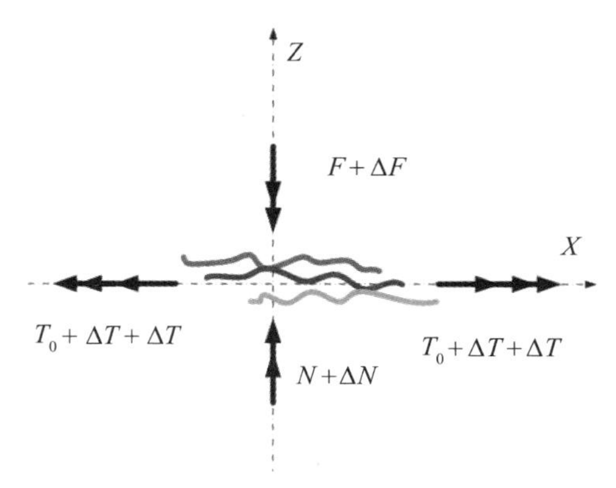

（c）分子链受剪 + 拉应力作用产生粘弹形变

图 5-39　合成纤维单丝在绳丝间摩擦力作用下切割形变区分子链运动物理模型

3. 合成纤维单丝切割形变机制的本质

由合成纤维单丝切割形变阶段分子链运动物理模型可知，切割形变机制的本质是分子链运动，主要有两种形变机制：强迫高弹性变和粘弹形变。

① 强迫高弹形变

强迫高弹形变是玻璃态高聚物在大外力作用下发生的大形变。产生的原因是：在外力的作用下聚合物中本来被冻结的链段被强迫运动，使高分子链发生伸展产生大的形变，但由于聚合物仍处于玻璃态，当外力移去后，链段不能再运动，形变得不到回复。玻璃态高聚物，外力作用的松弛时间 τ 与应力 σ 的关系：

$$\tau=\tau_0\exp\left(\frac{U_0-r\sigma}{RT}\right) \tag{5-1}$$

式中：

$\boldsymbol{\tau}$——纤维单丝的链段松弛时间（s）；

τ_0——纤维单丝的时间常数；

σ——纤维单丝的作用应力（MPa）；

U_0——纤维单丝的活化能（kJ/mol）；

γ——与纤维单丝材料有关的常数；

R——纤维单丝的松弛率（%）；

T——温度。

由上式可知，随着应力的增加，链段运动的松弛时间将缩短。当应力增大到屈服应力 σ_b 时，链段运动的松弛时间减小至与拉伸速度相适应的数值，高聚物就可产生大形变。将式（5-1）取对数：

$$\ln\tau=C+\frac{U_0-r\sigma}{RT} \tag{5-2}$$

此式表明，材料的松弛时间 $\ln\tau$ 与应力 σ 和温度的倒数 $1/T$ 呈线性关系。合成纤维的切割断裂过程伴随着应力松弛过程，割刀刃口下纤维所受的局部应力超过了屈服应力，发生强迫高弹形变，加大外力对松弛过程的影响与升高温度相似。高弹形变是分子链通过链段运动逐渐伸展的过程，形变量比普弹形变要大很多，形变与时间成指数关系见式（2-16）。

② 粘弹性形变

高聚物的分子运动、宏观力学性能强烈依赖于温度和外力作用时间，其形变性质兼具固体的弹性和液体粘性的特征，其现象表现为力学性质随时间而变化的力学松弛现象。动态粘弹性主要表现为滞后和力学损耗。产生原因：形变由链段运动产生，链段运动时受内摩擦阻力作用，外力变化时，链段的运动跟不上外力的变化，所以形变落后于应力，分子间没有化学交联的线性聚合物，受到外力作用时产生分子间的相对滑移，成为粘性流动，与时间呈线性关系，用式（2-17）表示。

强迫高弹形变更依赖于大的加载应力，而粘性滞后更依赖于形变时间。不同切割参数下，合成纤维单丝的断裂应力和作用时间不同，对两种形变机制的影响程度不同，合成纤维单丝的弹性模量主要影响纤维的刚度，弹性模量大、刚度大，作用时间短、断裂强度和断裂总能量都较低。

合成纤维单丝切割断裂机制为强迫高弹形变和粘弹形变耦合作用的结果，断裂机制最终以一种形变机制为主。设合成纤维单丝切割断裂过程中，强迫高弹形变量为ε_2，粘弹性形变量为ε_3，断裂总的塑性形变量为ε，则有，

$$\varepsilon(t)=\varepsilon_2+\varepsilon_3=\frac{\sigma}{E_2}\left(1-\mathrm{e}^{-t/\tau}\right)+\frac{\sigma}{\eta_3}t=\sigma\left[\frac{1}{E_2}\left(1-\mathrm{e}^{-t/\tau}\right)+\frac{1}{\eta_3}t\right] \tag{5-3}$$

式中：

E_2——合成纤维单丝的高弹模量（MPa）；

τ——合成纤维单丝的松弛时间（s）；

t——合成纤维单丝的作用时间（s）；

η_2——合成纤维单丝的本体粘度。

绳丝间摩擦力作用下，纤维两端受张力作用，弹性能储存在合成纤维单丝内部，切割阻力变化曲线为J型增长，分子链沿纤维方向的取向度得到提高，纤维的模量和强度增加，切割过程中合成纤维单丝整体发生形变，割刀与纤维单丝作用时间长，断裂强度较低。形变机制以粘弹性形变为主，受切割速率影响显著。由于粘弹性滞后，消耗的切割断裂总能量大。

无编织切割时，切割阻力曲线为波峰—波谷振荡，弹性能随着新断面的扩展而释放，应力松弛显著。割刀刃口下的纤维单丝局部发生形变，作用时间短，加载速率大，分子链来不及解缠和滑移，能够快速达到较大的切割断

裂应力。形变机制主要为强迫高弹性形变，加载质量影响显著。

不同参量对合成纤维单丝的断裂行为的作用机制示意图如图 5-40 所示。

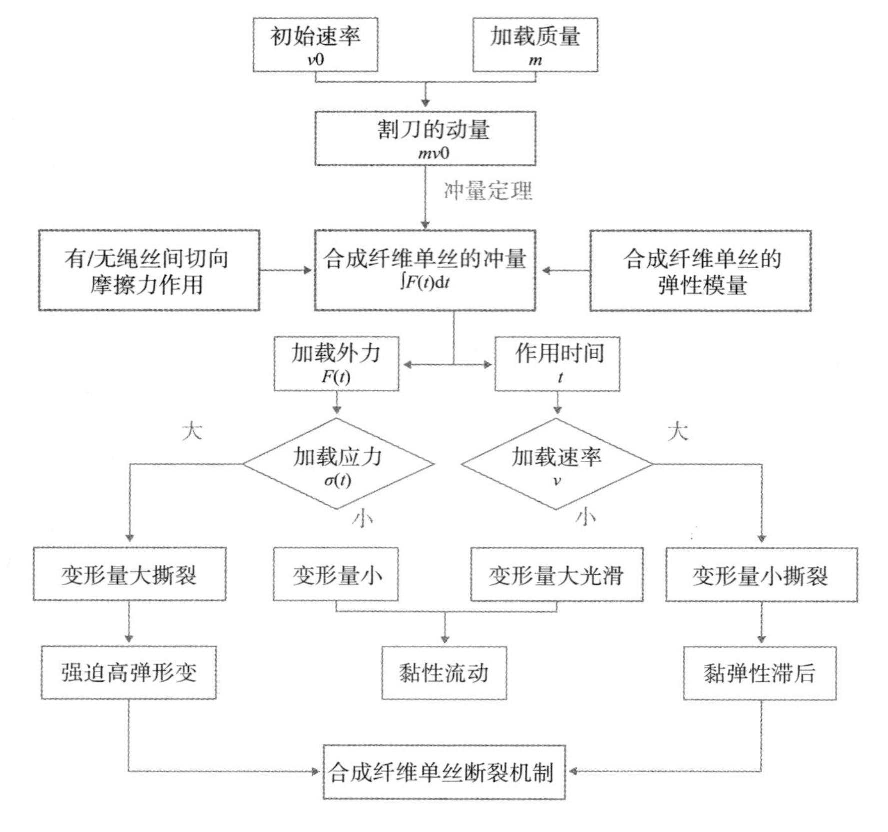

图 5-40　不同参量对合成纤维单丝的断裂行为的作用机制示意图

5.6 本章小结

本章主要分析了不同切割参数下合成纤维单丝的断口扫描电子显微镜图像，将合成纤维单丝断口的微观形貌和宏观力学数据分析相结合，揭示切割参数对合成纤维单丝断裂的作用机制，并根据作用机制，从分子链段运动角度建立了合成纤维单丝形变阶段的物理模型，得出如下结论。

（1）根据不同的断裂机制，合成纤维单丝在绳丝间摩擦力作用下，断口表面有四个分区：切割形变区、切割区、脆断区和拉断区；无编织状态下切割时，断口表面拉断区域的面积很小，和脆断区合并。

（2）相同加载质量下，增大初始速率，纤维断口表面切屑增多。切屑主要是纤维单丝分子链段的应变速率跟不上加载速率，切割形变区纤维组织撕裂形成的碎片。相同初始速率下增大加载质量，纤维断口表面的切屑变化不明显；加载质量增大、应力增大，纤维单丝的形变机制为强迫高弹形变。

（3）不同弹性模量的合成纤维，弹性模量越大，刚度越大，切割过程中割刀与纤维单丝的作用时间越短，切割阻力越小。弹性模量最大的PBT纤维，切割断口形变量小且撕裂痕迹严重；弹性模量小且各向异性显著的PP纤维单丝，断口形变量最大，且断口中央出现较大的裂纹。弹性模量越小，切割断裂过程中，强迫高弹形变和粘弹形变越充分，断裂韧性越好。

（4）对比无编织和绳丝间摩擦力作用下的两种切割，不同参数下的断裂行为和机制不同。绳丝间切向摩擦力作用时，纤维单丝整体发生形变，作用时间长、切割断裂强度低、断裂韧性高，断裂机制主要是纤维单丝的分子链形变速度跟不上加载速率造成粘弹滞后。而无编织时为合成纤维单丝局部产生形变，作用时间短、切割断裂强度高、断裂韧性低，大外力的作用降低了玻璃态高聚物分子链段运动的位垒，缩短链段运动的松弛时间，屈服后出现较大的强迫高弹性形变。

6　结论与展望

6.1　本书研究工作总结

为研究合成纤维绳索断裂失效过程中绳丝的断裂行为与机制，本书提出了一种模拟绳丝间摩擦力作用下合成纤维单丝的切割断裂性能试验方法，并研制了落体切割试验机。利用接触力学理论、断裂力学能量平衡理论，研究不同切割参数对断裂行为的影响规律，根据断口形貌学分析合成纤维单丝切割断口的微观形貌特征，探索不同切割参数对合成纤维单丝断裂的作用机制和绳丝间摩擦力对断裂机制的影响规律，得出以下结论。

1. 自主研制的落体切割试验机，可以完成合成纤维单丝无编织和模拟编织两种不同状态的切割断裂性能试验

提出了一种模拟绳丝间切向摩擦力的试验方法，设计了试验机。试验机能够完成合成纤维纤单丝无编织和绳丝间摩擦力作用两种状态的切割断裂性能试验；能够实时检测切割过程中切割阻力及切割速度等参数的变化，且割刀初始速率、加载质量等参数在一定范围内可调，切割断裂过程的宏观图像由高速摄像机以每秒 10 000 帧的速率采集。

2. 提高割刀初始速率，有效降低了合成纤维单丝的切割断裂韧性，断裂形变机制以粘弹性滞后为主

提高割刀初始速率，合成纤维单丝断裂过程作用时间减小、切割阻力略有增大、断裂损耗能量比降低。模拟编织状态下，初始速率从 1.9 m/s 提高到 3.1 m/s，直径 3 mm 的 PA6 纤维单丝断裂损耗能量比从 57% 下降到 42%。断口切割形变区域面积随初始速率的提高而减小，脆断界面切屑明显增多，不同区域边界撕裂严重。

提高初始速率，加载速率增大，合成纤维分子链段运动速率跟不上加载速率，降低了合成纤维单丝的断裂韧性，断裂由延性向脆性演变，塑性形变机制主要为粘弹性滞后。

3. 提高割刀加载质量，增大了合成纤维单丝的切割断裂韧性，断裂形变机制以强迫高弹形变为主

提高加载质量，合成纤维单丝断裂过程作用时间略有减小、切割阻力明显增大、断裂损耗能量比提高。模拟编织状态下，加载质量从 1.1 kg 提高到 4.1 kg，直径 3 mm 的 PA6 纤维单丝断裂损耗能量比从 41% 提高到 53%。断口切割形变区域面积增大，塑性流动性较好。

提高加载质量，加载应力增大，大外力的作用降低了合成纤维单丝分子链段运动的位垒，缩短分子链段运动的松弛时间，玻璃态高聚物在屈服后出现了较大的强迫高弹性形变。

4. 合成纤维单丝的弹性模量越低，切割断裂韧性越高，断裂过程中切割参数对断裂行为的影响越显著

不同弹性模量的合成纤维，弹性模量越小，切割断裂过程中作用时间长、切割阻力大，强迫高弹形变和粘弹形变越充分，切割损耗能量大，断裂韧性越好。模拟编织状态下，加载质量 1.1 kg 时，弹性模量 2.22 GPa 的 PBT 纤维，作用时间 18.5 ms、切割断裂损耗能量 0.346 N·m；弹性模量 0.76 GPa 的 PP 纤维，作用时间 30.5 ms、切割断裂损耗能量 1.41 N·m。

5. 绳丝间摩擦力提高了合成纤维单丝的切割断裂韧性和抗切割能力，合成纤维单丝在无编织和模拟编织状态下，断裂行为及作用机制差别显著

无编织状态下，切割阻力—位移曲线为波峰—波谷交替出现；模拟编织状态下，切割阻力—位移曲线呈单值非线性 J 型单值增长。

无编织状态下，切割断裂过程作用时间短、断裂强度高，强迫高弹形变显著；模拟编织状态下，作用时间长、断裂强度低，粘弹性形变显著。无编织状态下，加载质量 4.1 kg、初始速率 0.9 m/s 时，直径 3 mm 的 PA6 纤维单丝的断裂强度为 1 400 MPa、作用时间为 1.35 ms、断裂总能量 0.85 N•m；模拟编织状态下，加载质量 4.1kg、初始速率 0.9 m/s，直径 3 mm 的 PA6 纤维单丝的断裂强度为 900 MPa、作用时间为 14 ms，断裂总能量 4.96 N•m。

6. 合成纤维单丝的断裂机制是强迫高弹和粘弹性形变耦合作用，不同参数对断裂的作用机制不相同，从分子链段运动角度，建立了两种作用机制的物理模型

影响强迫高弹形变的本质因素为加载应力，影响粘弹性形变的本质因素为加载速率。本书将割刀初始速率、加载质量、合成纤维单丝的弹性模量以及不同的编织状态等参数对断裂形变的影响，归结为对断裂机制的本质因素——加载速率和加载应力的影响。从分子链段运动角度，建立了不同切割参数对切割断裂形变作用机制的物理模型。

6.2 本书的创新点

（1）建立了以切向约束模拟绳丝间切向干摩擦接触的试验模型，提出了一种模拟编织绳绳丝间切向摩擦接触力的试验方法，研制了编织绳切割试验机，开展了多种合成纤维的切割断裂试验研究。

（2）通过试验揭示了不同切割参数下合成纤维单丝断裂力学行为规律，以及对应的断口微观形貌特征演变，提出将切割断裂损耗能量比作为判断断裂机制的主要依据。

（3）阐明了无编织和模拟编织状态下合成纤维单丝的切割断裂性能变化规律，发现绳丝间切向摩擦力是提高切割断裂韧性和抗切割能力的关键因素。

（4）建立了无编织及模拟编织状态下合成纤维单丝断裂形变机制的物理模型，发现和阐明了切割断裂机制演变的主要控制因素。

参考文献

[1] 绳系四海索连五洲，第一届东华大学鲁普耐特绳索专家国际论坛 [EB/OL]. https：//wenku.baidu.com/view/0179477d5acfa1c7aa00cc3c.html，2011.

[2] 合成纤维缆绳的发展 [J]. 今日起重机（CRANESTODAYCHINA），2007（10）：21–25.

[3] 合成纤维绳与钢丝绳性能对比研究 [J]. 金属制品 .2016（3）：63.

[4] 姚穆 . 纺织材料学 [M].4 版 . 北京：中国纺织出版社，2015：130–154.

[5] 中商情报网 .2018 年 1—6 月中国锦纶纤维产量同比增长 7.6%[EB/OL]. https：//baijiahao.baidu.com/s?id=1608969093915124528&wfr=spider&for=pc，2018.

[6] 宋超，文梦君，余毅 . 聚酰胺纤维生产现状及发展展望 [J]. 合成纤维工业，2012，35（1）：49–53.

[7] 博思数据 .2014 年我国锦纶纤维产量达 262.09 万吨占总量 5.91%[EB/OL]. http：//www.bosidata.com/fangzhishichang1601/V35043MY2W.html，2016.

[8] 中国报告网 .2015—2020 年中国锦纶短纤维市场深度调查与投资前景报告 [EB/OL]. http：//www.ibaogao.com/baogao/11021A43R015.html，2018.

[9] 中国报告网 .2018 年中国锦纶行业应用领域广泛产量有望进一步上升 [EB/OL]. http：//market.chinabaogao.com/huagong/1263V2932018.html，2018.

[10] Chapman W. 聚酯和聚酰胺纤维最新进展 [J]. 国际纺织导报，2018（8）：4，12.

[11] 百度 . 软质防弹衣 [EB/OL]. http：//www.hnzt.com.cn/news_detail/newsId=106.html，2019.

[12] Guo Z，Casem D，et al.Transverse compression of twohigh performance ballistic fibers[J].Textile Research Journal，2016，86（5）：502 - 511.

[13] Song B，Park H，Lu W Y，et al.Transverse Impact Response of a Linear Elastic Ballistic Fiber Yarn[J].Journal of Applied Mechanics，2011（78）：051023.

[14] 姜文松，王依民，闫寿科，等．纤维材料强度和失效机理及其绳缆发展趋势 [J]. 高科技纤维与应用，2017，42（3）：7–13.

[15] 尹涛，尹万全．钢丝绳钢芯早期断裂失效分析 [J]. 金属制品，2009，35（3）：62–65.

[16] Torkar M，Arzenšek B.Failure of crane wire rope[J].Engineering Failure Analysis，2002，9（2）：227–233.

[17] 张德坤，葛世荣．钢丝微动磨损的评定参数及理论模型研究 [J]. 摩擦学学报，2005，25（1）：50–54.

[18] 张德坤，葛世荣，朱真才．提升钢丝绳的钢丝微动摩擦磨损特性研究 [J]. 中国矿业大学学报，2002，31（5）：367–370.

[19] 沈燕，张德坤，王大刚，等．接触载荷对钢丝微动磨损行为影响的研究 [J]. 摩擦学学报，2010，30（4）：404–408.

[20] 胡志辉，胡勇，胡吉全，等．双折线式多层卷绕钢丝绳失效机理研究 [J]. 中国机械工程，2013，24（23）：404–408.

[21] Kim S H，Bae R H，Kwon J D.Bending fatigue characte ristics of wire rope[J]. Journal of Mechanical Scienceand Technology，2012，26（7）：2107–2110.

[22] Piskoty G，Affolter C，Sauder M，et al.Failure analysis of a ropeway accident focussing on the wire rope's fracture load under lateral pressure[J].Engineering Failure Analysis，2017（82）：648 – 656.

[23] 陈厚桂，李晋，康宜华，等．钢丝绳中缺陷的描述方法 [J]. 机械工程学报，2009，45（1）：309–314.

[24] 陈原培．钢丝绳股力学与摩擦磨损性能研究 [D]. 重庆：重庆大学，2016：37–59.

[25] Zhang D K，Ge S R，Qiang Y H.Research on the fatigue and fracture behavior due to the fretting wear of steel wire in hoisting rope[J].Wear，2003（255）：1233 – 1237.

[26] 王桂兰，张海鸥．钢丝绳成形力学行为的非线性有限元分析 [J]. 工程力学，2002，19（3）：166–170.

[27] 孙建芳，王桂兰，张海鸥 .Augmented Lagrange 方法在钢丝绳捻制成形摩擦接触数值模拟中的应用 [J]. 机械科学与技术，2005，24（1）：111–114.

[28] Wang D G，Zhang D K，Wang S Q，et al.Finite element analysis of hoisting rope and fretting wear evolution and fatigue life estimation of steel wires[J].Engineering Failure Analysis，2013（27）：173 – 193.

[29] Chen H Y，Zhang K，Bai Y X.Model construction and experimental verification of the equivalent elastic modulus of adouble-helix wire rope[J].Joural of Theoretical and Applied Mechanics，2018，56（4）：951-960.

[30] Jiang W G，Henshall J L，Walton J M.A concise finite element model for three-layered straight wire rope strand[J].International Journal of Mechanical Sciences，2000，（42）：63-86.

[31] Zhou D W，Chen J，She J K，et al.Temporal dynamics of shearing force of rice stem[J].Biomass and Bioenergy，2012（47）：109-114.

[32] I˙nce A，Ugˇurluay S，Gu¨zel E，et al.Bending and shearing characteristics of sunflower stalk residue[J].Biosystems Engineering，2005，92（2）：175-181.

[33] Yiljep Y D，Mohammed U S.Effect of knife velocityon cutting energy and efficiency during impact cutting of sorghum stalk[J].Agricultural Engineering International，2005（7）：1-10.

[34] Taghinezhad J，Alimardani R，Jafaril A.Effect of sugarcane stalks cutting orientation on required energy for biomass products[J].International Journal of Natural and Engineering Sciences，2012，6（3）：47-53.

[35] Chen Y，Gratton J L，Liu J.Power requirements of hemp cutting and conditioning [J]. Biosystems Engineering，2004，87（4）：417 - 424.

[36] Kronbergs E.Mechanical strength testing of stalk materials and compacting energy evaluation[J]. Industrial Crops and Products，2000，（11）：211 - 216.

[37] 赵义平，陈莉，冯霞，等.耐切割化学纤维研究进展[J].材料导报，2008，22(3)：27-30.

[38] Moreland J.Production and charcterization of armid copolymer fibers for use in cut protection[D].Clemson：Clemson University，2010：13-35.

[39] Hudspeth M，Xu N，Weinong C.Dynamic failure of Dyneema SK76 single fibers under biaxial shear/tension[J].Polymer，2012（53）：5568-5574.

[40] Kim J, Mcdonough W G, Blair W, et al. The modified-single fiber test：A methodology for monitoring ballistic performance [J]. Applied Polymer Science, 2008（108）：876-886.

[41] Bascom W D, Jensen R M. Stress transfer in single fiber/resin tensile tests [J].Jounal of Adhesion, 1986（19）：219-239.

[42] Lim J Y, Zheng J Q, Masters K, et al.Mechanical behavior of A265 single fibers[J]. J Mater Sci, 2010（45）: 652 - 661.

[43] Igathinathane C, Womac A R, Sokhansanj S.Corn stalk orientation effect on mechanical cutting[J].Biosystems Engineering, 2010（107）: 97–106.

[44] Johnson P C, Clementson C L, Mathanker S K, et al.Cutting energy characteristics of Miscanthus x giganteus stems with varying oblique angle and cutting speed[J]. Biosystems Engineering, 2012（112）: 42–48.

[45] Chattopadhyay P S, Pandey K P.Mechanical properties of sorghum stalk in relation to quasi–static deformation[J].Journal of Agricultural Engineering Research, 1999, 73（2）: 199–206.

[46] Esehaghbeygi A, Hoseinzadeh B, Khazaei M, et al.Bending and shearing properties of wheat stem of alvand variety[J].World Applied Sciences Journal, 2013, 6（8）: 1028–1032.

[47] Taghinezhad J, Alimardani R, Jafari A.Effect of sugarcane stalk'scutting orientation on required energy for biomass products[J].International Journal of Natural and Engineering Sciences, 2012, 6（3）: 47–53.

[48] Shin H S, Erlich D C, Shockey D A.Test for measuring cut resistance of yarns[J]. Journal of Materials.Science, 2003（38）: 3603 - 3610.

[49] Mayo J, Wetzel E.Cut resistance and failure of high–performance single fibers[J]. Textile Research Journal, 2014, 84, 1233 - 1246.

[50] Kane B, Freilicher M, Cloyes M, et al.Impact force and rope tension affect likelihood of cutting a climbing rope with a handsaw[J].Arboriculture&Urban Forestry, 2010（36）: 128 - 131.

[51] Ghahraei O, Ahmad D, Khalina A, et al.Cutting tests of kenaf stems[J]. Transactions of the Asabe, 2011, 54（1）, 51 - 56.

[52] Kakitis A, Berzins U, Berzins R, et al.Cutting properties of hemp fibre[J]. Engineering for Rural Development–International Scientific Con, 2012（24）: 245–250.

[53] VuThi B N, Vu–Khanh T, Lara J.Mechanics and mechanism of cut resistance of protective materials[J].Theoretical and Applied Fracture Mechanics, 2009, 52, 7 - 13.

[54] Kothari V K, Das A, Sreedevi R.Cut resistance of textile fabrics: A theoretical

and anexperimental approach[J].Indian Journal of Fibre&Textile Research,2007,32：306－311.

[55] Hassanin A.Improving UV resistance of high performance fibers[D].Raleigh，North Carolina：North Carolina State University，2011：1–20.

[56] Vuthi B N，Vu–khanh T.Effect of Frictionon Cut Resistance of Polymers[J].Journal of Thermoplastic Composite Materials，2005（18）：23–35.

[57] Gent A N，Wang C.Cutting Resistance of Polyethylene[J].Journal of Polymer Science Part B：Polymer Physics，1996（34）：2231–2237.

[58] 石建高，陈晓蕾，刘永利，等 . 渔用 PP/PA 复合单丝和普通 PP 单丝的耐磨性比较 [J]. 海洋渔业，2011，33（3）：335–345.

[59] Shin H S，Erlich D C，Simons J W，et al.Cut Resistance of High–strength Yarns[J].Textile Research Journal，2006，76（8）：607–613.

[60] Dowgiallo A.Cutting force of fibrous materials[J].Journal of Food Engineering，2005（66）：57－61.

[61] Zhang C F，Liu Y H，Liu S X，et al.Crystalline behaviors and phase transition during the manufacture of fine denier PA6 fibers[J]. 中国科学：化学英文版，2009（52）：1835－1842.

[62] Malchev P G，Vos G D，et al.Mechanical and fracture properties of ternary PE/PA6/GF composites[J].Composites Science and Technology，2010（70）：734－742.

[63] 刘滢，杨娟，王超先 .PA6/POE 冲击断裂曲线及断面形貌 [J]. 石化技术，2009，16（2）：11–14.

[64] 张凯舟，于杰，罗筑，等 . 玻纤增强尼龙 6 的断裂研究 [J]. 高分子材料科学与工程，2007，23（2）：161–165.

[65] 周蓉，张一平，张晓侠 . 几种锦纶长丝的性能研究 [J]. 河南工程学院学报（自然科学版），2018，30（1）：5–8.

[66] 朱锡雄，朱国瑞 . 高分子材料强度学——变形和断裂行为 [M]. 杭州：浙江大学出版社，1992：1–5，176–182.

[67] 余寿文 . 断裂力学的历史发展与思考 [J]. 力学与实践，2015（37）：390–394.

[68] B.E. 古利，周国怀 . 高聚物的断裂机理 [J]. 化学通报，1961（8）：29–38.

[69] 李繁亭，程正迪，张瑜 . 纤维的断裂过程和机理 [J]. 上海纺织工学院学报，

1980（3）：109–126.

[70] 朱锡雄 . 固态高聚物的屈服和塑性变形行为 [J]. 力学进展，1992，22（4）：449–463.

[71] 胡赓祥，蔡珣 . 材料科学基础 [M]. 上海：上海交通大学出版社，2000：196–198.

[72] Mahvash M，Hayward V. Haptic rendering of cutting：A fracture mechanics approach[J].Haptics–e，2001，2（3）：1–12.

[73] Anderson T L.Fracture Mechanics Fundamentals and Applications[M].U.S.CRCPress，Taylor&Francis Group，LIC，2005.

[74] Bazhenov S L，Dukhovskii I A，Ko valev P I，et al.The Fracture of SVM Aramide Fibersupona High–velocity Transverse Impact[J].Polymer Sciencie，Series A，2001（43）：61–71.

[75] Elices M，Lorca J.Fiber Fracture[M].Amsterdam：Elsevier Science Ltd，2002.

[76] Mayo J B.Studies on cutting and fracture mechanics of high performance fibers[D].USA：Tuskegee University，2010：105–128.

[77] 朱锡雄，黄旭升 . 高聚物 PMMA 的受力变形行为与粘弹 – 塑性本构理论模型 [J] 宁波大学学报，1996（3）：56–69.

[78] Hertzbrtg R W.Deformation and Fracture Mechanics of Engineering Materials[C].New York：John Wilcy & Sons，2012.

[79] Mayo J B，Wetzel E D，Hosur M V，et al.Stab and puncture characterization of thermoplastic–impregnated aramid fabrics[J].International Journal of Impact Engineering，2009（36）：1095 – 1105.

[80] Kim H，Nam I.Stab resisting behavior of polymeric resin reinforced p–aramid fabrics[J].Journal of Applied Polymer Science，2012，123（5）：2733 – 2742.

[81] Kahwash F, Shyha I,Maheri A.Modelling of cutting fibrous composite materials：current practice[J].Procedia CIRP，2015（28）：52 – 57.

[82] Nolan G，Hainsworth S V，Rutty G N.Forces Required fora Knife to Penetrate a Variety of Clothing Types[J].Journal of Forensic Sciences，2013，58（2）：372–379.

[83] Yang C L.Optimizing the Glass Fiber Cutting process using the taguchi methods and grey relational analysis[J].New Journal of Glassand Ceramics，2011（1）：13–19.

[84] Monahan D L，Harding H W J.Damage to clothing –cuts and tears[J].Journal of Forensic Sciences：1990，35（4）：901 – 912.

[85] Doran C F, McCormackt B A O, Macey A. A Simplified Model to Determine the Contribution of Strain Energy in the Failure Process of Thin Biological Membranes during Cutting [J]. Strain , 2004 (40)：173- 179.

[86] Kinwon C, Daeho L. Viscoelastic Effects in Cutting of Elastomers by a Sharp Object [J]. Journal of Polymer Science Part B： Polymer Physics, 1997(36)： 1283-1291.

[87] Caprino G, Lorio I D, Nele L,et al. Effect of tool wear on cutting forces in the orthogonal cutting of unidirectional glass fibre-reinforced plastics[J]. Composites Part A：Applied Science and Manufacturing， 1996： 409-415.

[88] Saloni D, Buehlmann U, Lemaster R L. Tool Wear When Cutting Wood Fiber-Plastic Composite Materials [J]. Forest Products Journal, 2011, 61(2)： 149-154.

[89] 原一高，朱世根，骆祎岚 . 化纤切割过程中切断刀的磨损性能研究 [J]. 摩擦学学报，2006，26（2）：174-178.

[90] 原一高，朱世根 . 纤维切割过程中切断刀锋利性能分析 [J]. 纺织学报，2004，25（6）：34-36.

[91] 原一高，骆祎岚，朱世根 . 一种实验用化学短纤维模拟切断装置 [J]. 实验室研究与探索，2009，28（10）：40-42.

[92] Wang X M, Zhang L C. An experimental investigation into the orthogonal cutting of unidirectional fibre reinforced plastics [J]. International Journal of Machine Tools & Manufacture， 2003（43）：1015-1022.

[93] Reilly G A, Mc Cormack B A O, Taylor D. Cutting sharpness measurement： a critical review [J]. Journal of Materials Processing Technology，2004（153-154）：261-267.

[94] Xu W X，Zhang L C.Mechanics of fibre deformation and fracture in vibration-assisted cutting of unidirectional fibre-reinforced polymer composites[J].International Journal of Machine Tools & Manufacture，2016（103）：40 - 52.

[95] 何曼君，张红东，等 . 高分子物理 [M]. 上海：复旦大学出版社，2006：196-217.

[96] 温诗铸 . 摩擦学原理 [M]. 北京：清华大学出版社，1990：271-360.

[97] 张永振，等 . 材料的干摩擦学 [M]. 北京：科学出版社，2012：1-12，91-99.

[98] Berzins R，Kakitis A，Berzins U，et al.Hemp Fiber and Shive Coefficient of Friction[J].Engineering for Rural Development，2013（23）：526-530.

[99] Atkins T.The Science and Engineering of Cutting[M].Great Britain：British Library Cataloguing Publication Data，2009.

[100] Wu J S，Mai Y W，Cotterell B.Fracture toughness and fracture mechanisms of PBT/PC/IM blend: Part I Fracture properties[J].Journal of Materials Sciencie，1993（28）: 3373–3384.

[101] Wu J S，Mai Y W，Cotterell B.Fracture toughness and fracture mechanisms of PBT/PC/IM blend：Part II Toughening mechanisms[J].Journal of Materials Sciencie，1993（28）：6167–6177.

[102] Vu–khanh T，Denault J.Fracture behaviour of long fibre reinforced thermo plastics[J].Journal of Materials Science，1994（29）：5732–5738.

[103] Majibur Rahman Khan M，Chen Y，Lague C，et al.Compressive properties of Hemp（Cannabis sativa L.）stalks[J].Biosystems Engineering，2010（106）：315–323.

[104] 王婷兰，唐颂超，潘泳康，等．剪切塑性变形聚丙烯的形态和冲击断裂行为[J].高分子材料科学与工程，2013，29（10）：101–106.

[105] Sobczak L, Lang R W， Haider A. Polypropylene composites with natural fibers and wood–General mechanical property profiles [J]. Composites Science and Technology，2012，72（5）： 550–557.

[106] 曾广胜，瞿金平．聚合物粘弹性及其力学模型[J].华南理工大学学报（自然科学版），2005，33（2）：14–18.

[107] Mahdi M，Zhang L C.A finite element model for the orthogonal cutting of fiber–reinforced composite materials[J].Journal of materials Processing Technology，2001（113）：373–377.

[108] Zhang L C.Cutting composites：A discussion on mechanics modelling[J].Journal of Materials Processing Technology，2009（209）：4548 - 4552.

[109] 杨新辉．脆性韧性断裂机理与判据及裂尖变形理论研究[D].大连：大连理工大学，2005：58–66.

[110] Rivlin R S， Saunders D W. Large Elastic Deformations of Isotropic Materials. VII. Experiments on the Deformation of Rubber[J]. Philosophical Transactions of the Royal Society A，1951， 243(865)：251–288.

[111] Mai Y W.On the plane–stress essential fracture work in plastic failure of ductile materials[J].International Journal of Mechanical Science，1993（35）：995–1005.

[112] Fasce L，Bernal C，Frontini R，et al.On the impact essential work of fracture of ductile polymers[J].Polymer Engineering and Science，2001（41）：1–14.

[113] 胡中伟，张璧.生物软组织切割过程建模[J].中国机械工程学报，2011，22(17)：2043-2047.

[114] Marialluisa M，Didac F，Antonio G，et al.Effect of the specimen dimensions and the test speed on the fracture toughness of iPP by the essential work of fracture（EWF）method[J].Journal of Applied Polymer Science，1999（73）：177-187.

[115] Gemmacy C，Wendyky P，et al.Effect of Strain Rate on the Fracture Toughness of Some Ductile Polymers Using the Essential Work of Fracture Approach[J].Polymer Engineering and Science，2000（40）：2558-2568.

[116] 谢邦互，杨鸣波，冯建民，等.韧性聚合物材料的基本断裂功和变形行为研究[J].中国塑料，2002，16（7）：20-26.

[117] 李忠明，谢邦互，杨鸣波，等.用基本断裂功表征聚合物的韧性[J].中国塑料，2002，16（6）：1-8.

[118] Chanthasopeephan T.Characterization of soft tissue cutting for haptic display：experiment sand computational models[D].Philadelphia：Drexel University，2006.

[119] 赵建生.断裂力学及断裂物理[M].武汉：华中科技大学出版社，2003.

[120] Hull D.断口形貌学观察、测量和分析断口表面形貌的科学[M].李晓刚，董超芳，等译.北京：科学出版社，2009：33-60.

[121] 客圣俊.牵引用编织钢丝绳绳丝力学及摩擦磨损性能研究[D].济南：济南大学，2018：12-13.

[122] 张德坤，葛世荣.钢丝微动磨损过程中的接触力学问题研究[J].机械强度，2007，29（1）：148-151.

[123] Argatov I I，G ó mez X，Tato W，et al.Wear evolution in a stranded rope under cyclic bending：Implications to fatigue life estimation[J].Wear，2011（271）：2857 - 2867.

[124] DingHL，ZhangYZ，HeZT.FractureFailureMechanismsofLongSinglePA6Fibers[J].Polymers，2017，9（7）：243.

[125] 张永振，贺智涛，丁慧玲，等.一种软材料试样切割性能测试装置[P].中国专利：201720805742.0，2018-01-26.

[126] Lolla D，Lolla M，Abutaleb A.Fabrication，Polarization of electrospun Polyvinylidene Fluoride Electret Fibers and Effecton Capturing Nanoscale Solid Aerosols[J].Materials，2016，9，671.

[127] Lolla D, Orse J, Kisielowski C, et al.Polyvinylidene fluoride molecules in nanofibers, imaged atatomic scale by aberration corrected electron microscopy[J]. Nanoscale, 2016, 8, 120 - 128.

[128] M aX, Liu J, Ni C, Martin D C, et al.Molecular orientationin electrospun poly (vinylidenefluoride) fibers[J].Acs Macro Letters, 2012, 1 (3) :428–431.

[129] Du J, Liu Y H, Yu S R, Dai H D.Effect of fibre–orientation on friction and wear properties of Al2O3 and carbon short fibres reinforced AlSi12CuMgNi hybrid composites[J].Wear, 2003,254 (1–2) :164–172.

[130] VettegrenV I, Lyashkov A I, Shcherbakov I P.Effect of the Fiber Orientation on the Microcrack Formationina Fibrous Polymer Composite during Friction[J].Technical Physics, 2010, 55 (12): 1821–1824.

[131] Toshiro Kobayashi.Strength and Toughness of Materials[M].Japan: Springer, 2004: 33–52.

[132] Johnson K L. 接触力学 [M]. 徐秉业，罗学富，刘信声，等译 . 北京：高等教育出版社，1992：175–223.

[133] Popov V L. 接触力学与摩擦学的原理及其应用 [M]. 李强，雒建斌，译 . 北京：清华大学出版社，2011：40–49.

[134] 百度百科 . 预紧力 .https：//baike.baidu.com/item/%E9%A2%84%E7%B4%A7%E5%8A%9B/2312936?fr=aladdin.

[135] 李宁 . 对有关绳索标准参数的数据分析 [J]. 船舶工程，2000（5）：59–64.